智能优化算法改进

从入门到MATLAB、Python编程实践

—— 陈克伟 魏曙光 范 旭 / 编著 ——

清华大学出版社

北 京

内 容 简 介

本书以粒子群算法为切入点，系统介绍多种常用的智能算法改进策略与思路，旨在帮助读者掌握优化算法的改进方法。读者可结合具体问题，参考本书为不同智能优化算法筛选并应用合适的改进策略。同时，本书特别呈现了多种相对复杂的改进粒子群算法实例，供读者深入学习和借鉴。书中所有算法均提供 MATLAB 和 Python 双语言实现，方便不同语言背景的读者参考。

全书共分 7 章：第 1 章详解粒子群算法原理及其编程实现；第 2 章阐释智能优化算法基准测试集；第 3 章介绍智能优化算法评价指标；第 4 章探讨混沌映射理论；第 5 章展示基于混沌映射理论的算法改进；第 6 章分析基于随机变异改进的粒子群算法；第 7 章研究多策略改进的粒子群算法。

本书既适合作为本科生、研究生及相关课程教师的学习用书，也适合广大相关科研工作者与工程技术人员作为参考工具。

图书在版编目（CIP）数据

智能优化算法改进：从入门到 MATLAB、Python 编程
实践 / 陈克伟, 魏曙光, 范旭编著. -- 北京：清华大
学出版社, 2025. 7. -- ISBN 978-7-302-69709-1

Ⅰ. O242.23

中国国家版本馆 CIP 数据核字第 2025MV1026 号

责任编辑：王秋阳
封面设计：秦　丽
版式设计：楠竹文化
责任校对：范文芳
责任印制：刘　菲

出版发行：清华大学出版社
　　　　　网　　　址：https://www.tup.com.cn，https://www.wqxuetang.com
　　　　　地　　　址：北京清华大学学研大厦 A 座　　　　邮　　编：100084
　　　　　社 总 机：010-83470000　　　　　　　　　　　邮　　购：010-62786544
　　　　　投稿与读者服务：010-62776969，c-service@tup.tsinghua.edu.cn
　　　　　质量反馈：010-62772015，zhiliang@tup.tsinghua.edu.cn
印 装 者：天津安泰印刷有限公司
经　　销：全国新华书店
开　　本：170mm×240mm　　印　　张：20.25　　字　　数：314 千字
版　　次：2025 年 8 月第 1 版　　　　　　　印　　次：2025 年 8 月第 1 次印刷
定　　价：99.00 元

产品编号：099705-01

前　言

　　近年来，为了在一定程度上解决大空间、非线性、全局寻优、组合优化等复杂问题，智能优化算法得到了快速发展和广泛应用。智能优化算法，通常称为元启发式算法，包括粒子群算法、遗传算法、模拟退火算法、禁忌搜索算法、蚁群算法等。元启发式算法的常见灵感来源通常可概括为生物、物理、化学、社会等系统或领域中的相关行为、功能、经验、规则、作用机理等，因其独特的优点和机制，在国内外得到了学者们广泛的关注，正在不断演化和飞速发展，在信号处理、图像处理、生产任务分配、路径规划、自主自动控制等众多领域得到了成功应用。

　　智能优化算法的改进不断发展，涌现了很多不同的改进智能优化算法，改进智能优化算法也成了研究热点。

　　本书介绍多种智能算法改进的常用策略和思路，帮助读者学习如何对智能优化算法进行改进。读者可以针对不同的问题，以此书为参考，对不同的智能优化算法选择合适的改进策略进行改进。

本书特色

- 经典入门，策略普适：从经典的粒子群算法讲起，重点介绍常用且实用的改进策略。这些策略思路清晰、易于理解，读者能轻松掌握并灵活套用到其他优化算法中。
- 双语言实现，学习无障碍：所有算法均提供 MATLAB 和 Python 两种语言的完整代码，无论读者习惯哪种编程语言，都能无障碍地学习、运行和验证。
- 案例驱动，拿来即用：书中包含丰富的实际案例，并配有完整的建模过程讲解和可直接运行的代码。初学者能快速上手，获得启发；工程师和研究人员能省去大量查资料、写代码的时间，直接应用现成方案解决实际问题。
- 深入理解，快速掌握：通过具体的代码实例，读者能更透彻地理解算法原理，更快地学会如何运用这些算法工具。
- 基础扎实，扩展性强：对每种算法，不仅讲解基础应用，也涵盖多优化策略等更深入的方向，为感兴趣的读者打下坚实基础，指明深入研究路径。

读者服务

　　读者可扫描下方的二维码获取本书配套源码或其他学习资料，也可以加入读者群，下载最新的学习资源或反馈书中的问题。

致谢

本书的顺利出版承蒙清华大学出版社的大力支持，谨致由衷谢忱！在编写过程中，我们除了引用智能优化算法的原始文献，还参考了国内外相关研究文献及有价值的博士、硕士学位论文等。在此，向所有被本书引用的资料作者深表感谢！

勘误和支持

本书在编写过程中历经多次勘校、查证，力求减少差错，尽善尽美，但由于作者水平有限，书中难免存在疏漏之处，欢迎读者批评指正，也欢迎读者来信一起探讨。

编　者

目　　录

第1章　粒子群算法原理及其编程实现

本章首先介绍粒子群算法的基本原理，然后使用 MATLAB/Python 实现粒子群算法的基本代码。

1.1　粒子群算法的基本原理

粒子群算法（particle swarm optimization，PSO），起初是由鸟群、鱼群等的生活规律启发而来。在自然界中，鸟群在觅食的时候，一般存在着个体和群体协同的行为。有时鸟群分散觅食，有时鸟群也全体觅食。在每次的觅食过程中，会存在一些搜索能力强的鸟，这些搜索能力强的鸟，会给其他鸟传递信息，带领其他鸟去到食物源位置。

粒子群算法中，目标空间中的每一个解都可以用一只鸟表示，问题中的需求解就是鸟群所要寻找的食物源。在寻找最优解的过程中，每个粒子都存在着个体行为和群体行为。每个粒子会学习同伴的飞行经验并借鉴自己的飞行经验，去寻找最优解。每个粒子会向两个值学习，一个是个体的历史最优值 pbest，另一个是群体的历史最优值 gbest。粒子会根据这两个值调整自身的速度和位置，而每个位置的优劣是根据适应度值来确定的。适应函数是优化的目标函数。

在一个 D 维的目标搜索空间中，有 N 个粒子组成一个粒子群，其中每个粒子是一个 D 维的向量，它的空间位置可以表示如下：

$$x_i = \left\{ x_{i1}, x_{i2}, \cdots, x_{iD} \right\}, i = 1, 2, \cdots, N \tag{1.1}$$

粒子的空间位置是目标优化问题中的一个解，将它代入适应度函数可以计算出适应度值，根据适应度值的大小衡量粒子的优劣。

第 i 个粒子的飞行速度也是一个 D 维的向量，记为

$$v_i = \left\{ v_{i1}, v_{i2}, \cdots, v_{iD} \right\}, i = 1, 2, \cdots, N \tag{1.2}$$

第 i 个粒子所经历过的具有最好适应值的位置称为个体历史最好位置，记为

$$\text{pbest}_i = \left\{ \text{pbest}_{i1}, \text{pbest}_{i2}, \cdots, \text{pbest}_{iD} \right\}, i = 1, 2, \cdots, N \tag{1.3}$$

整个粒子群所经历过的最好位置称为全局历史最好位置，记为

$$\text{gbest}_i = \left\{ \text{gbest}_{i1}, \text{gbest}_{i2}, \cdots, \text{gbest}_{iD} \right\}, i = 1, 2, \cdots, N \tag{1.4}$$

粒子群的位置更新操作可用速度更新和位置更新表示。

速度更新：

$$v_{ij}(t+1) = v_{ij}(t) + c_1 r_1 \left(\text{pbest}_{ij}(t) - x_{i,j}(t) \right) + c_2 r_2 \left(\text{gbest}_j - x_{ij}(t) \right) \tag{1.5}$$

位置更新：

$$x_{ij}(t+1) = x_{ij}(t) + v_{ij}(t+1) \qquad (1.6)$$

其中，下标 j 表示粒子的第 j 维，下标 i 表示粒子 i，t 表示当前迭代次数，c_1 和 c_2 为加速常量，通常在 $(0,2)$ 间取值，r_1 和 r_2 为两个相互独立的取值范围为 $[0,1]$ 的随机数。从上述方程可以看出，c_1 和 c_2 把粒子向个体学习和粒子向全体学习联合起来了，使得粒子能够借鉴个体自身的搜索经验和全体的搜索经验。

粒子群算法的流程如下，如图 1.1 所示。

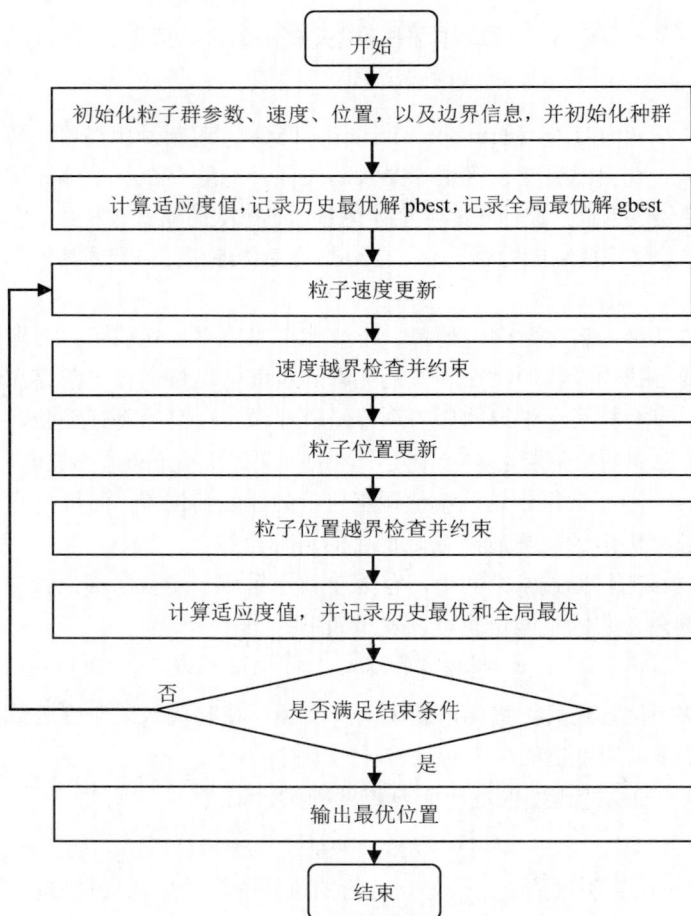

```
                    ┌──────────┐
                    │   开始    │
                    └──────────┘
                         │
        ┌────────────────────────────────────────────┐
        │ 初始化粒子群参数、速度、位置，以及边界信息，并初始化种群 │
        └────────────────────────────────────────────┘
                         │
        ┌────────────────────────────────────────────┐
        │ 计算适应度值,记录历史最优解 pbest,记录全局最优解 gbest │
        └────────────────────────────────────────────┘
                         │
    ┌──→┌────────────────────────────────────────────┐
    │   │              粒子速度更新                     │
    │   └────────────────────────────────────────────┘
    │                    │
    │   ┌────────────────────────────────────────────┐
    │   │            速度越界检查并约束                  │
    │   └────────────────────────────────────────────┘
    │                    │
    │   ┌────────────────────────────────────────────┐
    │   │              粒子位置更新                     │
    │   └────────────────────────────────────────────┘
    │                    │
    │   ┌────────────────────────────────────────────┐
    │   │          粒子位置越界检查并约束                 │
    │   └────────────────────────────────────────────┘
    │                    │
    │   ┌────────────────────────────────────────────┐
    │   │    计算适应度值,并记录历史最优和全局最优          │
    │   └────────────────────────────────────────────┘
    │                    │
    │  否        ◇ 是否满足结束条件 ◇
    └───────────         │ 是
                    ┌────────────────────────────────────────────┐
                    │              输出最优位置                     │
                    └────────────────────────────────────────────┘
                         │
                    ┌──────────┐
                    │   结束    │
                    └──────────┘
```

图 1.1 粒子群算法流程图

（1）初始化粒子群参数、速度、位置，以及边界信息，并初始化粒子群种群。

（2）根据适应度函数计算适应度值，记录历史最优值 pbest、全局最优值 gbest。

（3）利用速度更新公式更新粒子群速度，并对越界的速度进行约束。

（4）利用位置更新公式更新粒子群位置，并对越界的位置进行约束。

（5）根据适应度函数计算适应度值。

（6）对每个粒子，将它的适应度值与它的历史最优的适应度值进行比较，如果更好，则将它的适应度值作为历史最优值 pbest。

（7）对每个粒子，比较它的适应度值和群体所经历的最好位置的适应度值，如果更好，则将它的适应度值作为群最优值 gbest。

（8）判断是否达到结束条件（达到最大迭代次数），如果达到则输出最优结果，否则重复（3）～（8）。

1.2　粒子算法的 MATLAB 实现

本节主要介绍粒子群算法的 MATLAB 代码具体实现，主要包括种群初始化、适应度函数、边界检查和约束函数。

1.2.1　种群初始化

1. MATLAB 随机数生成函数

随机数的生成采用 MATLAB 自带的随机数生成函数 rand()，rand() 会生成 [0,1] 的随机数。

```
>> rand()
```

运行结果如下。

```
ans =

    0.6740
```

如果要一次性生成多个随机数，可以使用 rand(row, col)，其中 row、col 分别代表行和列，例如 rand(3,4) 表示生成 3 行 4 列的范围为 [0,1] 的随机数。

```
>> rand(3,4)
```

运行结果如下。

```
ans =

    0.8147    0.9134    0.2785    0.9649
    0.9058    0.6324    0.5469    0.1576
    0.1270    0.0975    0.9575    0.9706
```

如果要生成指定范围内的随机数，其表达式如下。

$$r = \text{lb} + (\text{ub} - \text{lb}) \times \text{rand}() \tag{1.7}$$

其中，ub 代表范围的上边界，lb 代表范围的下边界。例如，在 [0,3] 范围内生成 5 个随机数。

```
ub = 3; %上边界
lb = 0; %下边界
```

```
r = (ub - lb).*rand(1,5) + lb
```

运行结果如下。

```
r =

    2.7472    2.3766    2.8785    1.9672    0.1071
```

2. 粒子群算法种群初始化函数编写

将粒子群算法种群初始化函数单独定义为一个函数，命名为 initialization。利用前面的随机数生成方式生成初始种群。

```
%% 粒子群初始化函数
function X = initialization(pop,ub,lb,dim)
    %pop：为种群数量
    %dim：单个粒子的维度
    %ub：粒子上边界，维度为[1,dim];
    %lb：粒子下边界，维度为[1,dim];
    %X：输出的种群，维度为[pop,dim]
    for i = 1:pop
        for j = 1:dim
            X(i,j) = (ub(j) - lb(j))*rand() + lb(j);  %生成[lb,ub]之间
的随机数
        end
    end
end
```

例如，设定种群数量为 5，每个个体维度为 3，每个维度的边界为[-3,3]，利用初始化函数初始种群。

```
pop = 5; %种群数量
dim = 3; %每个个体维度
ub = [3,3,3]; %上边界
lb = [-3,-3,-3]; %下边界
position = initialization(pop,ub,lb,dim)
```

运行结果如下。

```
position =

    2.6040    1.0724    1.5464
    1.4588   -0.6466    0.9329
   -1.9729    1.2363   -2.8090
   -1.3385   -2.7230   -2.4172
    1.9407    1.1690   -1.0974
```

从运行结果可以看出，通过初始化函数得到的种群均在设定的上下边界范围内。

为了更加直观地表现随机初始化函数的效果，设定种群数量为 20，个体维度为 2，维度边界分别设置为[0,1]、[-2,-1]、[2,3]，绘制三种范围的随机数生成结果，如图 1.2 所示。

```
pop = 20; %种群数量
dim = 2; %每个个体维度
ub = [1,1]; %上边界
```

```
lb = [0,0]; %下边界
position0 = initialization(pop, ub, lb, dim);
ub = [-1,-1] %上边界
lb = [-2,-2] %下边界
position1 = initialization(pop, ub, lb, dim);
ub = [3,3] %上边界
lb = [2,2] %下边界
position2 = initialization(pop, ub, lb, dim);
figure
plot(position0(:,1),position0(:,2),'bo');
hold on
plot(position1(:,1),position1(:,2),'b.');
plot(position2(:,1),position2(:,2),'bo');
grid on
title('不同随机数范围生成结果')
xlabel('X')
ylabel('Y')
legend('[0,1]','[-2,-1]','[2,3]')
```

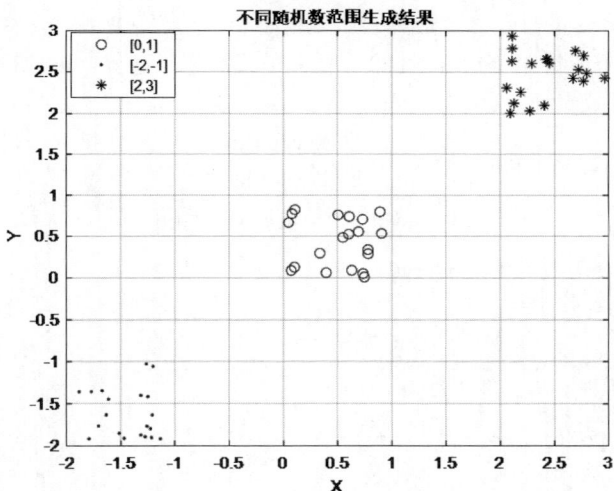

图 1.2　不同随机数范围生成结果

从图 1.2 可以看出，生成的种群均在相应的边界范围内。

1.2.2　适应度函数

在学术研究与工程实践中，优化问题是多种多样的，需要根据不同的优化问题，设计相应的适应度函数（也称目标函数）。为了便于后续优化算法调用适应度函数，通常将适应度函数单独写成一个函数，命名为 fun()。例如，定义一个适应度函数 fun()，并存放在 fun.m 中，适应度函数 fun() 的定义如下。

```
%% 适应度函数
function fitness = fun(x)
%x 为输入的一个个体，维度为 dim
```

```
%fitness 为输出的适应度值
    fitness =sum(x.^2);
end
```

可以看到，适应函数 fun() 是 x 所有维度的平方和，如 x=[2,3]。那么，经过适应度函数计算后得到的值为 13。

```
x=[2,3];
fitness = fun(x)
```

运行结果如下。

```
fitness =

    13
```

1.2.3　边界检查和约束函数

边界检查的目的是防止变量超过预先指定的范围，具体逻辑是：当变量大于上边界（ub）时，将变量值置为上边界；当变量小于下边界（lb）时，将变量值置为下边界；当变量小于或等于上边界（ub），且大于或等于下边界（lb）时，变量值保持不变。形式化描述如下。

$$
val = \begin{cases} ub, & \text{如果} val > ub \\ lb, & \text{如果} val < lb \\ val, & \text{如果} lb \leqslant val \leqslant ub \end{cases} \tag{1.8}
$$

定义边界检查函数为 BoundaryCheck。

```
%% 边界检查函数
function [X] = BoundaryCheck(x,ub,lb,dim)
    %x 为输入数据，维度为[1,dim]
    %ub 为数据上边界，维度为[1,dim]
    %lb 为数据下边界，维度为[1,dim]
    %dim 为数据的维度大小
    for i = 1:dim
        if x(i)>ub(i)
            x(i) = ub(i);
        end
        if x(i)<lb(i)
            x(i) = lb(i);
        end
    end
    X = x;
end
```

例如 x = [0.5,2,−2,1]，定义的上边界为[1,1,1,1]，下边界为[−1,−1,−1,−1]，经过边界检查和约束后，x 应该为[0.5,1,−1,1]。

```
x = [0.5,1,-1,1];
ub = [1,1,1,1];
lb = [-1,-1,-1,-1];
x = BoundaryCheck(x)
```

运行结果如下。

```
x =

    0.5000    1.0000   -1.0000    1.0000
```

1.2.4　粒子群算法代码

根据 1.1 节粒子群算法的基本原理编写粒子群算法的基本代码,定义粒子群算法的函数名称为 pso()。

```
%%-------------粒子群函数---------------------%%
%% 输入:
%   pop: 种群数量
%   dim: 单个粒子的维度
%   ub: 粒子上边界信息,维度为[1,dim]
%   lb: 粒子下边界信息,维度为[1,dim]
%   fobj: 为适应度函数接口
%   vmax: 为速度的上边界信息,维度为[1,dim]
%   vmin: 为速度的下边界信息,维度为[1,dim]
%   maxIter: 算法的最大迭代次数,用于控制算法的停止
%% 输出:
%   Best_Pos: 为粒子群找到的最优位置
%   Best_fitness: 最优位置对应的适应度值
%   IterCure: 用于记录每次迭代的最佳适应度,即后续用来绘制迭代曲线
function [Best_Pos,Best_fitness,IterCurve] = pso(pop,dim,ub,lb,fobj,vmax,
vmin,maxIter)
        %%设置c1、c2参数
        c1 = 2.0;
        c2 = 2.0;
        %% 初始化种群速度
        V = initialization(pop,vmax,vmin,dim);
        %% 初始化种群位置
        X = initialization(pop,ub,lb,dim);

        %% 计算适应度值
        fitness = zeros(1,pop);
        for i = 1:pop
            fitness(i) = fobj(X(i,:));
        end
        %% 将初始种群作为历史最优
        pBest = X;
        pBestFitness = fitness;
        %% 记录初始全局最优解,默认优化最小值
        %寻找适应度最小的位置
        [~,index] = min(fitness);
        %记录适应度值和位置
        gBestFitness = fitness(index);
        gBest = X(index,:);

        Xnew = X;   %新位置
        fitnessNew = fitness;%新位置适应度值

        IterCurve = zeros(1,maxIter);
        %% 开始迭代
```

```
        for t = 1:maxIter
            %对每个粒子进行更新
            for i = 1:pop
                %速度更新
                r1 = rand(1,dim);
                r2 = rand(1,dim);
                V(i,:)=V(i,:)+c1.*r1.*(pBest(i,:)-X(i,:))+c2.*r2.*(gBest-
X(i,:));
                %速度边界检查及约束
                V(i,:) = BoundaryCheck(V(i,:),vmax,vmin,dim);
                %位置更新
                Xnew(i,:) = X(i,:) + V(i,:);
                %位置边界检查及约束
                Xnew(i,:) = BoundaryCheck(Xnew(i,:),ub,lb,dim);
                %计算新位置适应度值
                fitnessNew(i) = fobj(Xnew(i,:));
                %更新历史最优值
                if fitnessNew(i) < pBestFitness(i)
                    pBest(i,:) = Xnew(i,:);
                    pBestFitness(i) = fitnessNew(i);
                end
                %更新全局最优值
                if fitnessNew(i)<gBestFitness
                    gBestFitness = fitnessNew(i);
                    gBest = Xnew(i,:);
                end
            end
            X = Xnew;
            fitness = fitnessNew;
            %% 记录当前迭代最优值和最优适应度值
            %记录最优解
            Best_Pos = gBest;
            %记录最优解的适应度值
            Best_fitness = gBestFitness;
            %记录当前迭代的最优解适应度值
            IterCurve(t) = gBestFitness;
        end
end
```

综上所述，粒子群算法的基本代码编写完成，可以通过函数 pso 进行调用。所有涉及粒子群的子函数如表 1.1 所示。

表 1.1　粒子群算法 MATLAB 函数汇总

序号	函数名称	说明
1	BoundaryCheck	边界检查函数
2	fun	适应度函数
3	initialization	种群初始化函数
4	pso	粒子群函数主体

1.3　粒子群算法的 Python 实现

本节主要介绍粒子群算法的 Python 代码具体实现，主要包括种群初始化、适应度函数、边界检查和约束函数等。

1.3.1　种群初始化

1. Python 随机数生成函数

在 Python 中，我们可以利用 numpy 中的 random()函数生成[0,1]的随机数。

```
import numpy as np
RandValue = np.random.random()
print(RandValue)
```

运行结果如下。

```
    0.5440
```

如果要一次性生成多个随机数，可以使用 np.radom.random([row, col])，其中，row 和 col 分别代表行和列。例如 np.radom.random([3, 4])表示生成 3 行 4 列的范围为[0,1]的随机数。

```
import numpy as np
RandValue = np.random.random([3,4])
print(RandValue)
```

运行结果如下。

```
[[0.96581675 0.54208159 0.27176456 0.14392262]
 [0.34865985 0.58539209 0.42793435 0.94670121]
[0.15864967 0.78435209 0.62323635 0.86670121]]
```

如果要生成指定范围内的随机数，其表达式如下。

$$r = \text{lb} + (\text{ub} - \text{lb}) \times \text{rand}() \tag{1.9}$$

其中，ub 代表范围的上边界，lb 代表范围的下边界。例如，在[0,3]范围内生成 5 个随机数。

```
import numpy as np
RandValue = (3-0)*np.random.random([1,5])+0
print(RandValue)
```

运行结果如下。

```
[[2.88627989 1.51837345 2.66096267 1.70675911 2.45442999]]
```

2. 粒子群算法种群初始化函数编写

将粒子群算法种群初始化函数单独定义为一个函数，命名为 initialization。利用前面的 Python 随机数生成函数中的随机数生成方式生成初始种群。

```python
'''粒子群初始化函数'''
# pop: 为种群数量
# dim: 单个粒子的维度
# ub: 粒子上边界，维度为[1,dim]
# lb: 粒子下边界，维度为[1,dim]
# X: 输出种群，维度为[pop,dim]
def initialization(pop,ub,lb,dim):
    X = np.zeros([pop,dim])
    for i in range(pop):
        for j in range(dim):
            X[i,j] = (ub[j]-lb[j])*np.random.random()+lb[j]
    return X
```

例如，设定种群数量为 10，每个个体维度为 5，每个维度的边界为[−5,5]，利用初始化函数初始种群。

```python
pop = 10
dim = 5
ub = np.array([5,5,5,5,5])
lb = np. array([-5,-5,-5,-5,-5])
X = initialization(pop,ub,lb,dim)
print(X)
```

运行结果如下。

```
[[ 2.80871881e-02  2.09634160e+00 -2.12639843e+00 -3.82616606e+00
  -2.54930470e+00]
 [-4.82148258e-04  1.93294303e+00  3.10278757e+00 -1.17775327e+00
  -1.65238142e+00]
 [-4.36820675e+00 -2.03982107e+00 -1.75958836e+00  2.94067089e+00
  -4.01674012e+00]
 [ 3.23607088e+00 -1.26644205e+00  9.76869354e-01 -2.10942995e+00
  -4.69007507e+00]
 [ 3.07624940e-01  1.17597075e+00 -1.20939193e+00 -1.54717274e+00
   2.25173604e+00]
 [ 1.38741449e+00  4.74199413e+00  6.76019312e-01  1.36262983e+00
  -4.24271624e+00]
 [-4.35459457e+00 -3.41650772e+00  1.00524709e+00 -3.31344757e+00
  -3.96615345e+00]
 [-1.72095850e+00 -2.34213319e+00  1.73054677e+00  9.64080105e-01
   3.86479151e+00]
 [-3.62453622e+00  2.84859232e+00  2.86981946e+00  4.39371485e-01
   2.72190349e+00]
 [ 2.63973603e-01  3.50867345e+00  4.75479766e+00  4.90098090e-01
  -3.72704965e-01]]
```

从运行结果可以看出，通过初始化函数后得到的种群均在设定的上下边界范围内。

为了更加直观地表现随机初始化函数的效果，设定种群数量为 20，个体维度为 2，维度边界分别设置为[0,1]、[−2,−1]、[2,3]，绘制三种范围的随机数生成结果，如图 1.3 所示。

```matlab
pop = 20; %种群数量
dim = 2; %每个个体维度
ub = [1,1]; %上边界
lb = [0,0]; %下边界
```

```
position0 = initialization(pop, ub, lb, dim);
ub = [-1,-1]; %上边界
lb = [-2,-2]; %下边界
position1 = initialization(pop, ub, lb, dim);
ub = [3,3]; %上边界
lb = [2,2]; %下边界
position2 = initialization(pop, ub, lb, dim);
figure
plot(position0(:,1),position0(:,2),'bo');
hold on
plot(position1(:,1),position1(:,2),'b.');
plot(position2(:,1),position2(:,2),'bo');
grid on
title('不同随机数范围生成结果')
xlabel('X')
ylabel('Y')
legend('[0,1]','[-2,-1]','[2,3]')
```

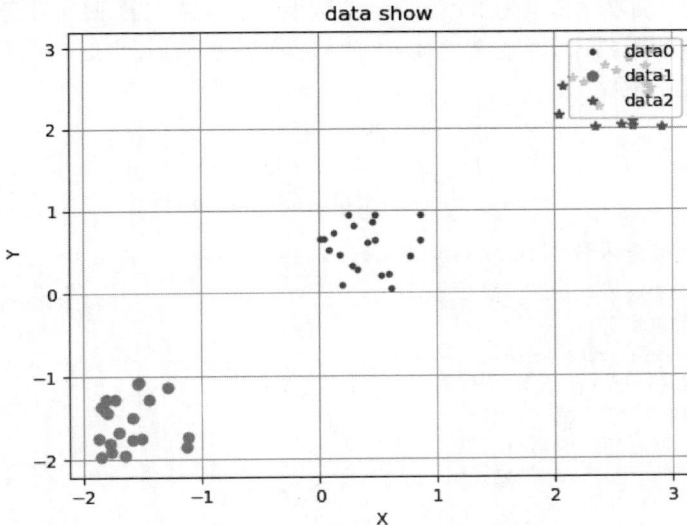

图 1.3　不同随机数范围生成结果

从图 1.3 可以看出，生成的种群均在相应的边界范围内。

1.3.2　适应度函数

在学术研究与工程实践中，优化问题是多种多样的，需要根据不同的优化问题，设计相应的适应度函数（也称目标函数）。为了便于后续优化算法调用适应度函数，通常将适应度函数单独写成一个函数，命名为 fun()。例如定义一个适应度函数 fun()，并存放在 fun.m 中，适应度函数 fun()定义如下。

```
'''适应度函数'''
# x 为输入的一个粒子，维度为[1,dim]
# fitness 为输出的适应度值
def fun(x):
    fitness = np.sum(x**2)
```

```
    return fitness
```

可以看到，适应函数 fun() 是 x 所有维度的平方和。例如 x=[1,2]，那么，经过适应度函数计算后得到的值为 5。

```
x = np.array([1,2])
fitness = fun(x)
print(fitness)
```

运行结果如下。

```
    5
```

1.3.3　边界检查和约束函数

边界检查的目的是防止变量超过预先指定的范围。具体逻辑是：当变量大于上边界（ub）时，将变量值置为上边界；当变量小于下边界（lb）时，将变量值置为下边界；当变量小于或等于上边界（ub），且大于或等于下边界（lb）时，变量值保持不变。形式化描述如下。

$$val = \begin{cases} ub, & \text{如果 } val > ub \\ lb, & \text{如果 } val < lb \\ val, & \text{如果 } lb \leqslant val \leqslant ub \end{cases} \tag{1.10}$$

定义边界检查函数为 BoundaryCheck。

```
''' 边界检查函数 '''
# dim 为数据维度
# x 为输入数据，维度为 dim
# ub 为数据上边界，维度为 dim
# lb 为数据下边界，维度为 dim
def BoundaryCheck(x,ub,lb,dim):
    for i in range(dim):
        if x[i]>ub[i]:
            x[i]=ub[i]
        if x[i]<lb[i]:
            x[i]=lb[i]
    return x
```

例如 x = [1,-2,3,-4]，定义的上边界为 [1,1,1,1]，下边界为 [-1,-1,-1,-1]，于是经过边界检查和约束后，x 应该为 [1,-1,1,-1]；

```
dim = 4
x = np.array([1,-2,3,-4])
ub = np.array([1,1,1,1])
lb = np.array([-1,-1,-1,-1])
X = BoundaryCheck(x,ub,lb,dim)
print(X)
```

运行结果如下。

```
 [ 1 -1 1 -1]
```

1.3.4　粒子群算法代码

根据 1.1 节粒子群算法的基本原理编写粒子群算法的基本代码,定义粒子群算法的函数名称为 pso。

```
''' 粒子群函数'''
## 输入:
#   pop:  种群数量
#   dim:  单个粒子的维度
#   ub:   粒子上边界信息, 维度为[1,dim]
#   lb:   粒子下边界信息, 维度为[1,dim]
#   fobj: 为适应度函数接口
#   vmax: 为速度的上边界信息, 维度为[1,dim]
#   vmin: 为速度的下边界信息, 维度为[1,dim]
#   maxIter: 算法的最大迭代次数, 用于控制算法的停止
## 输出:
#   Best_Pos:  为粒子群找到的最优位置
#   Best_fitness:  最优位置对应的适应度值
#   IterCure: 用于记录每次迭代的最佳适应度, 即后续用来绘制迭代曲线
def pso(pop,dim,ub,lb,fobj,vmax,vmin,maxIter):
    # 设置c1、c2 参数
    c1 = 2.0
    c2 = 2.0
    # 初始化种群速度
    V = initialization(pop,vmax,vmin,dim)
    # 初始化种群位置
    X = initialization(pop,ub,lb,dim)
    # 计算适应度值
    fitness = np.zeros(pop)
    for i in range(pop):
        fitness[i] = fobj(X[i,:])
    # 将初始种群作为历史最优
    pBest = copy.deepcopy(X)
    pBestFitness = copy.deepcopy(fitness)
    # 记录初始全局最优解, 默认优化最小值
    # 寻找适应度最小的位置
    index = np.argmin(fitness)
    # 记录适应度值和位置
    gBestFitness = fitness[index]
    gBest = copy.deepcopy(X[index,:])
    IterCurve = np.zeros(maxIter)
    ## 开始迭代 ##
    for t in range(maxIter):
        # 对每个粒子进行更新
        for i in range(pop):
            # 速度更新
            r1 = np.random.random(dim)
            r2 = np.random.random(dim)
            V[i,:] = V[i,:] + c1*r1*(pBest[i,:]-X[i,:]) + c2*r2*(gBest-
X[i,:])
            # 边界检查
            V[i,:] = BoundaryCheck(V[i,:],vmax,vmin,dim)
            # 位置更新
            X[i,:] = X[i,:] + V[i,:]
            # 边界检查
            X[i,:] = BoundaryCheck(X[i,:],ub,lb,dim)
```

```
        # 计算新位置适应度值
        fitness[i] = fobj(X[i,:])
        # 更新历史最优值
        if fitness[i]<pBestFitness[i]:
            pBest[i,:] = copy.copy(X[i,:])
            pBestFitness[i] = fitness[i]
        # 更新全局最优值
        if fitness[i]<gBestFitness:
            gBestFitness = fitness[i]
            gBest = copy.copy(X[i,:])
    ## 记录当前迭代最优值和最优适应度值
    # 记录最优解
    Best_Pos = gBest
    # 记录最优解适应度值
    Best_fitness = gBestFitness
    # 记录当前迭代的最优解适应度值
    IterCurve[t] = gBestFitness
return Best_Pos,Best_fitness,IterCurve
```

综上所述，粒子群算法的基本代码编写完成，可以通过函数 pso 进行调用。所有涉及粒子群算法 Python 函数汇总如表 1.2 所示。

表 1.2　粒子群算法 Python 函数汇总

序号	函数名称	说明
1	BoundaryCheck	边界检查函数
2	fun	适应度函数
3	initialization	种群初始化函数
4	pso	粒子群函数主体

1.4　基于粒子群算法的函数寻优

本节主要介绍如何利用粒子群算法对函数进行寻优，主要包括函数寻优问题描述、适应度函数设计和主函数设计。

1.4.1　问题描述

求解一组 x_1, x_2，使得下面函数的值最小，即求解函数的极小值。

$$f(x_1, x_2) = x_1^2 + x_2^2 \tag{1.11}$$

其中，x_1 与 x_2 的取值范围分别为 $[-10,10]$ 和 $[-10,10]$。

待求解函数的搜索空间是怎样的呢？为了直观、生动形象地展现待求解函数的搜索空间，可以使用 MATLAB 绘图的方式进行查看，以 x_1 为 X 轴，x_2 为 Y 轴，$f(x_1, x_2)$ 为 Z 轴，绘制该待求解函数的搜索空间，代码如下，效果如图 1.4 所示。

```
%% 绘制 f(x1,x2)的搜索曲面
x1 =-10:0.01:10; %以 0.01 步长，生成[-10,10]的 x1 的值
```

```
x2 = -10:0.01:10;%以 0.01 步长, 生成[-10,10]的 x2 的值
for i= 1:size(x1,2)
    for j = 1:size(x2,2)
        X1(i,j) = x1(i);
        X2(i,j) = x2(j);
        f(i,j) = x1(i)^2 + x2(j)^2;  %函数 f(x1,x2)的值
    end
end
surfc(X1,X2,f,'LineStyle','none');  %绘制曲面
xlabel('x1');
ylabel('x2');
zlabel('f(x1,x2)')
title('f(x1,x2)函数搜索空间')
```

Python 绘制该函数搜索曲面。

```
import numpy as np
from matplotlib import pyplot as plt
from mpl_toolkits.mplot3d import Axes3D
def f(x1,x2):
    z = x1**2 + x2**2
    return z
## 绘制 f(x1,x2)的搜索曲面
x1 = np.linspace(-10,10,100)  #[-10,10]区间等间隔划分点
x2 = np.linspace(-10,10,100)  #[-10,10]区间等间隔划分点
x1,x2 = np.meshgrid(x1,x2)
z = f(x1,x2)
# 绘制 3D 曲面图
fig = plt.figure()
ax = fig.add_subplot(111, projection='3d')
ax.plot_surface(x1, x2, z, cmap='viridis')
# 设置标签
ax.set_xlabel('X1 axis')
ax.set_ylabel('X2 axis')
ax.set_zlabel('f axis')
# 显示图形
plt.show()
```

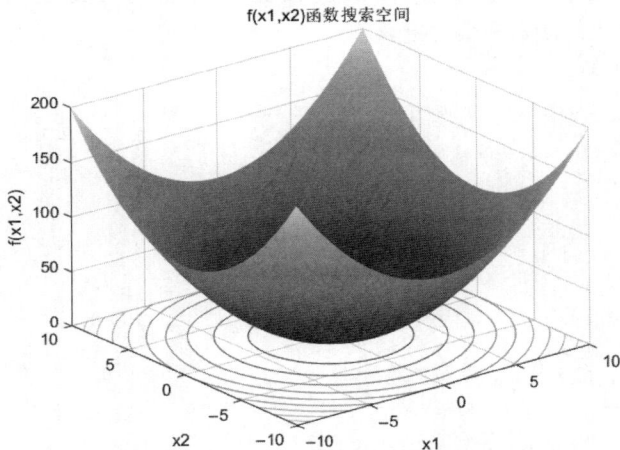

图 1.4   f(x_1, x_2)函数搜索空间

1.4.2　适应度函数设计

在该问题中，变量范围的约束条件如下。

$$-10 \leqslant x_1 \leqslant 10$$
$$-10 \leqslant x_2 \leqslant 10$$

可以通过设置粒子群个体的维度和边界条件进行设置。即设置粒子群个体的维度 dim 为 2，粒子群个体上边界 ub=[10,10]，粒子群个体下边界 lb=[-10,-10]。根据问题设定适应度函数。

MATLAB 适应度函数 fun 如下。

```
%% 适应度函数
function fitness = fun(x)
%x 为输入的一个个体，维度为[1,dim]
%fitness 为输出的适应度值
    fitness = x(1)^2 + x(2)^2;
end
```

Python 适应度函数 fun 如下。

```
'''适应度函数'''
def fun(x):
    fitness = x[0]**2 + x[1]**2
    return fitness
```

1.4.3　主函数设计

设置粒子群优化算法的参数如下。

粒子群种群数量 pop 为 50，最大迭代次数 maxIter 为 100，粒子群个体的维度 dim 为 2，粒子群个体上边界 ub =[10,10]，粒子群个体下边界 lb=[-10,-10]。使用粒子群算法求解待求解函数极值问题。

MATLAB 求解：

```
%% 粒子群算法求解 x1^2 + x2^2 的最小值
clc;clear all;close all;
%粒子群参数设定
pop = 50;                %种群数量
dim = 2;                 %变量维度
ub = [10,10];            %粒子上边界信息
lb = [-10,-10];          %粒子下边界信息
vmax = [2,2];            %粒子的速度上边界
vmin = [-2,-2];          %粒子的速度下边界
maxIter = 100;           %最大迭代次数
fobj = @(x) fun(x);      %设置适应度函数为 fun(x)
%粒子群求解问题
```

```
[Best_Pos, Best_fitness, IterCurve] = pso(pop, dim, ub, lb,fobj, vmax,
vmin, maxIter);
%绘制迭代曲线
figure
plot(IterCurve,'r-','linewidth',1.5);
grid on;%网格开
title('粒子群迭代曲线')
xlabel('迭代次数')
ylabel('适应度值')

disp(['求解得到的 x1,x2 为',num2str(Best_Pos(1)),'',num2str(Best_ Pos(2))]);
disp(['最优解对应的函数值为: ',num2str(Best_fitness)]);
```

运行结果如图 1.5 所示。

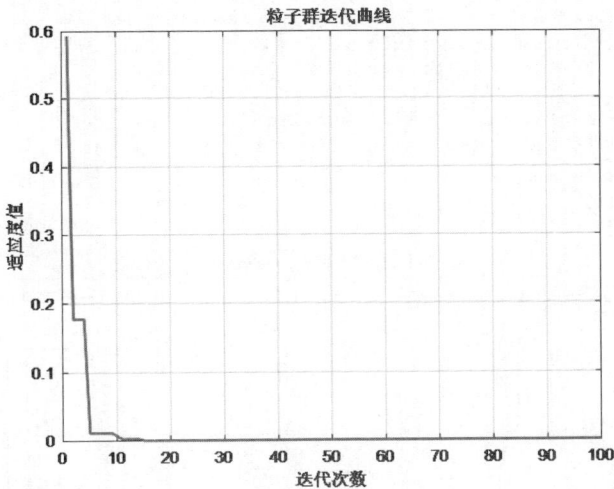

图 1.5　粒子群收敛曲线（MATLAB）

```
求解得到的 x1, x2 为-0.0044388　 -0.0090971
最优解对应的函数值为: 0.00010246
```

从粒子群寻优的结果来看，粒子群最终的值非常接近理论最优值，表明粒子群算法具有寻优能力强的特点。

Python 求解：

```python
import numpy as np
import pso as pso
from matplotlib import pyplot as plt

'''适应度函数'''
def fun(x):
    fitness = x[0]**2 + x[1]**2
    return fitness

''' 粒子群算法求解 x1**2 + x2**2 的最小值'''
# 粒子群参数设定
```

```
pop = 50                        #种群数量
dim = 2                         #变量维度
ub = np.array([10,10])          #粒子上边界信息
lb = np.array([-10,-10])        #粒子下边界信息
fobj = fun                      #适应度函数
vmax = np.array([2,2])          #粒子的速度上边界
vmin = np.array([-2,-2])        #粒子的速度下边界
maxIter = 100                   #最大迭代次数
# 求解
Best_Pos,Best_fitness,IterCurve =
pso.pso(pop,dim,ub,lb,fobj,vmax,vmin,maxIter)

'''打印结果'''
print('最优解的适应度值:', Best_fitness)
print('最优值:', Best_Pos)

# 绘制适应度曲线
plt.figure(1)
plt.semilogy(IterCurve, linewidth=2, linestyle='-')
plt.xlabel('Iteration', fontsize='medium')
plt.ylabel("Fitness", fontsize='medium')
plt.grid()
plt.title('Iterative curve', fontsize='large')
plt.legend(['PSO'], loc='upper right')
plt.show()
```

运行结果如图 1.6 所示。

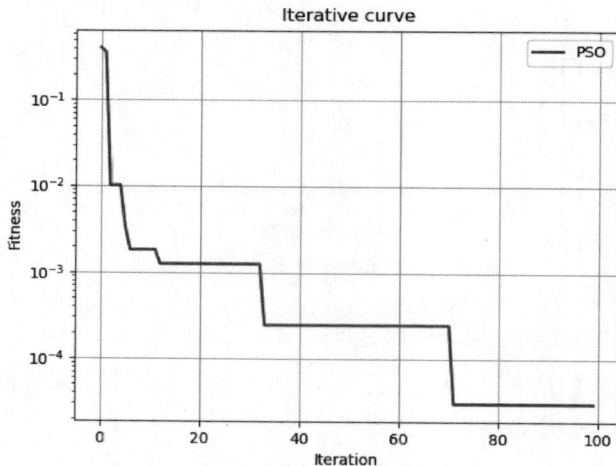

图 1.6　粒子群收敛曲线（Python）

运行结果如下。

```
最优解的适应度值: 3.0058667900354885e-05
最优值: [0.00131487 0.00532257]
```

从粒子群寻优的结果来看，粒子群最终的值非常接近理论最优值，表明粒子群算法具有寻优能力强的特点。

第 2 章　智能优化算法基准测试集

本章主要介绍国际常用的用于对比智能优化算法的 23 个基准测试函数。首先介绍基准测试函数的基本信息，然后介绍基准测试函数的寻优空间的绘制。

2.1　基准测试集简介

为了测试智能优化算法的性能，许多学者提出了一些测试函数，其中用得最多的基准测试函数有 23 个，将其分别命名为 F1～F23，如表 2.1 所示。

表 2.1　基准测试函数集函数信息

名称	函数表达式（function）	维度 （dim）	变量范围值 （range）	全局最优值 （fmin）
F1	$f_1(x) = \sum_{i=1}^{n} x_i^2$	30	$[-100,100]$	0
F2	$f_2(x) = \sum_{i=1}^{n}\lvert x_i\rvert + \prod_{i=1}^{n}\lvert x_i\rvert$	30	$[-10,10]$	0
F3	$f_3(x) = \sum_{i=1}^{n}\left(\sum_{j-1}^{i} x_j\right)^2$	30	$[-100,100]$	0
F4	$f_4(x) = \max_i\left\{\lvert x_i\rvert, 1 \leqslant i \leqslant n\right\}$	30	$[-100,100]$	0
F5	$f_5(x) = \sum_{i=1}^{n-1}\left[100\left(x_{i+1} - x_i^2\right)^2 + \left(x_i - 1\right)^2\right]$	30	$[-30,30]$	0
F6	$f_6(x) = \sum_{i=1}^{n}\left[x_i + 0.5\right]^2$	30	$[-100,100]$	0
F7	$f_7(x) = \sum_{i=1}^{n} i x_i^4 + \text{random}\,[0,1)$	30	$[-1.28,1.28]$	0
F8	$f_8(x) = \sum_{i=1}^{n} -x_i \sin\left(\sqrt{\lvert x_i\rvert}\right)$	30	$[-500,500]$	-418.9829*dim
F9	$f_9(x) = \sum_{i=1}^{n}\left[x_1^2 - 10\cos\left(2\pi x_i\right) + 10\right]$	30	$[-5.12,5.12]$	0
F10	$f_{10}(x) = -20\exp\left(-0.2\sqrt{\dfrac{1}{n}\sum_{i=1}^{n} x_i^2}\right)$ $-\exp\left(\dfrac{1}{n}\sum_{i=1}^{n}\cos\left(2\pi x_i\right)\right) + 20 + \mathrm{e}$	30	$[-32,32]$	0

名称	函数表达式（function）	维度 （dim）	变量范围值 （range）	全局最优值 （fmin）
F11	$f_{11}(x) = \dfrac{1}{4000}\sum_{i=1}^{n} x_i^2 - \Pi_{i=1}^{n}\cos\left(\dfrac{x_i}{\sqrt{i}}\right) + 1$	30	$[-600,600]$	0
F12	$f_{12}(x) = \dfrac{\pi}{n}\left\{10\sin(\pi y_1) + \sum_{i=1}^{n-1}(y_i-1)^2\left[1+10\sin^2(\pi y_{i+1})\right]\right.$ $\left.+(y_n-1)^2\right\} + \sum_{i=1}^{n}u(x_i,10,100,4)$ $y_i = 1 + \dfrac{x_i+1}{4}$ $u(x_i,a,k,m) = \begin{cases} k(x_i-a)^m, & x_i > a \\ 0, & -a < x_i < a \\ k(-x_i-a)^m, & x_i < -a \end{cases}$	30	$[-50,50]$	0
F13	$f_{13}(x) = 0.1\left\{\sin^2(3\pi x_1) + \sum_{i=1}^{n}(x_i-1)^2\left[1+\sin^2(3\pi x_i+1)\right]\right.$ $\left.(x_n-1)^2\left[1+\sin^2(2\pi x_n)\right]\right\} + \sum_{i=1}^{n}u(x_i,5,100,4)$	30	$[-50,50]$	0
F14	$f_{14}(x) = \left(\dfrac{1}{500} + \sum_{j=1}^{25}\dfrac{1}{j+\sum_{i=1}^{2}(x_i-a_{ij})^6}\right)^{-1}$	2	$[-65,65]$	1
F15	$f_{15}(x) = \sum_{i=1}^{11}\left[a_i - \dfrac{x_1(b_i^2+b_ix_2)}{b_i^2+b_ix_3+x_4}\right]^2$	4	$[-5,5]$	0.0003
F16	$f_{16}(x) = 4x_1^2 - 2.1x_1^4 + \dfrac{1}{3}x_1^6 + x_1x_2 - 4x_2^2 + 4x_2^4$	2	$[-5,5]$	-1.3016
F17	$f_{17}(x) = \left(x_2 - \dfrac{5.1}{4\pi^2}x_1^2 + \dfrac{5}{\pi}x_1 - 6\right)^2$ $+10\left(1-\dfrac{1}{8\pi}\right)\cos x_1 + 10$	2	$[-5,5]$	0.398
F18	$f_{18}(x) = \left[1+(x_1+x_2+1)^2(19-14x_1+3x_1^2-14x_2\right.$ $\left.+6x_1x_2+3x_2^2)\right]\times\left[30+(2x_1-3x_2)^2\right.$ $\left.\times(18-32x_1+12x_1^2+48x_2-36x_1x_2+27x_2^2)\right]$	2	$[-2,2]$	3
F19	$f_{19}(x) = -\sum_{i=1}^{4}c_i\exp\left(-\sum_{j=1}^{3}a_{ij}(x_j-p_{ij})^2\right)$	3	$[1,3]$	-3.86

续表

名称	函数表达式（function）	维度（dim）	变量范围值（range）	全局最优值（fmin）
F20	$f_{20}(x) = -\sum_{i=1}^{4} c_i \exp\left(-\sum_{j=1}^{6} a_{ij}(x_j - p_{ij})^2\right)$	6	$[0,1]$	-3.32
F21	$f_{21}(x) = -\sum_{i=1}^{5}\left[(X-a_i)(X-a_i)^T + c_i\right]^{-1}$	4	$[0,10]$	-10.1532
F22	$f_{22}(x) = -\sum_{i=1}^{7}\left[(X-a_i)(X-a_i)^T + c_i\right]^{-1}$	4	$[0,10]$	-10.4028
F23	$f_{23}(x) = -\sum_{i=1}^{10}\left[(X-a_i)(X-a_i)^T + c_i\right]^{-1}$	4	$[0,10]$	-10.5363

2.2　基准测试函数绘图以及测试函数代码编写

2.2.1　F1 函数

F1 函数的函数表达式如表 2.2 所示。

表 2.2　F1 函数信息

名称	函数表达式（function）	维度（dim）	变量范围值（range）	全局最优值（fmin）
F1	$f_1(x) = \sum_{i=1}^{n} x_i^2$	30	$[-100,100]$	0

F1 函数的 MATLAB 代码如下。

```
function o = F1_Fun(x)
o=sum(x.^2);
end
```

绘制曲面的 MATLAB 代码如下。

```
%F1 搜索空间绘图函数
function F1_FunPlot()
    x=-100:2:100;                               %x 的范围[-100,100]
    y=x;                                        %y 的范围[-100,100]
    L=length(x);
    for i = 1:L
        for j = 1:L
            f(i,j) = F1_Fun([x(i),y(j)]);       %输入[x,y]对应的函数输出值
        end
    end
    surfc(x,y,f,'LineStyle','none');            %绘制曲面
    title('F1 space')                           %图表名称
    xlabel('x_1');                              %x 轴名称
    ylabel('x_2');                              %y 轴名称
end
```

当维度为二维时，搜索空间曲面如图 2.1、图 2.2 所示。

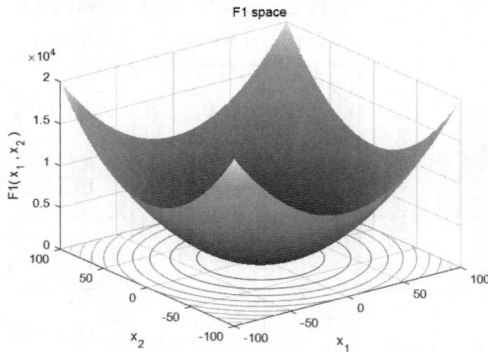

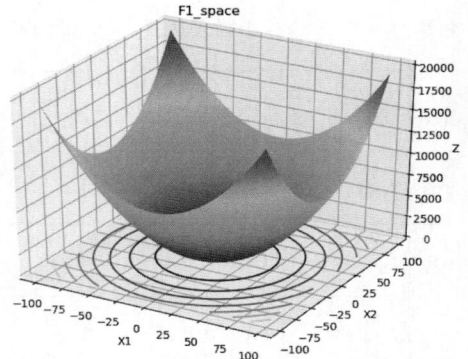

图 2.1　F1 函数搜索空间（MATLAB 绘制）　　图 2.2　F1 函数搜索空间（Python 绘制）

函数 F1 的 Python 代码如下。

```
def F1(X):
    Results=np.sum(X**2)
    return Results
```

F1 绘图函数搜索曲面的 Python 代码如下。

```
'''F1 绘图函数'''
import numpy as np
from matplotlib import pyplot as plt
from mpl_toolkits.mplot3d import Axes3D

def F1(X):
    Results=np.sum(X**2)
    return Results

def F1Plot():
    fig = plt.figure(1)                          #定义 figure
    ax = Axes3D(fig)                             #将 figure 变为 3D
    x1=np.arange(-100,100,2)                     #定义x1,范围为[-100,100],间隔为2
    x2=np.arange(-100,100,2)                     #定义x2,范围为[-100,100],间隔为2
    X1,X2=np.meshgrid(x1,x2)                     #生成网格
    nSize = x1.shape[0]
    Z=np.zeros([nSize,nSize])
    for i in range(nSize):
        for j in range(nSize):
            X=[X1[i,j],X2[i,j]]                  #构造 F1 输入
            X=np.array(X)                        #将格式由 list 转换为 array
            Z[i,j]=F1(X)                         #计算 F1 的值
    #绘制 3D 曲面
    # rstride: 行之间的跨度  cstride: 列之间的跨度
    # cmap 参数可以控制三维曲面的颜色组合
    ax.plot_surface(X1, X2, Z, rstride = 1, cstride = 1, cmap = plt.
get_cmap('rainbow'))
    ax.contour(X1, X2, Z, zdir='z', offset=0)    #绘制等高线
    ax.set_xlabel('X1')                          #x 轴说明
    ax.set_ylabel('X2')                          #y 轴说明
    ax.set_zlabel('Z')                           #z 轴说明
    ax.set_title('F1_space')
```

```
      plt.show()
F1Plot()
```

2.2.2　F2 函数

F2 函数的函数表达式如表 2.3 所示。

表 2.3　F2 函数信息

名称	函数表达式（function）	维度（dim）	变量范围值（range）	全局最优值（fmin）
F2	$f_2(x) = \sum_{i=1}^{n}\lvert x_i \rvert + \prod_{i=1}^{n}\lvert x_i \rvert$	30	$[-10,10]$	0

F2 函数的 MATLAB 代码如下。

```
function o = F2_Fun(x)
o=sum(abs(x))+prod(abs(x));
end
```

绘制曲面的 MATLAB 代码如下。

```
%F2 搜索空间绘图函数
function F2_FunPlot()
    x=-10:0.1:10;                           %x 的范围[-10,10]
    y=x;                                    %y 的范围[-10,10]
    L=length(x);
    for i = 1:L
        for j = 1:L
            f(i,j) = F2_Fun([x(i),y(j)]);   %输入[x,y]对应的函数输出值
        end
    end
    surfc(x,y,f,'LineStyle','none');        %绘制曲面
    title('F2 space');                      %图表名称
    xlabel('x_1');                          %x 轴名称
    ylabel('x_2');                          %y 轴名称
    grid on
end
```

当维度为二维时，搜索空间曲面如图 2.3 和图 2.4 所示。

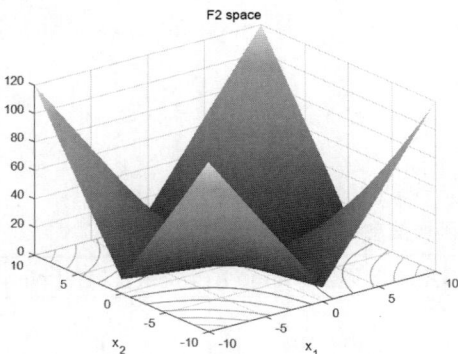

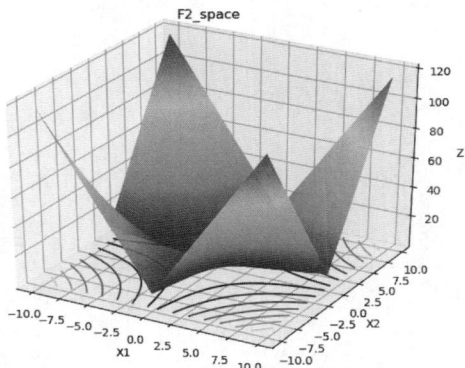

图 2.3　F2 函数搜索空间（MATLAB 绘制）　　图 2.4　F2 函数搜索空间（Python 绘制）

函数 F2 的 Python 代码如下。

```
def F2(X):
    Results=np.sum(np.abs(X))+np.prod(np.abs(X))
    return Results
```

F2 绘图函数搜索曲面的 Python 代码如下。

```
'''F2 绘图函数'''
import numpy as np
from matplotlib import pyplot as plt
from mpl_toolkits.mplot3d import Axes3D

def F2(X):
    Results=np.sum(np.abs(X))+np.prod(np.abs(X))
    return Results

def F2Plot():
    fig = plt.figure(1)                          #定义 figure
    ax = Axes3D(fig)                             #将 figure 变为 3D
    x1=np.arange(-10,10,0.2)                     #定义 x1,范围为[-10,10],间隔为 0.2
    x2=np.arange(-10,10,0.2)                     #定义 x2,范围为[-10,10],间隔为 0.2
    X1,X2=np.meshgrid(x1,x2)                      #生成网格
    nSize = x1.shape[0]
    Z=np.zeros([nSize,nSize])
    for i in range(nSize):
        for j in range(nSize):
            X=[X1[i,j],X2[i,j]]                  #构造 F2 输入
            X=np.array(X)                        #将格式由 list 转换为 array
            Z[i,j]=F2(X)                         #计算 F2 的值
    #绘制 3D 曲面
    # rstride: 行之间的跨度  cstride: 列之间的跨度
    # cmap 参数可以控制三维曲面的颜色组合
    ax.plot_surface(X1, X2, Z, rstride = 1, cstride = 1, cmap = plt.
get_cmap('rainbow'))
    ax.contour(X1, X2, Z, zdir='z', offset=0)       #绘制等高线
    ax.set_xlabel('X1')                          #x 轴说明
    ax.set_ylabel('X2')                          #y 轴说明
    ax.set_zlabel('Z')                           #z 轴说明
    ax.set_title('F2_space')
    plt.show()

F2Plot()
```

2.2.3　F3 函数

F3 函数的函数表达式如表 2.4 所示。

表 2.4　F3 函数信息

名称	函数表达式（function）	维度（dim）	变量范围值（range）	全局最优值（fmin）
F3	$f_3(x) = \sum_{i=1}^{n} \left(\sum_{j=1}^{i} x_j \right)^2$	30	$[-100,100]$	0

F3 函数的 MATLAB 代码如下。

```
function o = F3_Fun(x)
    dim=size(x,2);
    o=0;
    for i=1:dim
        o=o+sum(x(1:i))^2;
    end
end
```

绘制曲面的 MATLAB 代码如下。

```
%F3 搜索空间绘图函数
function F3_FunPlot()
    x=-100:2:100;                                  %x 的范围[-100,100]
    y=x;                                           %y 的范围[-100,100]
    L=length(x);
    for i = 1:L
        for j = 1:L
            f(i,j) = F3_Fun([x(i),y(j)]);          %输入[x,y]对应的函数输出值
        end
    end
    surfc(x,y,f,'LineStyle','none');               %绘制曲面
    title('F3 space')                              %图表名称
    xlabel('x_1');                                 %x 轴名称
    ylabel('x_2');                                 %y 轴名称
    grid on
end
```

当维度为二维时，搜索空间曲面如图 2.5 和图 2.6 所示。

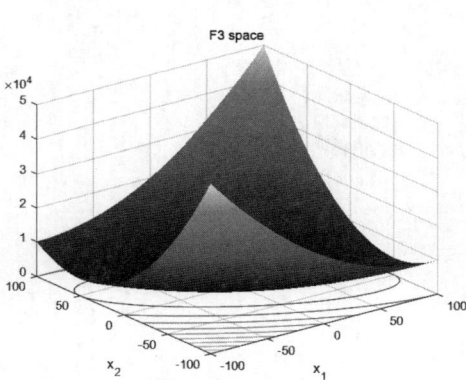

图 2.5　F3 函数搜索空间（MATLAB 绘制）　　图 2.6　F3 函数搜索空间（Python 绘制）

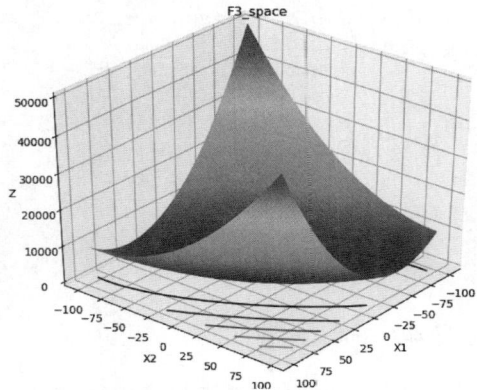

F3 函数的 Python 代码如下。

```
def F3(X):
    dim=X.shape[0]
    Results=0
    for i in range(dim):
        Results=Results+np.sum(X[0:i+1])**2
    return Results
```

F3 绘图函数搜索曲面的 Python 代码如下。

```python
'''F3 绘图函数'''
import numpy as np
from matplotlib import pyplot as plt
from mpl_toolkits.mplot3d import Axes3D

def F3(X):
    dim=X.shape[0]
    Results=0
    for i in range(dim):
        Results=Results+np.sum(X[0:i+1])**2

    return Results

def F3Plot():
    fig = plt.figure(1)                    #定义 figure
    ax = Axes3D(fig)                       #将 figure 变为 3D
    x1=np.arange(-100,100,2)               #定义 x1, 范围为[-100,100], 间隔为 2
    x2=np.arange(-100,100,2)               #定义 x2, 范围为[-100,100], 间隔为 2
    X1,X2=np.meshgrid(x1,x2)               #生成网格
    nSize = x1.shape[0]
    Z=np.zeros([nSize,nSize])
    for i in range(nSize):
        for j in range(nSize):
            X=[X1[i,j],X2[i,j]]            #构造 F3 输入
            X=np.array(X)                  #将格式由 list 转换为 array
            Z[i,j]=F3(X)                   #计算 F3 的值
    #绘制 3D 曲面
    # rstride: 行之间的跨度  cstride: 列之间的跨度
    # cmap 参数可以控制三维曲面的颜色组合
    ax.plot_surface(X1, X2, Z, rstride = 1, cstride = 1, cmap = plt.get_
cmap('rainbow'))
    ax.contour(X1, X2, Z, zdir='z', offset=0)      #绘制等高线
    ax.set_xlabel('X1')                    #x 轴说明
    ax.set_ylabel('X2')                    #y 轴说明
    ax.set_zlabel('Z')                     #z 轴说明
    ax.set_title('F3_space')
    plt.show()

F3Plot()
```

2.2.4　F4 函数

F4 函数的函数表达式如表 2.5 所示。

表 2.5　F4 函数信息

名称	函数表达式（function）	维度（dim）	变量范围值（range）	全局最优值（fmin）
F4	$f_4(x) = \max_i \{ |x_i|, 1 \le i \le n \}$	30	$[-100,100]$	0

F4 函数的 MATLAB 代码如下。

```
function o = F4_Fun(x)
o=max(abs(x));
end
```

绘制曲面的 MATLAB 代码如下。

```
%F4 搜索空间绘图函数
function F4_FunPlot()
    x=-100:2:100;                                  %x 的范围[-100,100]
    y=x;                                           %y 的范围[-100,100]
    L=length(x);
    for i = 1:L
        for j = 1:L
            f(i,j) = F4_Fun([x(i),y(j)]);          %输入[x,y]对应的函数输出值
        end
    end
    surfc(x,y,f,'LineStyle','none');               %绘制曲面
    title('F4 space')                              %图表名称
    xlabel('x_1');                                 %x 轴名称
    ylabel('x_2');                                 %y 轴名称
    grid on
end
```

当维度为二维时，搜索空间曲面如图 2.7、图 2.8 所示。

F4 函数的 Python 代码如下。

```
def F4(X):
    Results=np.max(np.abs(X))
    return Results
```

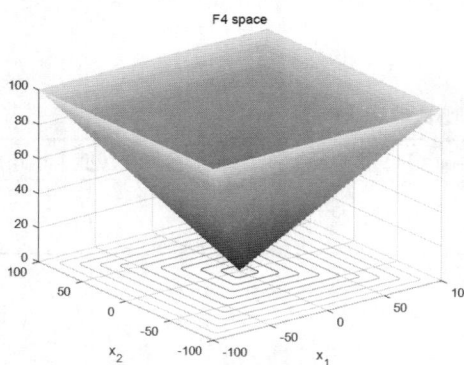

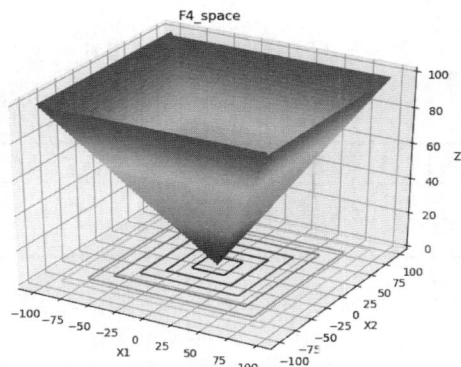

图 2.7　F4 函数搜索空间（MATLAB 绘制）　　图 2.8　F4 函数搜索空间（Python 绘制）

F4 绘图函数搜索曲面的 Python 代码如下。

```
'''F4 绘图函数'''
import numpy as np
from matplotlib import pyplot as plt
from mpl_toolkits.mplot3d import Axes3D
```

```
def F4(X):
    Results=np.max(np.abs(X))

    return Results

def F4Plot():
    fig = plt.figure(1)                         #定义 figure
    ax = Axes3D(fig)                            #将 figure 变为 3D
    x1=np.arange(-100,100,2)                    #定义 x1，范围为[-100,100]，间隔为 2
    x2=np.arange(-100,100,2)                    #定义 x2，范围为[-100,100]，间隔为 2
    X1,X2=np.meshgrid(x1,x2)                    #生成网格
    nSize = x1.shape[0]
    Z=np.zeros([nSize,nSize])
    for i in range(nSize):
        for j in range(nSize):
            X=[X1[i,j],X2[i,j]]                 #构造 F4 输入
            X=np.array(X)                       #将格式由 list 转换为 array
            Z[i,j]=F4(X)                        #计算 F4 的值
    #绘制 3D 曲面
    # rstride: 行之间的跨度  cstride: 列之间的跨度
    # cmap 参数可以控制三维曲面的颜色组合
    ax.plot_surface(X1, X2, Z, rstride = 1, cstride = 1, cmap = plt.get_
cmap('rainbow'))
    ax.contour(X1, X2, Z, zdir='z', offset=0)      #绘制等高线
    ax.set_xlabel('X1')                         #x 轴说明
    ax.set_ylabel('X2')                         #y 轴说明
    ax.set_zlabel('Z')                          #z 轴说明
    ax.set_title('F4_space')
    plt.show()

F4Plot()
```

2.2.5　F5 函数

F5 函数的函数表达式如表 2.6 所示。

表 2.6　F5 函数信息

名称	函数表达式（function）	维度（dim）	变量范围值（range）	全局最优值（fmin）
F5	$f_5(x) = \sum_{i=1}^{n-1}\left[100\left(x_{i+1} - x_i^2\right)^2 + \left(x_i - 1\right)^2\right]$	30	$[-30,30]$	0

F5 函数的 MATLAB 代码如下。

```
function o = F5_Fun(x)
dim=size(x,2);
o=sum(100*(x(2:dim)-(x(1:dim-1).^2)).^2+(x(1:dim-1)-1).^2);
end
```

绘制曲面的 MATLAB 代码如下。

```
%F5 搜索空间绘图函数
function F5_FunFlot()
    x=-30:0.2:30;                               %x 的范围[-30,30]
    y=x;                                        %y 的范围[-30,30]
```

```
        L=length(x);
        for i = 1:L
            for j = 1:L
                f(i,j) = F5_Fun([x(i),y(j)]);      %输入[x,y]对应的函数输出值
            end
        end
        surfc(x,y,f,'LineStyle','none');           %绘制曲面
        title('F5 space')                          %图表名称
        xlabel('x_1');                             %x 轴名称
        ylabel('x_2');                             %y 轴名称
        grid on
end
```

当维度为二维时，搜索空间曲面如图 2.9 和图 2.10 所示。

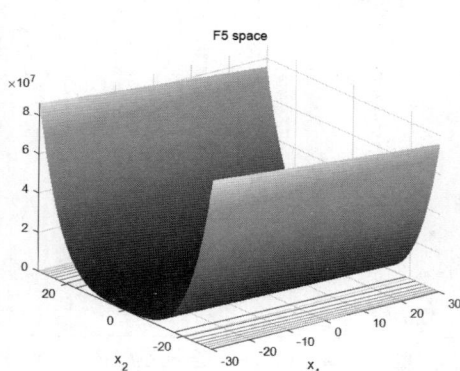

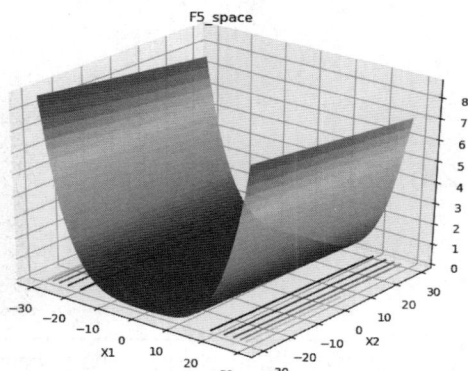

图 2.9　F5 函数搜索空间（MATLAB 绘制）　　图 2.10　F5 函数搜索空间（Python 绘制）

F5 函数的 Python 代码如下。

```
def F5(X):
    dim=X.shape[0]
    Results=np.sum(100*(X[1:dim]-(X[0:dim-1]**2))**2+(X[0:dim-1]-1)**2)
    return Results
```

F5 绘图函数搜索曲面的 Python 代码如下。

```
'''F5 绘图函数'''
import numpy as np
from matplotlib import pyplot as plt
from mpl_toolkits.mplot3d import Axes3D

def F5(X):
    dim=X.shape[0]
    Results=np.sum(100*(X[1:dim]-(X[0:dim-1]**2))**2+(X[0:dim-1]-1)**2)

    return Results

def F5Plot():
    fig = plt.figure(1)                    #定义 figure
    ax = Axes3D(fig)                       #将 figure 变为 3D
    x1=np.arange(-30,30,0.5)              #定义 x1，范围为[-30,30]，间隔为 0.5
    x2=np.arange(-30,30,0.5)              #定义 x2，范围为[-30,30]，间隔为 0.5
    X1,X2=np.meshgrid(x1,x2)              #生成网格
```

```
    nSize = x1.shape[0]
    Z=np.zeros([nSize,nSize])
    for i in range(nSize):
        for j in range(nSize):
            X=[X1[i,j],X2[i,j]]        #构造 F5 输入
            X=np.array(X)              #将格式由 list 转换为 array
            Z[i,j]=F5(X)               #计算 F5 的值
    # 绘制 3D 曲面
    # rstride: 行之间的跨度   cstride: 列之间的跨度
    # cmap 参数可以控制三维曲面的颜色组合
    ax.plot_surface(X1, X2, Z, rstride = 1, cstride = 1, cmap = plt.get_
cmap('rainbow'))
    ax.contour(X1, X2, Z, zdir='z', offset=0)     #绘制等高线
    ax.set_xlabel('X1')                 #x 轴说明
    ax.set_ylabel('X2')                 #y 轴说明
    ax.set_zlabel('Z')                  #z 轴说明
    ax.set_title('F5_space')
    plt.show()

F5Plot()
```

2.2.6　F6 函数

F6 函数的函数表达式如表 2.7 所示。

表 2.7　F6 函数信息

名称	函数表达式（function）	维度（dim）	变量范围值（range）	全局最优值（fmin）
F6	$f_6(x) = \sum_{i=1}^{n} [x_i + 0.5]^2$	30	$[-100,100]$	0

F6 函数的 MATLAB 代码如下。

```
function o = F6_Fun(x)
    o=sum(abs((x+.5)).^2);
end
```

绘制曲面的 MATLAB 代码如下。

```
%F6 搜索空间绘图函数
function F6_FunPlot()
    x=-100:2:100;                            %x 的范围[-5,5]
    y=x;                                     %y 的范围[-5,5]
    L=length(x);
    for i = 1:L
        for j = 1:L
            f(i,j) = F6_Fun([x(i),y(j)]);    %输入[x,y]对应的函数输出值
        end
    end
    surfc(x,y,f,'LineStyle','none');         %绘制曲面
    title('F6 space')                        %图表名称
    xlabel('x_1');                           %x 轴名称
    ylabel('x_2');                           %y 轴名称
    grid on
```

```
end
```

当维度为二维时，搜索空间曲面如图 2.11 和图 2.12 所示。

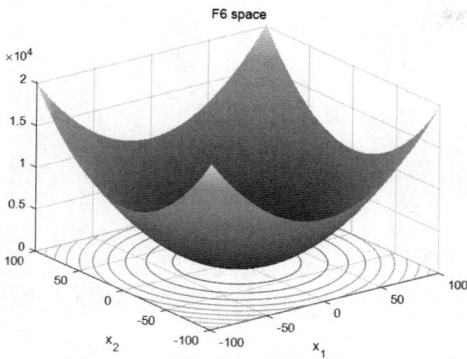

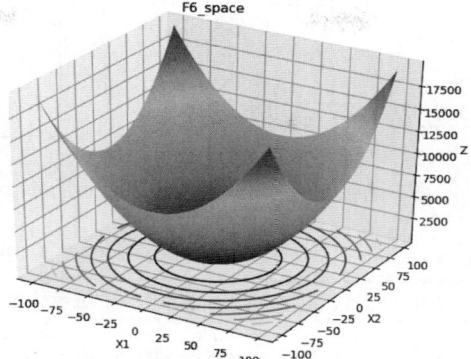

图 2.11　F6 函数搜索空间（MATLAB 绘制）　图 2.12　F6 函数搜索空间（Python 绘制）

F6 函数的 Python 代码如下。

```
def F6(X):
    Results=np.sum(np.abs(X+0.5)**2)
    return Results
```

F6 绘图函数搜索曲面的 Python 代码如下。

```
'''F6绘图函数'''
import numpy as np
from matplotlib import pyplot as plt
from mpl_toolkits.mplot3d import Axes3D

def F6(X):
    Results=np.sum(np.abs(X+0.5)**2)

    return Results

def F6Plot():
    fig = plt.figure(1)                          #定义figure
    ax = Axes3D(fig)                             #将figure变为3D
    x1=np.arange(-100,100,2)                     #定义x1，范围为[-100,100]，间隔为2
    x2=np.arange(-100,100,2)                     #定义x2，范围为[-100,100]，间隔为2
    X1,X2=np.meshgrid(x1,x2)                     #生成网格
    nSize = x1.shape[0]
    Z=np.zeros([nSize,nSize])
    for i in range(nSize):
        for j in range(nSize):
            X=[X1[i,j],X2[i,j]]                  #构造F6输入
            X=np.array(X)                        #将格式由list转换为array
            Z[i,j]=F6(X)                         #计算F6的值
    #绘制3D曲面
    # rstride: 行之间的跨度  cstride: 列之间的跨度
    # cmap 参数可以控制三维曲面的颜色组合
    ax.plot_surface(X1, X2, Z, rstride = 1, cstride = 1, cmap = plt.get_
cmap('rainbow'))
    ax.contour(X1, X2, Z, zdir='z', offset=0)    #绘制等高线
    ax.set_xlabel('X1')                          #x轴说明
```

```
    ax.set_ylabel('X2')                         #y 轴说明
    ax.set_zlabel('Z')                          #z 轴说明
    ax.set_title('F6_space')
    plt.show()

F6Plot()
```

2.2.7 F7 函数

F7 函数的函数表达式如表 2.8 所示。

表 2.8   F7 函数信息

名称	函数表达式（function）	维度（dim）	变量范围值（range）	全局最优值（fmin）
F7	$f_7(x) = \sum_{i=1}^{n} i x_i^4 + \text{random}\,[0,1)$	30	$[-1.28, 1.28]$	0

F7 函数的 MATLAB 代码如下。

```
function o = F7_Fun(x)
    dim=length(x);
    o=sum([1:dim].*(x.^4))+rand;
end
```

绘制曲面的 MATLAB 代码如下。

```
%F7 搜索空间绘图函数
function F7_FunPlot()
    x=-1.28:0.02:1.28;                          %x 的范围[-1.28,1.28]
    y=x;                                        %y 的范围[-1.28,1.28]
    L=length(x);
    for i = 1:L
        for j = 1:L
            f(i,j) = F7_Fun([x(i),y(j)]);       %输入[x,y]对应的函数输出值
        end
    end
    surfc(x,y,f,'LineStyle','none');            %绘制曲面
    title('F7 space')                           %图表名称
    xlabel('x_1');                              %x 轴名称
    ylabel('x_2');                              %y 轴名称
    grid on
end
```

当维度为二维时，搜索空间曲面如图 2.13、图 2.14 所示。

F7 函数的 Python 代码如下。

```
def F7(X):
    dim = X.shape[0]
    Temp = np.arange(1,dim+1,1)
    Results=np.sum(Temp*(X**4))+np.random.random()

    return Results
```

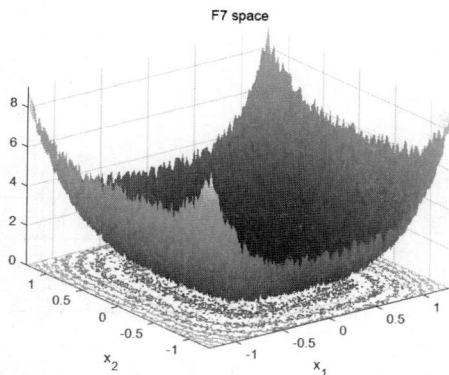

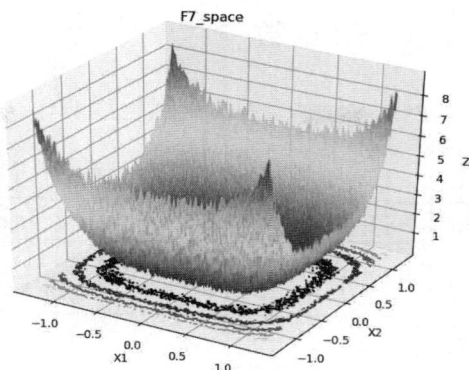

图 2.13　F7 函数搜索空间（MATLAB 绘制）　图 2.14　F7 函数搜索空间（Python 绘制）

F7 绘图函数搜索曲面的 Python 代码如下。

```python
'''F7 绘图函数'''
import numpy as np
from matplotlib import pyplot as plt
from mpl_toolkits.mplot3d import Axes3D

def F7(X):
    dim = X.shape[0]
    Temp = np.arange(1,dim+1,1)
    Results=np.sum(Temp*(X**4))+np.random.random()

    return Results

def F7Plot():
    fig = plt.figure(1)                          #定义 figure
    ax = Axes3D(fig)                             #将 figure 变为 3D
    x1=np.arange(-1.28,1.28,0.02)               #定义 x1，范围为[-1.28,1.28]，间隔为 0.02
    x2=np.arange(-1.28,1.28,0.02)               #定义 x2，范围为[-1.28,1.28]，间隔为 0.02
    X1,X2=np.meshgrid(x1,x2)                     #生成网格
    nSize = x1.shape[0]
    Z=np.zeros([nSize,nSize])
    for i in range(nSize):
        for j in range(nSize):
            X=[X1[i,j],X2[i,j]]                  #构造 F7 输入
            X=np.array(X)                        #将格式由 list 转换为 array
            Z[i,j]=F7(X)                         #计算 F7 的值
    #绘制 3D 曲面
    # rstride: 行之间的跨度  cstride: 列之间的跨度
    # cmap 参数可以控制三维曲面的颜色组合
    ax.plot_surface(X1, X2, Z, rstride = 1, cstride = 1, cmap = plt.get_
cmap('rainbow'))
    ax.contour(X1, X2, Z, zdir='z', offset=0)   #绘制等高线
    ax.set_xlabel('X1')                          #x 轴说明
    ax.set_ylabel('X2')                          #y 轴说明
    ax.set_zlabel('Z')                           #z 轴说明
    ax.set_title('F7_space')
    plt.show()

F7Plot()
```

2.2.8　F8 函数

F8 函数的函数表达式如表 2.9 所示。

表 2.9　F8 函数信息

名称	函数表达式（function）	维度（dim）	变量范围值（range）	全局最优值（fmin）
F8	$f_8(x) = \sum\limits_{i=1}^{n} -x_i \sin\left(\sqrt{\lvert x_i \rvert}\right)$	30	$[-500,500]$	$-418.9829*dim$

F8 函数的 MATLAB 代码如下。

```
function o = F8_Fun(x)
    o=sum(-x.*sin(sqrt(abs(x))));
end
```

绘制曲面的 MATLAB 代码如下。

```
%F8 搜索空间绘图函数
function F8_FunPlot()
    x=-500:2:500;                              %x 的范围[-500,500]
    y=x;                                       %y 的范围[-500,500]
    L=length(x);
    for i = 1:L
        for j = 1:L
            f(i,j) = F8_Fun([x(i),y(j)]);      %输入[x,y]对应的函数输出值
        end
    end
    surfc(x,y,f,'LineStyle','none');           %绘制曲面
    title('F8 space')                          %图表名称
    xlabel('x_1');                             %x 轴名称
    ylabel('x_2');                             %y 轴名称
    grid on
end
```

当维度为二维时，搜索空间曲面如图 2.15、图 2.16 所示。

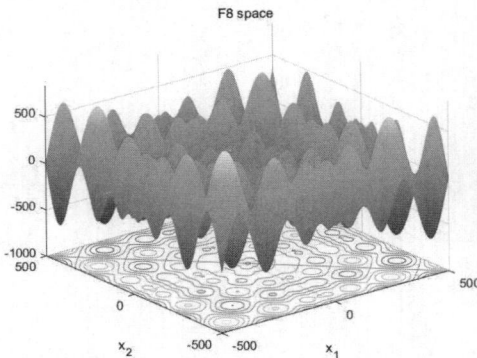

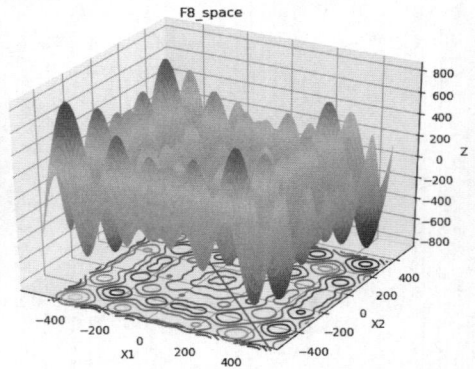

图 2.15　F8 函数搜索空间（MATLAB 绘制）　图 2.16　F8 函数搜索空间（Python 绘制）

F8 函数的 Python 代码如下。

```
def F8(X):
    Results=np.sum(-X*np.sin(np.sqrt(np.abs(X))))
    return Results
```

F8 绘图函数搜索曲面的 Python 代码如下。

```
'''F8 绘图函数'''
import numpy as np
from matplotlib import pyplot as plt
from mpl_toolkits.mplot3d import Axes3D

def F8(X):

    Results=np.sum(-X*np.sin(np.sqrt(np.abs(X))))

    return Results

def F8Plot():
    fig = plt.figure(1)                    #定义 figure
    ax = Axes3D(fig)                       #将 figure 变为 3D
    x1=np.arange(-500,500,10)              #定义 x1，范围为[-500,500]，间隔为 10
    x2=np.arange(-500,500,10)              #定义 x2，范围为[-500,500]，间隔为 10
    X1,X2=np.meshgrid(x1,x2)               #生成网格
    nSize = x1.shape[0]
    Z=np.zeros([nSize,nSize])
    for i in range(nSize):
        for j in range(nSize):
            X=[X1[i,j],X2[i,j]]            #构造 F8 输入
            X=np.array(X)                  #将格式由 list 转换为 array
            Z[i,j]=F8(X)                   #计算 F8 的值
    #绘制 3D 曲面
    # rstride: 行之间的跨度  cstride: 列之间的跨度
    # cmap 参数可以控制三维曲面的颜色组合
    ax.plot_surface(X1, X2, Z, rstride = 1, cstride = 1, cmap = plt.
get_cmap('rainbow'))
    ax.contour(X1, X2, Z, zdir='z', offset=-1000)    #绘制等高线
    ax.set_xlabel('X1')                    #x 轴说明
    ax.set_ylabel('X2')                    #y 轴说明
    ax.set_zlabel('Z')                     #z 轴说明
    ax.set_title('F8_space')
    plt.show()

F8Plot()
```

2.2.9　F9 函数

F9 函数的函数表达式如表 2.10 所示。

表 2.10　F9 函数信息

名称	函数表达式（function）	维度（dim）	变量范围值（range）	全局最优值（fmin）
F9	$f_9(x)=\sum_{i=1}^{n}\left[x_1^2-10\cos(2\pi x_i)+10\right]$	30	$[-5.12,5.12]$	0

F9 函数的 MATLAB 代码如下。

```
function o = F9_Fun(x)
    dim=length(x);
    o=sum(x.^2-10*cos(2*pi.*x))+10*dim;
end
```

绘制曲面的 MATLAB 代码如下。

```
%F9 搜索空间绘图函数
function F9_FunPlot()
    x=-5.12:0.02:5.12;                          %x 的范围[-5.12,5.12]
    y=x;                                        %y 的范围[-5.12,5.12]
    L=length(x);
    for i = 1:L
        for j = 1:L
            f(i,j) = F9_Fun([x(i),y(j)]);       %输入[x,y]对应的函数输出值
        end
    end
    surfc(x,y,f,'LineStyle','none');            %绘制曲面
    title('F9 space')                           %图表名称
    xlabel('x_1');                              %x 轴名称
    ylabel('x_2');                              %y 轴名称
    grid on
end
```

当维度为二维时，搜索空间曲面如图 2.17、图 2.18 所示。

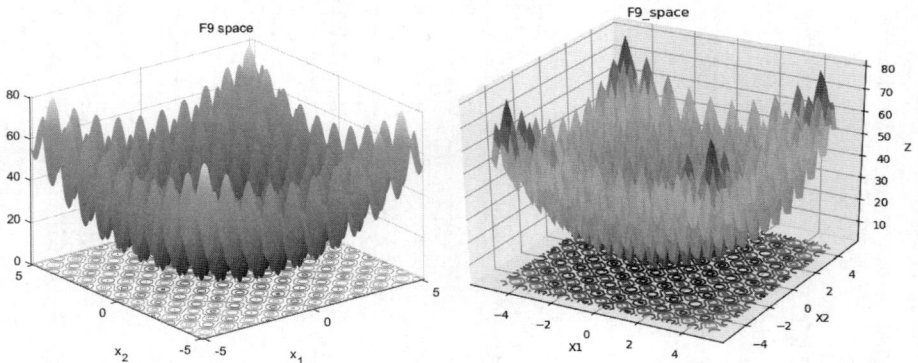

图 2.17　F9 函数搜索空间（MATLAB 绘制）　图 2.18　F9 函数搜索空间（Python 绘制）

F9 函数的 Python 代码如下。

```
def F9(X):
    dim=X.shape[0]
    Results=np.sum(X**2-10*np.cos(2*np.pi*X))+10*dim

    return Results
```

F9 绘图函数搜索曲面的 Python 代码如下。

```
'''F9 绘图函数'''
import numpy as np
from matplotlib import pyplot as plt
from mpl_toolkits.mplot3d import Axes3D
```

```
def F9(X):
    dim=X.shape[0]
    Results=np.sum(X**2-10*np.cos(2*np.pi*X))+10*dim

    return Results

def F9Plot():
    fig = plt.figure(1)                    #定义 figure
    ax = Axes3D(fig)                       #将 figure 变为 3D
    x1=np.arange(-5.12,5.12,0.2)           #定义 x1,范围为[-5.12,5.12],间隔为 0.2
    x2=np.arange(-5.12,5.12,0.2)           #定义 x2,范围为[-5.12,5.12],间隔为 0.2
    X1,X2=np.meshgrid(x1,x2)               #生成网格
    nSize = x1.shape[0]
    Z=np.zeros([nSize,nSize])
    for i in range(nSize):
        for j in range(nSize):
            X=[X1[i,j],X2[i,j]]            #构造 F9 输入
            X=np.array(X)                  #将格式由 list 转换为 array
            Z[i,j]=F9(X)                   #计算 F9 的值
    #绘制 3D 曲面
    # rstride: 行之间的跨度  cstride: 列之间的跨度
    # cmap 参数可以控制三维曲面的颜色组合
    ax.plot_surface(X1, X2, Z, rstride = 1, cstride = 1, cmap = plt.get_
cmap('rainbow'))
    ax.contour(X1, X2, Z, zdir='z', offset=0)   #绘制等高线
    ax.set_xlabel('X1')                    #x 轴说明
    ax.set_ylabel('X2')                    #y 轴说明
    ax.set_zlabel('Z')                     #z 轴说明
    ax.set_title('F9_space')
    plt.show()

F9Plot()
```

2.2.10　F10 函数

F10 函数的函数表达式如表 2.11 所示。

表 2.11　F10 函数信息

名称	函数表达式（function）	维度（dim）	变量范围值（range）	全局最优值（fmin）
F10	$f_{10}(x) = -20\exp\left(-0.2\sqrt{\dfrac{1}{n}\sum_{i=1}^{n}x_i^2}\right)$ $-\exp\left(\dfrac{1}{n}\sum_{i=1}^{n}\cos(2\pi x_i)\right) + 20 + e$	30	[-32,32]	0

F10 函数的 MATLAB 代码如下。

```
function o = F10_Fun(x)
```

```
    dim=length(x);
    o=-20*exp(-.2*sqrt(sum(x.^2)/dim))-
exp(sum(cos(2*pi.*x))/dim)+20+exp(1);
end
```

绘制曲面的 MATLAB 代码如下。

```
%F10 搜索空间绘图函数
function F10_FunPlot()
    x=-32:0.1:32;                               %x 的范围[-32,32]
    y=x;                                        %y 的范围[-32,32]
    L=length(x);
    for i = 1:L
        for j = 1:L
            f(i,j) = F10_Fun([x(i),y(j)]);      %输入[x,y]对应的函数输出值
        end
    end
    surfc(x,y,f,'LineStyle','none');            %绘制曲面
    title('F10 space');                         %图表名称
    xlabel('x_1');                              %x 轴名称
    ylabel('x_2');                              %y 轴名称
    grid on
end
```

当维度为二维时，搜索空间曲面如图 2.19、图 2.20 所示。

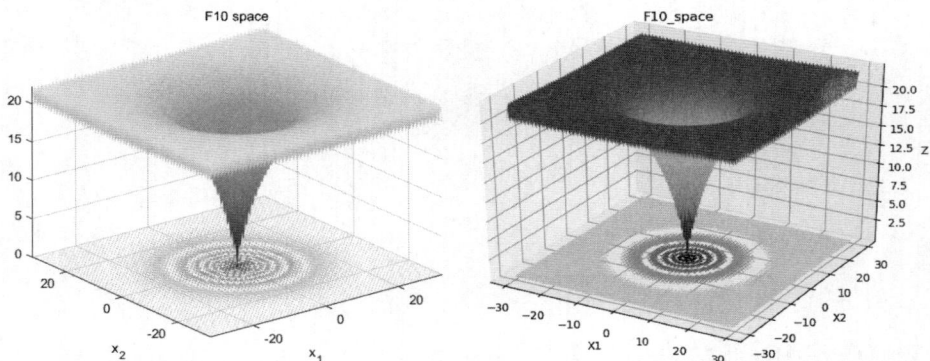

图 2.19　F10 函数搜索空间（MATLAB 绘制）　图 2.20　F10 函数搜索空间（Python 绘制）

F10 函数的 Python 代码如下。

```
def F10(X):
    dim=X.shape[0]
    Results=-20*np.exp(-0.2*np.sqrt(np.sum(X**2)/dim))-
np.exp(np.sum(np.cos(2*np.pi*X))/dim)+20+np.exp(1)

    return Results
```

F10 绘图函数搜索曲面的 Python 代码如下。

```
'''F10 绘图函数'''
import numpy as np
from matplotlib import pyplot as plt
from mpl_toolkits.mplot3d import Axes3D

def F10(X):
    dim=X.shape[0]
```

```
    Results=-20*np.exp(-0.2*np.sqrt(np.sum(X**2)/dim))-
np.exp(np.sum(np.cos(2*np.pi*X))/dim)+20+np.exp(1)

    return Results

def F10Plot():
    fig = plt.figure(1)                    #定义 figure
    ax = Axes3D(fig)                       #将 figure 变为 3D
    x1=np.arange(-30,30,0.5)               #定义 x1, 范围为[-30,30], 间隔为 0.5
    x2=np.arange(-30,30,0.5)               #定义 x2, 范围为[-30,30], 间隔为 0.5
    X1,X2=np.meshgrid(x1,x2)               #生成网格
    nSize = x1.shape[0]
    Z=np.zeros([nSize,nSize])
    for i in range(nSize):
        for j in range(nSize):
            X=[X1[i,j],X2[i,j]]            #构造 F10 输入
            X=np.array(X)                  #将格式由 list 转换为 array
            Z[i,j]=F10(X)                  #计算 F10 的值
    #绘制 3D 曲面
    # rstride: 行之间的跨度   cstride: 列之间的跨度
    # cmap 参数可以控制三维曲面的颜色组合
    ax.plot_surface(X1, X2, Z, rstride = 1, cstride = 1, cmap = plt.get_
cmap('rainbow'))
    ax.contour(X1, X2, Z, zdir='z', offset=0)    #绘制等高线
    ax.set_xlabel('X1')                    #x 轴说明
    ax.set_ylabel('X2')                    #y 轴说明
    ax.set_zlabel('Z')                     #z 轴说明
    ax.set_title('F10_space')
    plt.show()

F10Plot()
```

2.2.11　F11 函数

F11 函数的函数表达式如表 2.12 所示。

表 2.12　F11 函数信息

名称	函数表达式（function）	维度 （dim）	变量范围值 （range）	全局最优值 （fmin）
F11	$f_{11}(x)=\dfrac{1}{4000}\sum\limits_{i=1}^{n}x_i^2-\prod\limits_{i=1}^{n}\cos\left(\dfrac{x_i}{\sqrt{i}}\right)+1$	30	$[-600,600]$	0

F11 函数的 MATLAB 代码如下。

```
function o = F11_Fun(x)
    dim=length(x);
    o=sum(x.^2)/4000-prod(cos(x./sqrt([1:dim])))+1;
end
```

绘制曲面的 MATLAB 代码如下。

```
%F11 搜索空间绘图函数
function F11_FunPlot()
    x=-600:2:600;                                    %x 的范围[-600,600]
```

```
    y=x;                                          %y 的范围[-600,600]
    L=length(x);
    for i = 1:L
        for j = 1:L
            f(i,j) = F11_Fun([x(i),y(j)]);        %输入[x,y]对应的函数输出值
        end
    end
    surfc(x,y,f,'LineStyle','none');              %绘制曲面
    title('F11 space')                            %图表名称
    xlabel('x_1');                                %x 轴名称
    ylabel('x_2');                                %y 轴名称
    grid on
end
```

当维度为二维时，搜索空间曲面如图 2.21、图 2.22 所示。

F11 函数的 Python 代码如下。

```python
def F11(X):
    dim=X.shape[0]
    Temp=np.arange(1,dim,1)
    Results=np.sum(X**2)/4000-np.prod(np.cos(X/np.sqrt(Temp)))+1
    return Results
```

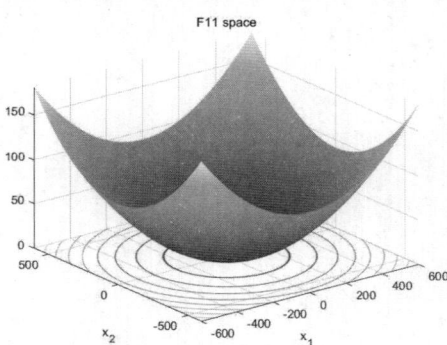

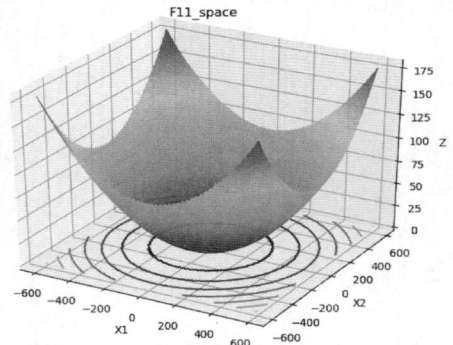

图 2.21   F11 函数搜索空间（MATLAB 绘制）   图 2.22   F11 函数搜索空间（Python 绘制）

F11 绘图函数搜索曲面的 Python 代码如下。

```python
'''F11 绘图函数'''
import numpy as np
from matplotlib import pyplot as plt
from mpl_toolkits.mplot3d import Axes3D

def F11(X):
    dim=X.shape[0]
    Temp=np.arange(1,dim,1)
    Results=np.sum(X**2)/4000-np.prod(np.cos(X/np.sqrt(Temp)))+1

    return Results

def F11Plot():
    fig = plt.figure(1)                           #定义 figure
    ax = Axes3D(fig)                              #将 figure 变为 3D
    x1=np.arange(-600,600,5)                      #定义 x1，范围为[-600,600]，间隔为 5
    x2=np.arange(-600,600,5)                      #定义 x2，范围为[-600,600]，间隔为 5
```

```
X1,X2=np.meshgrid(x1,x2)                #生成网格
nSize = x1.shape[0]
Z=np.zeros([nSize,nSize])
for i in range(nSize):
        for j in range(nSize):
                X=[X1[i,j],X2[i,j]]     #构造 F11 输入
                X=np.array(X)           #将格式由 list 转换为 array
                Z[i,j]=F11(X)           #计算 F11 的值
#绘制 3D 曲面
# rstride: 行之间的跨度  cstride: 列之间的跨度
# cmap 参数可以控制三维曲面的颜色组合
ax.plot_surface(X1, X2, Z, rstride = 1, cstride = 1, cmap = plt.get_
cmap('rainbow'))
ax.contour(X1, X2, Z, zdir='z', offset=0)    #绘制等高线
ax.set_xlabel('X1')                     #x 轴说明
ax.set_ylabel('X2')                     #y 轴说明
ax.set_zlabel('Z')                      #z 轴说明
ax.set_title('F11_space')
plt.show()

F11Plot()
```

2.2.12　F12 函数

F12 函数的函数表达式如表 2.13 所示。

表 2.13　F12 函数信息

名称	函数表达式（function）	维度（dim）	变量范围值（range）	全局最优值（fmin）
F12	$f_{12}(x)=\dfrac{\pi}{n}\left\{10\sin(\pi y_1)+\sum_{i=1}^{n-1}(y_i-1)^2\left[1+10\sin^2(\pi y_{i+1})\right]+(y_n-1)^2\right\}+\sum_{i=1}^{n}u(x_i,10,100,4)$ $y_i=1+\dfrac{x_i+1}{4}$ $u(x_i,a,k,m)=\begin{cases}k(x_i-a)^m,x_i>a\\0,-a<x_i<a\\k(-x_i-a)^m,x_i<-a\end{cases}$	30	$[-50,50]$	0

F12 函数的 MATLAB 代码如下。

```
function o = F12_Fun(x)
    dim=length(x);
    o=(pi/dim)*(10*((sin(pi*(1+(x(1)+1)/4)))^2)+sum((((x(1:dim-
1)+1)./4).^2).*...
(1+10.*((sin(pi.*(1+(x(2:dim)+1)./4)))).^2))+((x(dim)+1)/4)^2)+sum(Ufun
(x,10,100,4));
end
function o=Ufun(x,a,k,m)
o=k.*((x-a).^m).*(x>a)+k.*((-x-a).^m).*(x<(-a));
end
```

绘制曲面的 MATLAB 代码如下。

```
%F12 搜索空间绘图函数
function F12_FunPlot()
    x=-50:0.1:50;                                   %x 的范围[-50,50]
    y=x;                                            %y 的范围[-50,50]
    L=length(x);
    for i = 1:L
            for j = 1:L
                    f(i,j) = F12_Fun([x(i),y(j)]);  %输入[x,y]对应的函数输出值
            end
    end
    surfc(x,y,f,'LineStyle','none');                %绘制曲面
    title('F12 space')                              %图表名称
    xlabel('x_1');                                  %x 轴名称
    ylabel('x_2');                                  %y 轴名称
    grid on
end
```

当维度为二维时，搜索空间曲面如图 2.23、图 2.24 所示。

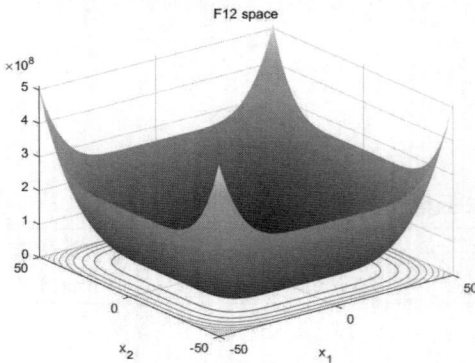

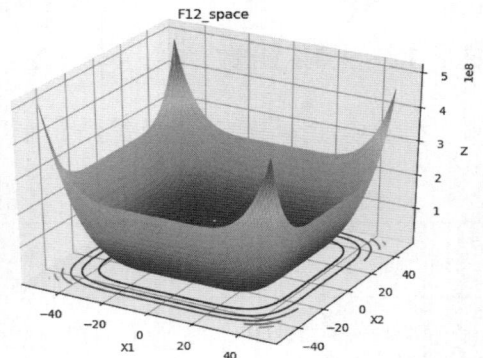

图 2.23　F12 函数搜索空间（MATLAB 绘制）　图 2.24　F12 函数搜索空间（Python 绘制）

F12 函数的 Python 代码如下。

```
def Ufun(x,a,k,m):
    Results=k*((x-a)**m)*(x>a)+k*((-x-a)**m)*(x<-a)
    return Results

def F12(X):
    dim=X.shape[0]
    Results=(np.pi/dim)*(10*((np.sin(np.pi*(1+(X[0]+1)/4)))**2)+\
            np.sum(((X[0:dim-1]+1)/4)**2)*(1+10*((np.sin(np.pi*(1+X[1:
dim]+1)/4))**2))+\
            ((X[dim-1]+1)/4)**2)+np.sum(Ufun(X,10,100,4))

    return Results
```

绘制曲面的 Python 代码如下。

```
'''F12 绘图函数'''
import numpy as np
from matplotlib import pyplot as plt
from mpl_toolkits.mplot3d import Axes3D
```

```
def Ufun(x,a,k,m):
    Results=k*((x-a)**m)*(x>a)+k*((-x-a)**m)*(x<-a)
    return Results


def F12(X):
    dim=X.shape[0]
    Results=(np.pi/dim)*(10*((np.sin(np.pi*(1+(X[0]+1)/4)))**2)+\
            np.sum((((X[0:dim-1]+1)/4)**2)*(1+10*((np.sin(np.pi*(1+X[1:
dim]+1)/4))**2))+\
            ((X[dim-1]+1)/4)**2)+np.sum(Ufun(X,10,100,4))

    return Results

def F12Plot():
    fig = plt.figure(1)                     #定义 figure
    ax = Axes3D(fig)                        #将 figure 变为 3D
    x1=np.arange(-50,50,1)                  #定义 x1，范围为[-50,50]，间隔为 1
    x2=np.arange(-50,50,1)                  #定义 x2，范围为[-50,50]，间隔为 1
    X1,X2=np.meshgrid(x1,x2)                #生成网格
    nSize = x1.shape[0]
    Z=np.zeros([nSize,nSize])
    for i in range(nSize):
        for j in range(nSize):
            X=[X1[i,j],X2[i,j]]             #构造 F12 输入
            X=np.array(X)                   #将格式由 list 转换为 array
            Z[i,j]=F12(X)                   #计算 F12 的值
    # 绘制 3D 曲面
    # rstride: 行之间的跨度  cstride: 列之间的跨度
    # cmap 参数可以控制三维曲面的颜色组合
    ax.plot_surface(X1, X2, Z, rstride = 1, cstride = 1, cmap = plt.get_
cmap('rainbow'))
    ax.contour(X1, X2, Z, zdir='z', offset=0)   #绘制等高线
    ax.set_xlabel('X1')                     #x 轴说明
    ax.set_ylabel('X2')                     #y 轴说明
    ax.set_zlabel('Z')                      #z 轴说明
    ax.set_title('F12_space')
    plt.show()

F12Plot()
```

2.2.13　F13 函数

F13 函数的函数表达式如表 2.14 所示。

表 2.14　F13 函数信息

名称	函数表达式（function）	维度（dim）	变量范围值（range）	全局最优值（fmin）
F13	$f_{13}(x)=0.1\left\{\sin^2(3\pi x_1)+\sum_{i=1}^n(x_i-1)^2\left[1+\sin^2(3\pi x_i+1)\right]+(x_n-1)^2\left[1+\sin^2(2\pi x_n)\right]\right\}+\sum_{i=1}^n u(x_i,5,100,4)$	30	$[-50,50]$	0

F13 函数的 MATLAB 代码如下。

```matlab
function o = F13_Fun(x)
    dim=length(x);
    o=0.1*((sin(3*pi*x(1)))^2+sum((x(1:dim-1)-1).^2.*(1+(sin(3.*pi.*x
(2:dim))).^2))+...
((x(dim)-1)^2)*(1+(sin(2*pi*x(dim)))^2))+sum(Ufun(x,5,100,4));
end
function o=Ufun(x,a,k,m)
    o=k.*((x-a).^m).*(x>a)+k.*((-x-a).^m).*(x<(-a));
end
```

绘制曲面的 MATLAB 代码如下。

```matlab
%F13 搜索空间绘图函数
function F13_FunPlot()
    x=-50:0.1:50;                            %x 的范围[-50,50]
    y=x;                                     %y 的范围[-50,50]
    L=length(x);
    for i = 1:L
        for j = 1:L
            f(i,j) = F13_Fun([x(i),y(j)]);   %输入[x,y]对应的函数输出值
        end
    end
    surfc(x,y,f,'LineStyle','none');         %绘制曲面
    title('F13 space');                      %图表名称
    xlabel('x_1');                           %x 轴名称
    ylabel('x_2');                           %y 轴名称
    grid on
end
```

当维度为二维时，搜索空间曲面如图 2.25、图 2.26 所示。

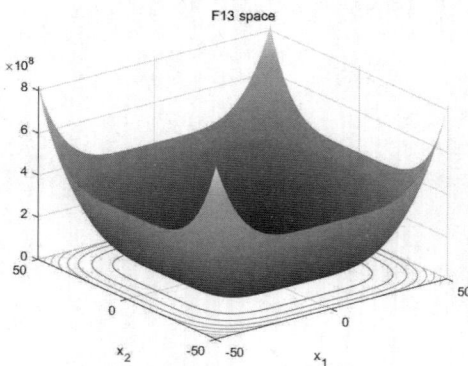

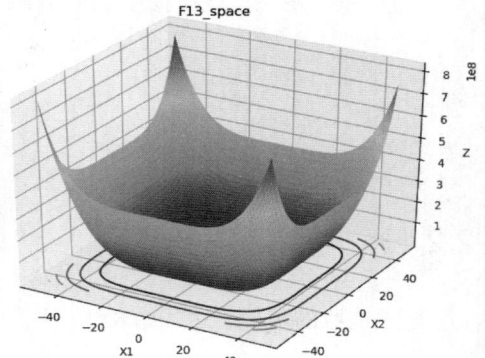

图 2.25　F13 函数搜索空间（MATLAB 绘制）　图 2.26　F13 函数搜索空间（Python 绘制）

F13 函数的 Python 代码如下。

```python
def Ufun(x,a,k,m):
    Results=k*((x-a)**m)*(x>a)+k*((-x-a)**m)*(x<-a)
    return Results

def F13(X):
    dim=X.shape[0]
```

```
    Results=0.1*((np.sin(3*np.pi*X[0]))**2+np.sum((X[0:dim-1]-1)**2*
(1+(np.sin(3*np.pi*X[1:dim]))**2))+\
                ((X[dim-1]-1)**2)*(1+(np.sin(2*np.pi*X[dim-
1]))**2))+np.sum(Ufun(X,5,100,4))

    return Results
```

F13 绘图函数搜索曲面的 Python 代码如下。

```python
'''F13 绘图函数'''
import numpy as np
from matplotlib import pyplot as plt
from mpl_toolkits.mplot3d import Axes3D


def Ufun(x,a,k,m):
    Results=k*((x-a)**m)*(x>a)+k*((-x-a)**m)*(x<-a)
    return Results


def F13(X):
    dim=X.shape[0]
    Results=0.1*((np.sin(3*np.pi*X[0]))**2+np.sum((X[0:dim-1]-1)**2*
(1+(np.sin(3*np.pi*X[1:dim]))**2))+\
                ((X[dim-1]-1)**2)*(1+(np.sin(2*np.pi*X[dim-1]))**2))
+np.sum(Ufun(X,5,100,4))

    return Results


def F13Plot():
    fig = plt.figure(1)                    #定义 figure
    ax = Axes3D(fig)                       #将 figure 变为 3D
    x1=np.arange(-50,50,1)                 #定义 x1，范围为[-50,50]，间隔为 1
    x2=np.arange(-50,50,1)                 #定义 x2，范围为[-50,50]，间隔为 1
    X1,X2=np.meshgrid(x1,x2)               #生成网格
    nSize = x1.shape[0]
    Z=np.zeros([nSize,nSize])
    for i in range(nSize):
        for j in range(nSize):
            X=[X1[i,j],X2[i,j]]            #构造 F13 输入
            X=np.array(X)                  #将格式由 list 转换为 array
            Z[i,j]=F13(X)                  #计算 F13 的值
    #绘制 3D 曲面
    # rstride: 行之间的跨度   cstride: 列之间的跨度
    # cmap 参数可以控制三维曲面的颜色组合
    ax.plot_surface(X1, X2, Z, rstride = 1, cstride = 1, cmap = plt.get_
c map('rainbow'))
    ax.contour(X1, X2, Z, zdir='z', offset=0)     #绘制等高线
    ax.set_xlabel('X1')                    #x 轴说明
    ax.set_ylabel('X2')                    #y 轴说明
    ax.set_zlabel('Z')                     #z 轴说明
    ax.set_title('F13_space')
    plt.show()


F13Plot()
```

2.2.14 F14 函数

F14 函数的函数表达式如表 2.15 所示。

表 2.15 F14 函数信息

名称	函数表达式（function）	维度（dim）	变量范围值（range）	全局最优值（fmin）
F14	$f_{14}(x) = \left(\dfrac{1}{500} + \displaystyle\sum_{j=1}^{25} \dfrac{1}{j + \displaystyle\sum_{i=1}^{2} \left(x_i - a_{ij} \right)^6} \right)^{-1}$	2	$[-65, 65]$	1

F14 函数的 MATLAB 代码如下。

```
function o = F14_Fun(x)
    aS=[-32 -16 0 16 32 -32 -16 0 16 32 -32 -16 0 16 32 -32 -16 0 16 32
-32 -16 0 16 32;,...
    -32 -32 -32 -32 -32 -16 -16 -16 -16 -16 0 0 0 0 0 16 16 16 16 16 32
32 32 32 32];

    for j=1:25
        bS(j)=sum((x'-aS(:,j)).^6);
    end
    o=(1/500+sum(1./([1:25]+bS))).^(-1);
end
```

绘制曲面的 MATLAB 代码如下。

```
%F14 搜索空间绘图函数
function F14_FunPlot()
    x=-65:1:65;                                  %x 的范围[-65,65]
    y=x;                                         %y 的范围[-65,65]
    L=length(x);
    for i = 1:L
        for j = 1:L
            f(i,j) = F14_Fun([x(i),y(j)]);       %输入[x,y]对应的函数输出值
        end
    end
    surfc(x,y,f,'LineStyle','none');             %绘制曲面
    title('F14 space')                           %图表名称
    xlabel('x_1');                               %x 轴名称
    ylabel('x_2');                               %y 轴名称
    grid on
end
```

当维度为二维时，搜索空间曲面如图 2.27、图 2.28 所示。

F14 函数的 Python 代码如下。

```
def F14(X):
    aS=np.array([[-32,-16,0,16,32,-32,-16,0,16,32,-32,-16,0,16,32,-32,
-16,0,16,32,-32,-16,0,16,32],\
                 [-32,-32,-32,-32,-32,-16,-16,-16,-16,-16,0,0,0,0,0,16,
16,16,16,16,32,32,32,32,32]])
    bS=np.zeros(25)
```

```
for i in range(25):
    bS[i]=np.sum((X-aS[:,i])**6)
Temp=np.arange(1,26,1)
Results=(1/500+np.sum(1/(Temp+bS)))**(-1)

return Results
```

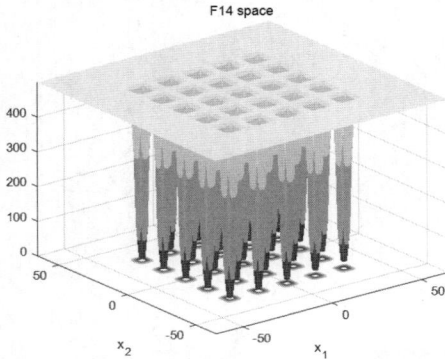

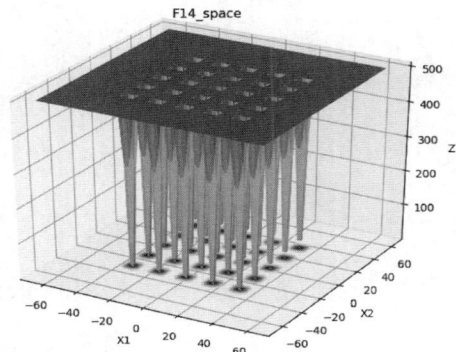

图 2.27　F14 函数搜索空间（MATLAB 绘制）　图 2.28　F14 函数搜索空间（Python 绘制）

F14 绘图函数搜索曲面的 Python 代码如下。

```
'''F14 绘图函数'''
import numpy as np
from matplotlib import pyplot as plt
from mpl_toolkits.mplot3d import Axes3D

def F14(X):
    aS=np.array([[-32,-16,0,16,32,-32,-16,0,16,32,-32,-16,0,16,32,-32,\
-16,0,16,32,-32,-16,0,16,32],\
            [-32,-32,-32,-32,-32,-16,-16,-16,-16,-16,0,0,0,0,0,16,16,
16,16,16,32,32,32,32,32]])
    bS=np.zeros(25)
    for i in range(25):
        bS[i]=np.sum((X-aS[:,i])**6)
    Temp=np.arange(1,26,1)
    Results=(1/500+np.sum(1/(Temp+bS)))**(-1)

    return Results

def F14Plot():
    fig = plt.figure(1)                      #定义 figure
    ax = Axes3D(fig)                         #将 figure 变为 3D
    x1=np.arange(-65,65,2)                   #定义 x1，范围为[-65,65]，间隔为 2
    x2=np.arange(-65,65,2)                   #定义 x2，范围为[-65,65]，间隔为 2
    X1,X2=np.meshgrid(x1,x2)                 #生成网格
    nSize = x1.shape[0]
    Z=np.zeros([nSize,nSize])
    for i in range(nSize):
        for j in range(nSize):
            X=[X1[i,j],X2[i,j]]              #构造 F14 输入
            X=np.array(X)                    #将格式由 list 转换为 array
            Z[i,j]=F14(X)                    #计算 F14 的值
```

```
#绘制 3D 曲面
# rstride: 行之间的跨度　cstride: 列之间的跨度
# cmap 参数可以控制三维曲面的颜色组合
ax.plot_surface(X1, X2, Z, rstride = 1, cstride = 1, cmap = plt.get_
cmap('rainbow'))
ax.contour(X1, X2, Z, zdir='z', offset=0)    #绘制等高线
ax.set_xlabel('X1')                          #x 轴说明
ax.set_ylabel('X2')                          #y 轴说明
ax.set_zlabel('Z')                           #z 轴说明
ax.set_title('F14_space')
plt.show()

F14Plot()
```

2.2.15　F15 函数

F15 函数的函数表达式如表 2.16 所示。

表 2.16　F15 函数信息

名称	函数表达式（function）	维度（dim）	变量范围值（range）	全局最优值（fmin）
F15	$f_{15}(x) = \sum_{i=1}^{11}\left[a_i - \dfrac{x_1\left(b_i^2 + b_i x_2\right)}{b_i^2 + b_i x_3 + x_4}\right]^2$	4	$[-5,5]$	0.0003

F15 函数的 MATLAB 代码如下。

```
function o = F15_Fun(x)
    aK=[0.1957 0.1947 0.1735 0.16 0.0844 0.0627 0.0456 0.0342 0.0323
0.0235 0.0246];
    bK=[0.25 0.5 1 2 4 6 8 10 12 14 16];bK=1./bK;
    o=sum((aK-((x(1).*(bK.^2+x(2).*bK))./(bK.^2+x(3).*bK+x(4)))).^2);
end
```

绘制曲面的 MATLAB 代码如下。

```
%F15 搜索空间绘图函数
function F15_FunPlot()
    x=-5:0.1:5;                                %x 的范围[-5,5]
    y=x;                                       %y 的范围[-5,5]
    L=length(x);
    for i = 1:L
        for j = 1:L
            f(i,j) = F15_Fun([x(i),y(j),0,0]); %输入[x,y]对应的函数输出值
        end
    end
    surfc(x,y,f,'LineStyle','none');           %绘制曲面
    title('F15 space')                         %图表名称
    xlabel('x_1');                             %x 轴名称
    ylabel('x_2');                             %y 轴名称
    grid on
end
```

当维度为二维时，搜索空间曲面如图 2.29、图 2.30 所示。

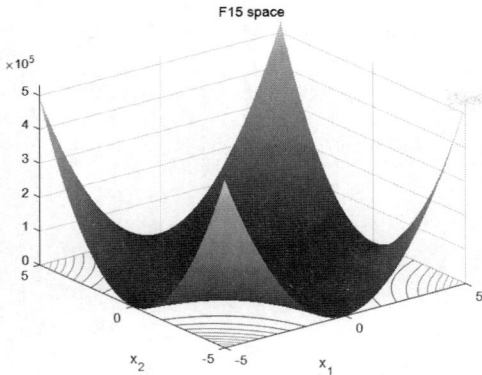

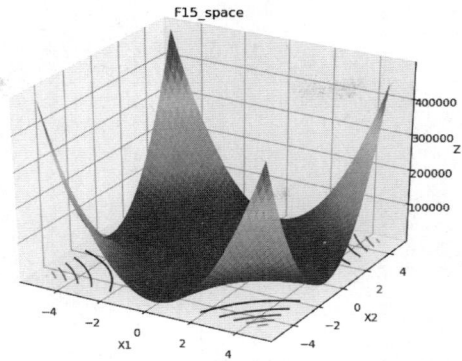

图 2.29　F15 函数搜索空间（MATLAB 绘制）　图 2.30　F15 函数搜索空间（Python 绘制）

F15 函数的 Python 代码如下。

```
def F15(X):
    aK=np.array([0.1957,0.1947,0.1735,0.16,0.0844,0.0627,0.0456,0.0342,
0.0323,0.0235,0.0246])
    bK=np.array([0.25,0.5,1,2,4,6,8,10,12,14,16])
    bK=1/bK
    Results=np.sum((aK-((X[0]*(bK**2+X[1]*bK))/(bK**2+X[2]*bK+X[3])))**2)

    return Results
```

F15 绘图函数搜索曲面的 Python 代码如下。

```
'''F15 绘图函数'''
import numpy as np
from matplotlib import pyplot as plt
from mpl_toolkits.mplot3d import Axes3D

def F15(X):
    aK=np.array([0.1957,0.1947,0.1735,0.16,0.0844,0.0627,0.0456,0.0342,
0.0323,0.0235,0.0246])
    bK=np.array([0.25,0.5,1,2,4,6,8,10,12,14,16])
    bK=1/bK
    Results=np.sum((aK-((X[0]*(bK**2+X[1]*bK))/(bK**2+X[2]*bK+X[3])))**2)

    return Results

def F15Plot():
    fig = plt.figure(1)                   #定义 figure
    ax = Axes3D(fig)                      #将 figure 变为 3D
    x1=np.arange(-5,5,0.2)                #定义 x1,范围为[-5,5],间隔为 0.2
    x2=np.arange(-5,5,0.2)                #定义 x2,范围为[-5,5],间隔为 0.2
    X1,X2=np.meshgrid(x1,x2)              #生成网格
    nSize = x1.shape[0]
    Z=np.zeros([nSize,nSize])
    for i in range(nSize):
        for j in range(nSize):
            X=[X1[i,j],X2[i,j],0,0]       #构造 F15 输入
            X=np.array(X)                 #将格式由 list 转换为 array
            Z[i,j]=F15(X)                 #计算 F15 的值
```

```
#绘制 3D 曲面
# rstride: 行之间的跨度  cstride: 列之间的跨度
# cmap 参数可以控制三维曲面的颜色组合
ax.plot_surface(X1, X2, Z, rstride = 1, cstride = 1, cmap = plt.get_
cmap('rainbow'))
ax.contour(X1, X2, Z, zdir='z', offset=0)    #绘制等高线
ax.set_xlabel('X1')                          #x 轴说明
ax.set_ylabel('X2')                          #y 轴说明
ax.set_zlabel('Z')                           #z 轴说明
ax.set_title('F15_space')
plt.show()

F15Plot()
```

2.2.16   F16 函数

F16 函数的函数表达式如表 2.17 所示。

表 2.17   F16 函数信息

名称	函数表达式（function）	维度（dim）	变量范围值（range）	全局最优值（fmin）
F16	$f_{16}(x) = 4x_1^2 - 2.1x_1^4 + \dfrac{1}{3}x_1^6 + x_1x_2 - 4x_2^2 + 4x_2^4$	2	$[-5,5]$	-1.3016

F16 函数的 MATLAB 代码如下。

```
function o = F16_Fun(x)
    o=4*(x(1)^2)-2.1*(x(1)^4)+(x(1)^6)/3+x(1)*x(2)-4*(x(2)^2)+4*(x(2)^4);
end
```

绘制曲面的 MATLAB 代码如下。

```
%F16 搜索空间绘图函数
function F16_FunPlot()
    x=-5:0.1:5;                              %x 的范围[-5,5]
    y=x;                                     %y 的范围[-5,5]
    L=length(x);
    for i = 1:L
        for j = 1:L
            f(i,j) = F16_Fun([x(i),y(j)]);   %输入[x,y]对应的函数输出值
        end
    end
    surfc(x,y,f,'LineStyle','none');         %绘制曲面
    title('F16 space')                       %图表名称
    xlabel('x_1');                           %x 轴名称
    ylabel('x_2');                           %y 轴名称
    grid on
end
```

当维度为二维时，搜索空间曲面如图 2.31 和图 2.32 所示。

F16 函数的 Python 代码如下。

```
def F16(X):
    Results=4*(X[0]**2)-2.1*(X[0]**4)+(X[0]**6)/3+X[0]*X[1]-4*(X[1]**2)
```

```
+4*(X[1]**4)
     return Results
```

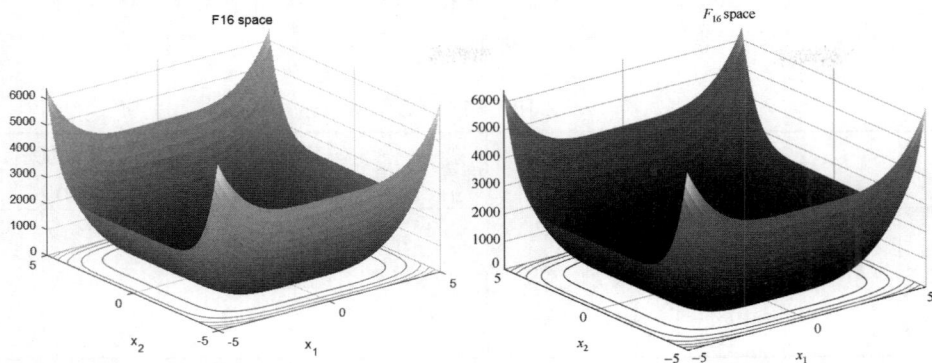

图 2.31　F16 函数搜索空间（MATLAB 绘制）　图 2.32　F16 函数搜索空间（Python 绘制）

F16 绘图函数搜索曲面的 Python 代码如下。

```
'''F16绘图函数'''
import numpy as np
from matplotlib import pyplot as plt
from mpl_toolkits.mplot3d import Axes3D


def F16(X):
    Results=4*(X[0]**2)-2.1*(X[0]**4)+(X[0]**6)/3+X[0]*X[1]-4*(X[1]**2)
+4*(X[1]**4)
    return Results

def F16Plot():
    fig = plt.figure(1)                   #定义figure
    ax = Axes3D(fig)                      #将figure变为3D
    x1=np.arange(-5,5,0.2)                #定义x1，范围为[-5,5]，间隔为0.2
    x2=np.arange(-5,5,0.2)                #定义x2，范围为[-5,5]，间隔为0.2
    X1,X2=np.meshgrid(x1,x2)              #生成网格
    nSize = x1.shape[0]
    Z=np.zeros([nSize,nSize])
    for i in range(nSize):
        for j in range(nSize):
            X=[X1[i,j],X2[i,j],0,0]       #构造F16输入
            X=np.array(X)                 #将格式由list转换为array
            Z[i,j]=F16(X)                 #计算F16的值
    #绘制3D曲面
    # rstride：行之间的跨度  cstride：列之间的跨度
    # cmap参数可以控制三维曲面的颜色组合
    ax.plot_surface(X1, X2, Z, rstride = 1, cstride = 1, cmap = plt.get_
cmap('rainbow'))
    ax.contour(X1, X2, Z, zdir='z', offset=0)    #绘制等高线
    ax.set_xlabel('X1')                   #x轴说明
    ax.set_ylabel('X2')                   #y轴说明
    ax.set_zlabel('Z')                    #z轴说明
    ax.set_title('F16_space')
    plt.show()

F16Plot()
```

2.2.17　F17 函数

F17 函数的函数表达式如表 2.18 所示。

表 2.18　F17 函数信息

名称	函数表达式（function）	维度（dim）	变量范围值（range）	全局最优值（fmin）
F17	$f_{17}(x) = \left(x_2 - \dfrac{5.1}{4\pi^2}x_1^2 + \dfrac{5}{\pi}x_1 - 6 \right)^2 + 10\left(1 - \dfrac{1}{8\pi} \right)\cos x_1 + 10$	2	$[-5,5]$	0.398

F17 函数的 MATLAB 代码如下。

```
function o = F17_Fun(x)
    o=(x(2)-(x(1)^2)*5.1/(4*(pi^2))+5/pi*x(1)-6)^2+10*(1-1/(8*pi))*cos
(x(1))+10;
end
```

绘制曲面的 MATLAB 代码如下。

```
%F17 搜索空间绘图函数
function F17_FunPlot()
    x=-5:0.1:5;                                    %x 的范围[-5,5]
    y=x;                                           %y 的范围[-5,5]
    L=length(x);
    for i = 1:L
        for j = 1:L
            f(i,j) = F17_Fun([x(i),y(j),0,0]);     %输入[x,y]对应的函数输出值
        end
    end
    surfc(x,y,f,'LineStyle','none');               %绘制曲面
    title('F17 space')                             %图表名称
    xlabel('x_1');                                 %x 轴名称
    ylabel('x_2');                                 %y 轴名称
    grid on
end
```

当维度为二维时，搜索空间曲面如图 2.33 和图 2.34 所示。

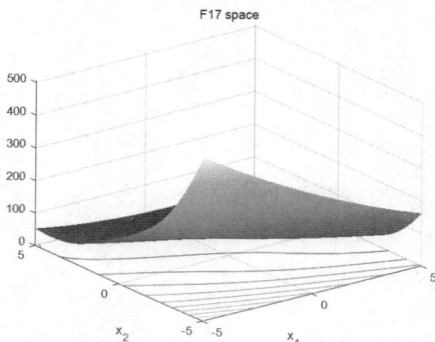

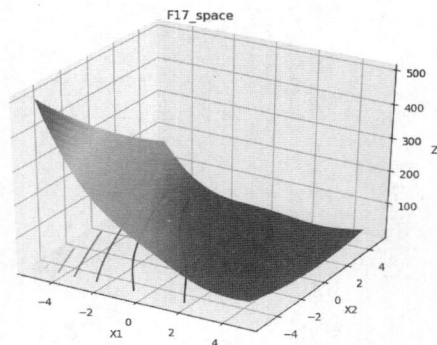

图 2.33　F17 函数搜索空间（MATLAB 绘制）　图 2.34　F17 函数搜索空间（Python 绘制）

F17 函数的 Python 代码如下。

```
def F17(X):
    Results=(X[1]-(X[0]**2)*5.1/(4*(np.pi**2))+(5/np.pi)*X[0]-6)**2+10*
(1-1/(8*np.pi))*np.cos(X[0])+10
    return Results
```

F17 绘图函数搜索曲面的 Python 代码如下。

```
'''F17 绘图函数'''
import numpy as np
from matplotlib import pyplot as plt
from mpl_toolkits.mplot3d import Axes3D


def F17(X):
    Results=(X[1]-(X[0]**2)*5.1/(4*(np.pi**2))+(5/np.pi)*X[0]-6)**2+10*
(1-1/(8*np.pi))*np.cos(X[0])+10
    return Results


def F17Plot():
    fig = plt.figure(1)                    #定义 figure
    ax = Axes3D(fig)                       #将 figure 变为 3D
    x1=np.arange(-5,5,0.2)                 #定义 x1,范围为[-5,5],间隔为 0.2
    x2=np.arange(-5,5,0.2)                 #定义 x2,范围为[-5,5],间隔为 0.2
    X1,X2=np.meshgrid(x1,x2)              #生成网格
    nSize = x1.shape[0]
    Z=np.zeros([nSize,nSize])
    for i in range(nSize):
        for j in range(nSize):
            X=[X1[i,j],X2[i,j]]            #构造 F17 输入
            X=np.array(X)                  #将格式由 list 转换为 array
            Z[i,j]=F17(X)                  #计算 F17 的值
    #绘制 3D 曲面
    # rstride: 行之间的跨度  cstride: 列之间的跨度
    # cmap 参数可以控制三维曲面的颜色组合
    ax.plot_surface(X1, X2, Z, rstride = 1, cstride = 1, cmap = plt.get_
cmap('rainbow'))
    ax.contour(X1, X2, Z, zdir='z', offset=0)   #绘制等高线
    ax.set_xlabel('X1')                    #x 轴说明
    ax.set_ylabel('X2')                    #y 轴说明
    ax.set_zlabel('Z')                     #z 轴说明
    ax.set_title('F17_space')
    plt.show()


F17Plot()
```

2.2.18　F18 函数

F18 函数的函数表达式如表 2.19 所示。

表 2.19　F18 函数信息

名称	函数表达式（function）	维度（dim）	变量范围值（range）	全局最优值（fmin）
F18	$f_{18}(x)=\left[1+\left(x_1+x_2+1\right)^2\left(19-14x_1+3x_1^2-14x_2\right.\right.$ $\left.+6x_1x_2+3x_2^2\right)\Big]\times\Big[30+\left(2x_1-3x_2\right)^2$ $\left.\times\left(18-32x_1+12x_1^2+48x_2-36x_1x_2+27x_2^2\right)\right]$	2	$[-2,2]$	3

F18 函数的 MATLAB 代码如下。

```
function o = F18_Fun(x)
    o=(1+(x(1)+x(2)+1)^2*(19-14*x(1)+3*(x(1)^2)-14*x(2)+6*x(1)*x(2)+3*
x(2)^2))*...
        (30+(2*x(1)-3*x(2))^2*(18-32*x(1)+12*(x(1)^2)+48*x(2)-36*x(1)*x(2)+
27*(x(2)^2)));
end
```

绘制曲面的 MATLAB 代码如下。

```
%F18 搜索空间绘图函数
function F18_FunPlot()
    x=-2:0.1:2;                                    %x 的范围[-2,2]
    y=x;                                           %y 的范围[-2,2]
    L=length(x);
    for i = 1:L
        for j = 1:L
            f(i,j) = F18_Fun([x(i),y(j)]);        %输入[x,y]对应的函数输出值
        end
    end
    surfc(x,y,f,'LineStyle','none');              %绘制曲面
    title('F18 space')                            %图表名称
    xlabel('x_1');                                %x 轴名称
    ylabel('x_2');                                %y 轴名称
    grid on
end
```

当维度为二维时，搜索空间曲面如图 2.35、图 2.36 所示。

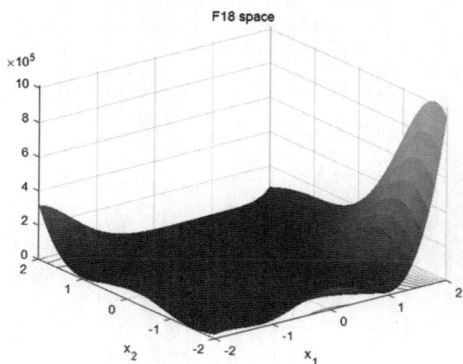

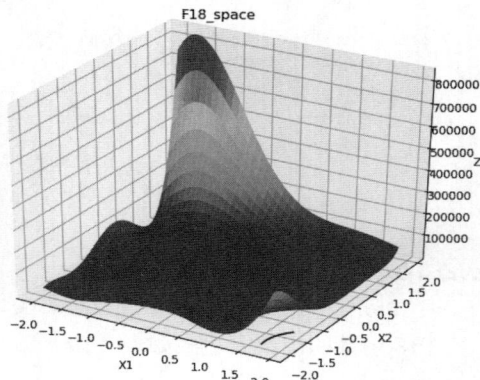

图 2.35　F18 函数搜索空间（MATLAB 绘制）　图 2.36　F18 函数搜索空间（Python 绘制）

F18 函数的 Python 代码如下。

```
def F18(X):
    Results=(1+(X[0]+X[1]+1)**2*(19-14*X[0]+3*(X[0]**2)-14*X[1]+6*X[0]*
X[1]+3*X[1]**2))*\
    (30+(2*X[0]-3*X[1])**2*(18-32*X[0]+12*(X[0]**2)+48*X[1]-36*X[0]*
X[1]+27*(X[1]**2)))
    return Results
```

F18 绘图函数搜索曲面的 Python 代码如下。

```
'''F18 绘图函数'''
import numpy as np
from matplotlib import pyplot as plt
from mpl_toolkits.mplot3d import Axes3D


def F18(X):
    Results=(1+(X[0]+X[1]+1)**2*(19-14*X[0]+3*(X[0]**2)-14*X[1]+6*X[0]
*X[1]+3*X[1]**2))*\
    (30+(2*X[0]-3*X[1])**2*(18-32*X[0]+12*(X[0]**2)+48*X[1]-36*X[0]*
X[1]+27*(X[1]**2)))
    return Results

def F18Plot():
    fig = plt.figure(1)                    #定义 figure
    ax = Axes3D(fig)                        #将 figure 变为 3D
    x1=np.arange(-2,2,0.1)                  #定义 x1,范围为[-2,2],间隔为 0.1
    x2=np.arange(-2,2,0.1)                  #定义 x2,范围为[-2,2],间隔为 0.1
    X1,X2=np.meshgrid(x1,x2)                #生成网格
    nSize = x1.shape[0]
    Z=np.zeros([nSize,nSize])
    for i in range(nSize):
        for j in range(nSize):
            X=[X1[i,j],X2[i,j]]            #构造 F18 输入
            X=np.array(X)                  #将格式由 list 转换为 array
            Z[i,j]=F18(X)                  #计算 F18 的值
    #绘制 3D 曲面
    # rstride: 行之间的跨度  cstride: 列之间的跨度
    # cmap 参数可以控制三维曲面的颜色组合
    ax.plot_surface(X1, X2, Z, rstride = 1, cstride = 1, cmap = plt.get_
cmap('rainbow'))
    ax.contour(X1, X2, Z, zdir='z', offset=0)   #绘制等高线
    ax.set_xlabel('X1')                    #x 轴说明
    ax.set_ylabel('X2')                    #y 轴说明
    ax.set_zlabel('Z')                     #z 轴说明
    ax.set_title('F18_space')
    plt.show()

F18Plot()
```

2.2.19　F19 函数

F19 函数的函数表达式如表 2.20 所示。

表 2.20　F19 函数信息

名称	函数表达式（function）	维度（dim）	变量范围值（range）	全局最优值（fmin）
F19	$f_{19}(x) = -\sum_{i=1}^{4} c_i \exp\left(-\sum_{j=1}^{3} a_{ij}\left(x_j - p_{ij}\right)^2\right)$	3	$[1,3]$	-3.86

F19 函数的 MATLAB 代码如下。

```
function o = F19_Fun(x)
    aH=[3 10 30;.1 10 35;3 10 30;.1 10 35];cH=[1 1.2 3 3.2];
    pH=[.3689 .117 .2673;.4699 .4387 .747;.1091 .8732 .5547;.03815
    .5743 .8828];
    o=0;
    for i=1:4
        o=o-cH(i)*exp(-(sum(aH(i,:).*((x-pH(i,:)).^2))));
    end
end
```

绘制曲面的 MATLAB 代码如下。

```
%F19 搜索空间绘图函数
function F19_FunPlot()
    x=1:0.1:3;                                  %x 的范围[1,3]
    y=x;                                        %y 的范围[1,3]
    L=length(x);
    for i = 1:L
        for j = 1:L
            f(i,j) = F19_Fun([x(i),y(j),0]);    %输入[x,y]对应的函数输出值
        end
    end
    surfc(x,y,f,'LineStyle','none');            %绘制曲面
    title('F19 space')                          %图表名称
    xlabel('x_1');                              %x 轴名称
    ylabel('x_2');                              %y 轴名称
    grid on
end
```

当维度为二维时，搜索空间曲面如图 2.37、图 2.38 所示。

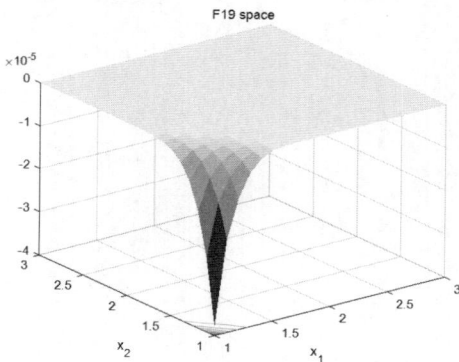

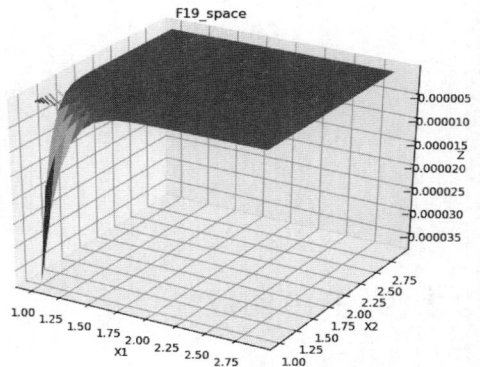

图 2.37　F19 函数搜索空间（MATLAB 绘制）　图 2.38　F19 函数搜索空间（Python 绘制）

F19 函数的 Python 代码如下。

```python
def F19(X):
    aH=np.array([[3,10,30],[0.1,10,35],[3,10,30],[0.1,10,35]])
    cH=np.array([1,1.2,3,3.2])

pH=np.array([[0.3689,0.117,0.2673],[0.4699,0.4387,0.747],[0.1091,0.8732
,0.5547],[0.03815,0.5743,0.8828]])
    Results=0
    for i in range(4):
        Results=Results-cH[i]*np.exp(-(np.sum(aH[i,:]*((X-
pH[i,:]))**2)))
    return Results
```

F19 绘图函数搜索曲面的 Python 代码如下。

```python
'''F19 绘图函数'''
import numpy as np
from matplotlib import pyplot as plt
from mpl_toolkits.mplot3d import Axes3D


def F19(X):
    aH=np.array([[3,10,30],[0.1,10,35],[3,10,30],[0.1,10,35]])
    cH=np.array([1,1.2,3,3.2])

pH=np.array([[0.3689,0.117,0.2673],[0.4699,0.4387,0.747],[0.1091,0.8732
,0.5547],[0.03815,0.5743,0.8828]])
    Results=0
    for i in range(4):
        Results=Results-cH[i]*np.exp(-(np.sum(aH[i,:]*((X-
pH[i,:]))**2)))
    return Results


def F19Plot():
    fig = plt.figure(1)                      #定义 figure
    ax = Axes3D(fig)                         #将 figure 变为 3D
    x1=np.arange(1,3,0.1)                    #定义 x1, 范围为[1,3], 间隔为 0.1
    x2=np.arange(1,3,0.1)                    #定义 x2, 范围为[1,3], 间隔为 0.1
    X1,X2=np.meshgrid(x1,x2)                 #生成网格
    nSize = x1.shape[0]
    Z=np.zeros([nSize,nSize])
    for i in range(nSize):
        for j in range(nSize):
            X=[X1[i,j],X2[i,j],0]            #构造 F19 输入
            X=np.array(X)                    #将格式由 list 转换为 array
            Z[i,j]=F19(X)                    #计算 F19 的值
    #绘制 3D 曲面
    # rstride: 行之间的跨度  cstride: 列之间的跨度
    # cmap 参数可以控制三维曲面的颜色组合
    ax.plot_surface(X1, X2, Z, rstride = 1, cstride = 1, cmap = plt.get_
cmap('rainbow'))
    ax.contour(X1, X2, Z, zdir='z', offset=0)   #绘制等高线
    ax.set_xlabel('X1')                      #x 轴说明
```

```
    ax.set_ylabel('X2')                         #y 轴说明
    ax.set_zlabel('Z')                          #z 轴说明
    ax.set_title('F19_space')
    plt.show()

F19Plot()
```

2.2.20　F20 函数

F20 函数的函数表达式如表 2.21 所示。

表 2.21　F20 函数信息

名称	函数表达式（function）	维度（dim）	变量范围值（range）	全局最优值（fmin）
F20	$f_{20}(x) = -\sum\limits_{i=1}^{4} c_i \exp\left(-\sum\limits_{j=1}^{6} a_{ij}\left(x_j - p_{ij}\right)^2\right)$	6	[0,1]	−3.32

F20 函数的 MATLAB 代码如下。

```
function o = F20_Fun(x)
    aH=[10 3 17 3.5 1.7 8;.05 10 17 .1 8 14;3 3.5 1.7 10 17 8;17 8 .05
10 .1 14];
    cH=[1 1.2 3 3.2];
  pH=[.1312 .1696 .5569 .0124 .8283 .5886;.2329 .4135 .8307 .3736 .1004
.9991;...
    .2348 .1415 .3522 .2883 .3047 .6650;.4047 .8828 .8732 .5743 .1091
.0381];
    o=0;
    for i=1:4
        o=o-cH(i)*exp(-(sum(aH(i,:).*((x-pH(i,:)).^2))));
    end
end
```

绘制曲面的 MATLAB 代码如下。

```
%F20 搜索空间绘图函数
function F20_FunPlot()
    x=0:0.01:1;                                  %x 的范围[0,1]
    y=x;                                         %y 的范围[0,1]
    L=length(x);
    fori=1:L
        for j = 1:L
            f(i,j) = F20_Fun([x(i),y(j),0,0,0,0]);  %输入[x,y]对应的函数
输出值
        end
    end
    surfc(x,y,f,'LineStyle','none');             %绘制曲面
    title('F20 space')                           %图表名称
    xlabel('x_1');                               %x 轴名称
    ylabel('x_2');                               %y 轴名称
    grid on
```

```
end
```

当维度为二维时，搜索空间曲面如图 2.39、图 2.40 所示。

F20 函数的 Python 代码如下。

```
def F20(X):
    aH=np.array([[10,3,17,3.5,1.7,8],[0.05,10,17,0.1,8,14],[3,3.5,1.7,
10,17,8],[17,8,0.05,10,0.1,14]])
    cH=np.array([1,1.2,3,3.2])
    pH=np.array([[0.1312,0.1696,0.5569,0.0124,0.8283,0.5886],[0.2329,
0.4135,0.8307,0.3736,0.1004,0.9991],\
              [0.2348,0.1415,0.3522,0.2883,0.3047,0.6650],[0.4047,
0.8828,0.8732,0.5743,0.1091,0.0381]])
    Results=0
    for i in range(4):
        Results=Results-cH[i]*np.exp(-(np.sum(aH[i,:]*((X-
pH[i,:]))**2)))
    return Results
```

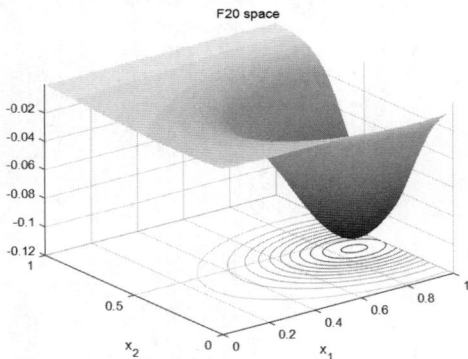

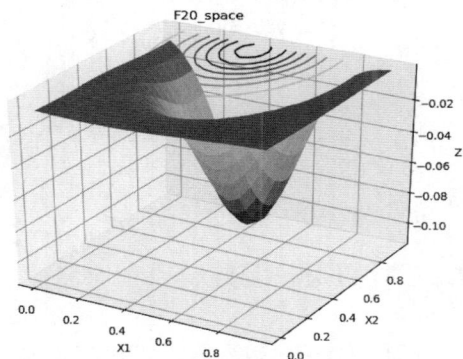

图 2.39　F20 函数搜索空间（MATLAB 绘制）　图 2.40　F20 函数搜索空间（Python 绘制）

F20 绘图函数搜索曲面的 Python 代码如下。

```
'''F20 绘图函数'''
import numpy as np
from matplotlib import pyplot as plt
from mpl_toolkits.mplot3d import Axes3D

def F20(X):
    aH=np.array([[10,3,17,3.5,1.7,8],[0.05,10,17,0.1,8,14],[3,3.5,1.7,
10,17,8],[17,8,0.05,10,0.1,14]])
    cH=np.array([1,1.2,3,3.2])
    pH=np.array([[0.1312,0.1696,0.5569,0.0124,0.8283,0.5886],[0.2329,
0.4135,0.8307,0.3736,0.1004,0.9991],\
              [0.2348,0.1415,0.3522,0.2883,0.3047,0.6650],[0.4047,
0.8828,0.8732,0.5743,0.1091,0.0381]])
    Results=0
    for i in range(4):
        Results=Results-cH[i]*np.exp(-(np.sum(aH[i,:]*((X-
pH[i,:]))**2)))
    return Results
```

```python
def F20Plot():
    fig = plt.figure(1)                          #定义 figure
    ax = Axes3D(fig)                             #将 figure 变为 3D
    x1=np.arange(0,1,0.05)                       #定义 x1,范围为[0,1],间隔为 0.05
    x2=np.arange(0,1,0.05)                       #定义 x2,范围为[0,1],间隔为 0.05
    X1,X2=np.meshgrid(x1,x2)                      #生成网格
    nSize = x1.shape[0]
    Z=np.zeros([nSize,nSize])
    for i in range(nSize):
        for j in range(nSize):
            X=[X1[i,j],X2[i,j],0,0,0,0]#构造 F20 输入
            X=np.array(X)                        #将格式由 list 转换为 array
            Z[i,j]=F20(X)                        #计算 F20 的值
    #绘制 3D 曲面
    # rstride: 行之间的跨度  cstride: 列之间的跨度
    # cmap 参数可以控制三维曲面的颜色组合
    ax.plot_surface(X1, X2, Z, rstride = 1, cstride = 1, cmap = plt.get_
cmap('rainbow'))
    ax.contour(X1, X2, Z, zdir='z', offset=0)    #绘制等高线
    ax.set_xlabel('X1')                          #x 轴说明
    ax.set_ylabel('X2')                          #y 轴说明
    ax.set_zlabel('Z')                           #z 轴说明
    ax.set_title('F20_space')
    plt.show()

F20Plot()
```

2.2.21　F21 函数

F21 函数的函数表达式如表 2.22 所示。

表 2.22　F21 函数信息

名称	函数表达式（function）	维度（dim）	变量范围值（range）	全局最优值（fmin）
F21	$f_{21}(x) = -\sum_{i=1}^{5}\left[(X-a_i)(X-a_i)^T + c_i\right]^{-1}$	4	[0,10]	−10.1532

F21 函数的 MATLAB 代码如下。

```matlab
function o = F21_Fun(x)
    aSH=[4 4 4 4;1 1 1 1;8 8 8 8;6 6 6 6;3 7 3 7;2 9 2 9;5 5 3 3;8 1 8
1;6 2 6 2;7 3.6 7 3.6];
    cSH=[.1 .2 .2 .4 .4 .6 .3 .7 .5 .5];

    o=0;
    for i=1:5
        o=o-((x-aSH(i,:))*(x-aSH(i,:))'+cSH(i))^(-1);
    end
end
```

绘制曲面的 MATLAB 代码如下。

```
%F21 搜索空间绘图函数
function F21_FunPlot()
    x=0:0.1:10;                                        %x 的范围[0,10]
    y=x;                                               %y 的范围[0,10]
    L=length(x);
    for i=1:L
        for j = 1:L
            f(i,j) = F21_Fun([x(i),y(j),0,0]);  %输入[x,y]对应的函数输出值
        end
    end
    surfc(x,y,f,'LineStyle','none');              %绘制曲面
    title('F21 space')                            %图表名称
    xlabel('x_1');                                %x 轴名称
    ylabel('x_2');                                %y 轴名称
    grid on
end
```

当维度为二维时，搜索空间曲面如图 2.41、图 2.42 所示。

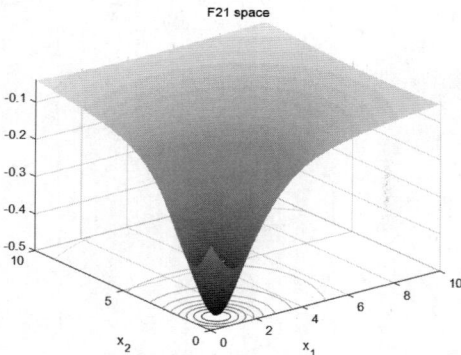

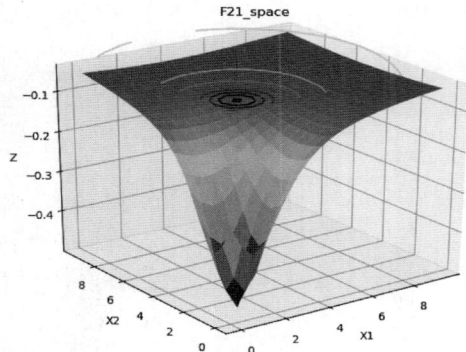

图 2.41　F21 函数搜索空间（MATLAB 绘制）　图 2.42　F21 函数搜索空间（Python 绘制）

F21 函数的 Python 代码如下。

```
def F21(X):
    aSH=np.array([[4,4,4,4],[1,1,1,1],[8,8,8,8],[6,6,6,6],[3,7,3,7],\
                  [2,9,2,9],[5,5,3,3],[8,1,8,1],[6,2,6,2],[7,3.6,7,3.6]])
    cSH=np.array([0.1,0.2,0.2,0.4,0.4,0.6,0.3,0.7,0.5,0.5])
    Results=0
    for i in range(5):
        Results=Results-(np.dot((X-aSH[i,:]),(X-aSH[i,:]).T)+cSH[i])
**(-1)
    return Results
```

F21 绘图函数搜索曲面的 Python 代码如下。

```
'''F21 绘图函数'''
import numpy as np
from matplotlib import pyplot as plt
from mpl_toolkits.mplot3d import Axes3D

def F21(X):
    aSH=np.array([[4,4,4,4],[1,1,1,1],[8,8,8,8],[6,6,6,6],[3,7,3,7],\
```

```
                [2,9,2,9],[5,5,3,3],[8,1,8,1],[6,2,6,2],[7,3.6,7,3.6]])
        cSH=np.array([0.1,0.2,0.2,0.4,0.4,0.6,0.3,0.7,0.5,0.5])
        Results=0
        for i in range(5):
                Results=Results-(np.dot((X-aSH[i,:]),(X-
aSH[i,:]).T)+cSH[i])**(-1)
        return Results

def F21Plot():
        fig = plt.figure(1)                      #定义 figure
        ax = Axes3D(fig)                         #将 figure 变为 3D
        x1=np.arange(0,10,0.5)                   #定义 x1，范围为[0,10]，间隔为 0.5
        x2=np.arange(0,10,0.5)                   #定义 x2，范围为[0,10]，间隔为 0.5
        X1,X2=np.meshgrid(x1,x2)                 #生成网格
        nSize = x1.shape[0]
        Z=np.zeros([nSize,nSize])
        for i in range(nSize):
                for j in range(nSize):
                        X=[X1[i,j],X2[i,j],0,0]          #构造 F21 输入
                        X=np.array(X)                    #将格式由 list 转换为 array
                        Z[i,j]=F21(X)                    #计算 F21 的值
        #绘制 3D 曲面
        # rstride: 行之间的跨度   cstride: 列之间的跨度
        # cmap 参数可以控制三维曲面的颜色组合
        ax.plot_surface(X1, X2, Z, rstride = 1, cstride = 1, cmap = plt.get_
cmap('rainbow'))
        ax.contour(X1, X2, Z, zdir='z', offset=0)   #绘制等高线
        ax.set_xlabel('X1')                      #x 轴说明
        ax.set_ylabel('X2')                      #y 轴说明
        ax.set_zlabel('Z')                       #z 轴说明
        ax.set_title('F21_space')
        plt.show()

F21Plot()
```

2.2.22　F22 函数

F22 函数的函数表达式如表 2.23 所示。

表 2.23　F22 函数信息

名称	函数表达式（function）	维度（dim）	变量范围值（range）	全局最优值（fmin）
F22	$f_{22}(x)=-\sum_{i=1}^{7}\left[\left(X-a_i\right)\left(X-a_i\right)^T+c_i\right]^{-1}$	4	$[0,10]$	-10.4028

F22 函数的 MATLAB 代码如下。

```
function o = F22_Fun(x)
    aSH=[4 4 4 4;1 1 1 1;8 8 8 8;6 6 6 6;3 7 3 7;2 9 2 9;5 5 3 3;8 1 8
1;6 2 6 2;7 3.6 7 3.6];
    cSH=[.1 .2 .2 .4 .4 .6 .3 .7 .5 .5];

    o=0;
```

```
    for i=1:7
        o=o-((x-aSH(i,:))*(x-aSH(i,:))'+cSH(i))^(-1);
    end
end
```

绘制曲面的 MATLAB 代码如下。

```
%F22 搜索空间绘图函数
function F22_FunPlot()
    x=0:0.1:10;                                    %x 的范围[0,10]
    y=x;                                           %y 的范围[0,10]
    L=length(x);
    for i=1:L
        for j = 1:L
            f(i,j) = F22_Fun([x(i),y(j),0,0]);     %输入[x,y]对应的函数输出值
        end
    end
    surfc(x,y,f,'LineStyle','none');               %绘制曲面
    title('F22 space')                             %图表名称
    xlabel('x_1');                                 %x 轴名称
    ylabel('x_2');                                 %y 轴名称
    grid on
end
```

当维度为二维时，搜索空间曲面如图 2.43、图 2.44 所示。

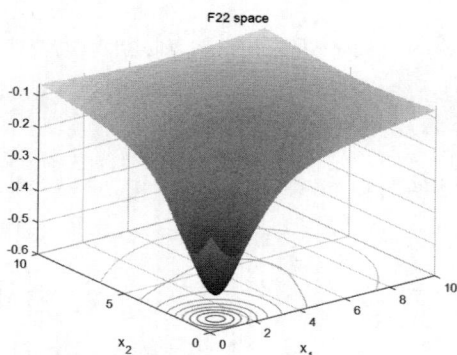

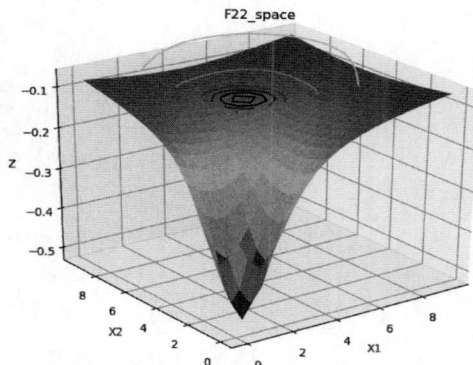

图 2.43　F22 函数搜索空间（MATLAB 绘制）　图 2.44　F22 函数搜索空间（Python 绘制）

F22 函数的 Python 代码如下。

```
def F22(X):
    aSH=np.array([[4,4,4,4],[1,1,1,1],[8,8,8,8],[6,6,6,6],[3,7,3,7],\
        [2,9,2,9],[5,5,3,3],[8,1,8,1],[6,2,6,2],[7,3.6,7,3.6]])
    cSH=np.array([0.1,0.2,0.2,0.4,0.4,0.6,0.3,0.7,0.5,0.5])
    Results=0
    for i in range(7):
        Results=Results-(np.dot((X-aSH[i,:]),(X-aSH[i,:]).T)+cSH[i])
**(-1)
    return Results
```

F22 绘图函数搜索曲面的 Python 代码如下。

```
'''F22 绘图函数'''
import numpy as np
```

```python
from matplotlib import pyplot as plt
from mpl_toolkits.mplot3d import Axes3D


def F22(X):
    aSH=np.array([[4,4,4,4],[1,1,1,1],[8,8,8,8],[6,6,6,6],[3,7,3,7],\
                [2,9,2,9],[5,5,3,3],[8,1,8,1],[6,2,6,2],[7,3.6,7,3.6]])
    cSH=np.array([0.1,0.2,0.2,0.4,0.4,0.6,0.3,0.7,0.5,0.5])
    Results=0
    for i in range(7):
            Results=Results-(np.dot((X-aSH[i,:]),(X-aSH[i,:]).T)+cSH[i])
**(-1)
    return Results


def F22Plot():
    fig = plt.figure(1)                                    #定义 figure
    ax = Axes3D(fig)                                       #将 figure 变为 3D
    x1=np.arange(0,10,0.5)                                 #定义 x1,范围为[0,10],间隔为 0.5
    x2=np.arange(0,10,0.5)                                 #定义 x2,范围为[0,10],间隔为 0.5
    X1,X2=np.meshgrid(x1,x2)                                #生成网格
    nSize = x1.shape[0]
    Z=np.zeros([nSize,nSize])
    for i in range(nSize):
            for j in range(nSize):
                    X=[X1[i,j],X2[i,j],0,0]                #构造 F22 输入
                    X=np.array(X)                          #将格式由 list 转换为 array
                    Z[i,j]=F22(X)                          #计算 F22 的值
    #绘制 3D 曲面
    # rstride: 行之间的跨度  cstride: 列之间的跨度
    # cmap 参数可以控制三维曲面的颜色组合
    ax.plot_surface(X1, X2, Z, rstride = 1, cstride = 1, cmap = plt.get_
cmap('rainbow'))
    ax.contour(X1, X2, Z, zdir='z', offset=0)    #绘制等高线
    ax.set_xlabel('X1')                               #x 轴说明
    ax.set_ylabel('X2')                               #y 轴说明
    ax.set_zlabel('Z')                                #z 轴说明
    ax.set_title('F22_space')
    plt.show()


F22Plot()
```

2.2.23 F23 函数

F23 函数的函数表达式如表 2.24 所示。

表 2.24 F23 函数信息

名称	函数表达式（function）	维度（dim）	变量范围值（range）	全局最优值（fmin）
F23	$f_{23}(x) = -\sum_{i=1}^{10}\left[\left(X-a_i\right)\left(X-a_i\right)^T + c_i\right]^{-1}$	4	$[0,10]$	-10.5363

F23 函数的 MATLAB 代码如下。

```
function o = F23_Fun(x)
    aSH=[4 4 4 4;1 1 1 1;8 8 8 8;6 6 6 6;3 7 3 7;2 9 2 9;5 5 3 3;8 1 8
1;6 2 6 2;7 3.6 7 3.6];
    cSH=[.1 .2 .2 .4 .4 .6 .3 .7 .5 .5];

    o=0;
    for i=1:10
        o=o-((x-aSH(i,:))*(x-aSH(i,:))'+cSH(i))^(-1);
    end
end
```

绘制曲面的 MATLAB 代码如下。

```
%F23 搜索空间绘图函数
function F23_FunPlot()
    x=0:0.1:10;                                %x 的范围[0,10]
    y=x;                                       %y 的范围[0,10]
    L=length(x);
    for i=1:L
        for j = 1:L
            f(i,j) = F22_Fun([x(i),y(j),0,0]);  %输入[x,y]对应的函数输出值
        end
    end
    surfc(x,y,f,'LineStyle','none');            %绘制曲面
    title('F23 space')                          %图表名称
    xlabel('x_1');                              %x 轴名称
    ylabel('x_2');                              %y 轴名称
    grid on
end
```

当维度为二维时，搜索空间曲面如图 2.45、图 2.46 所示。

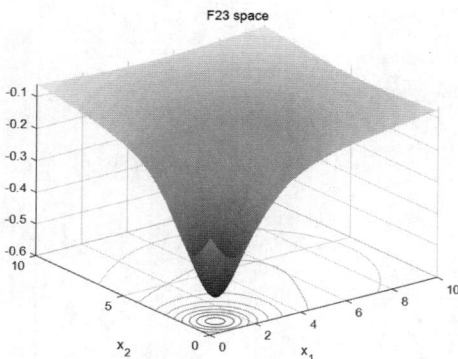

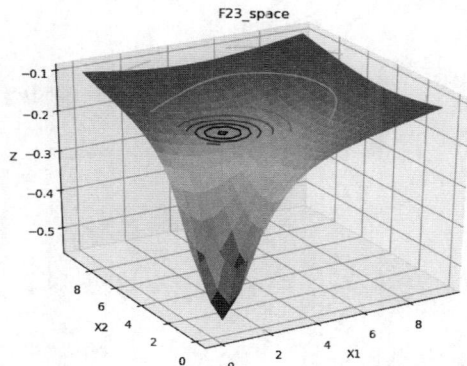

图 2.45　F23 函数搜索空间（MATLAB 绘制）　图 2.46　F23 函数搜索空间（Python 绘制）

F23 函数的 Python 代码如下。

```
def F23(X):
    aSH=np.array([[4,4,4,4],[1,1,1,1],[8,8,8,8],[6,6,6,6],[3,7,3,7],\
          [2,9,2,9],[5,5,3,3],[8,1,8,1],[6,2,6,2],[7,3.6,7,3.6]])
    cSH=np.array([0.1,0.2,0.2,0.4,0.4,0.6,0.3,0.7,0.5,0.5])
    Results=0
    for i in range(10):
```

```
            Results=Results-(np.dot((X-aSH[i,:]),(X-aSH[i,:]).T)+cSH[i])
**(-1)
    return Results
```

F23 绘图函数搜索曲面的 Python 代码如下。

```
'''F23 绘图函数'''
import numpy as np
from matplotlib import pyplot as plt
from mpl_toolkits.mplot3d import Axes3D


def F23(X):
    aSH=np.array([[4,4,4,4],[1,1,1,1],[8,8,8,8],[6,6,6,6],[3,7,3,7],\
                  [2,9,2,9],[5,5,3,3],[8,1,8,1],[6,2,6,2],[7,3.6,7,3.6]])
    cSH=np.array([0.1,0.2,0.2,0.4,0.4,0.6,0.3,0.7,0.5,0.5])
    Results=0
    for i in range(10):
            Results=Results-(np.dot((X-aSH[i,:]),(X-aSH[i,:]).T)+cSH[i])
**(-1)
    return Results


def F23Plot():
    fig = plt.figure(1)                          #定义 figure
    ax = Axes3D(fig)                             #将 figure 变为 3D
    x1=np.arange(0,10,0.5)                       #定义 x1,范围为[0,10],间隔为 0.5
    x2=np.arange(0,10,0.5)                       #定义 x2,范围为[0,10],间隔为 0.5
    X1,X2=np.meshgrid(x1,x2)                     #生成网格
    nSize = x1.shape[0]
    Z=np.zeros([nSize,nSize])
    for i in range(nSize):
            for j in range(nSize):
                    X=[X1[i,j],X2[i,j],0,0]      #构造 F23 输入
                    X=np.array(X)                #将格式由 list 转换为 array
                    Z[i,j]=F23(X)                #计算 F23 的值
    #绘制 3D 曲面
    # rstride: 行之间的跨度   cstride: 列之间的跨度
    # cmap 参数可以控制三维曲面的颜色组合
    ax.plot_surface(X1, X2, Z, rstride = 1, cstride = 1, cmap = plt.get_
cmap('rainbow'))
    ax.contour(X1, X2, Z, zdir='z', offset=-0.1)        #绘制等高线
    ax.set_xlabel('X1')                          #x 轴说明
    ax.set_ylabel('X2')                          #y 轴说明
    ax.set_zlabel('Z')                           #z 轴说明
    ax.set_title('F23_space')
    plt.show()


F23Plot()
```

第 3 章　智能优化算法评价指标

本章主要介绍智能优化算法的评价指标以及测试方法。

智能优化算法的对比一般采用多次实验结果，统计不同的指标并进行对比。之所以进行多次实验是因为智能优化算法涉及随机数问题，对于同一个问题，同一算法几次优化的结果会略微不同，因而采用多次实验结果进行综合评价。

一般而言，算法的定量评价常采用的评价指标为平均值、标准差、最优值、最差值。为了直观观察不同算法对同一问题的寻优过程，也会绘制收敛曲线进行对比。

3.1　平 均 值

平均值，表示一组数据集中趋势的量数，是指一组数据中所有数据之和除以这组数据的个数，它是反映数据集中趋势的一项指标。其数学表达式如下。

$$\text{AverageX} = \frac{\sum_{n=1}^{N} x_n}{N} \tag{3.1}$$

其中，N 代表数据的个数，AverageX 代表数据的平均值，x_n 代表第 n 个数据。设有某一目标函数的最优解为 0，有 A、B 两个算法同时对其寻优，多次实验统计，算法 A 寻优最优解的平均值为 0.1。算法 B 寻优最优解的平均值为 0.05。该结果说明算法 B 的整体结果更加接近目标函数的最优解 0，算法 B 的寻优精度更高。

3.2　标 准 差

标准差（standard deviation），是离均差平方的算术平均数的算术平方根。标准差也被称为标准偏差，或者实验标准差，在概率统计中常用作统计分布程度的测量依据。标准差能反映一个数据集的离散程度。平均数相同的两组数据，标准差未必相同。标准差的数学表达式如下。

$$\sigma = \sqrt{\frac{\sum_{i=1}^{n}(x_i - \bar{x})}{n}} \tag{3.2}$$

其中，n 代表数据的个数，$\bar{x}$ 代表数据的平均值。标准差越小表明数据越聚集，重复性更好。标准差越大，表明数据越发散，重复性越低。

如图 3.1 所示，A 和 B 两组数据的均值均为 0。

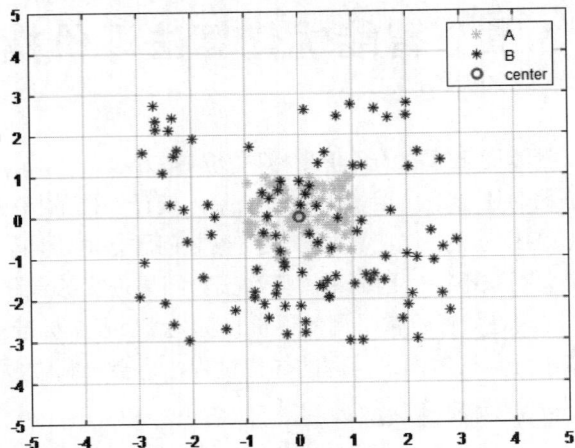

图 3.1　数据图

从图 3.1 可以看到，虽然 A、B 两组数据的平均值均靠近(0,0)。但是 B 组数据相比 A 组数据明显更加发散。因而如果只用平均值指标来评价的话，两者结果相差不大。但是如果统计标准差，A、B 两组数据的标准差分别为 0.5679 和 1.6498。从标准差数据上看，很明显，B 组数据的标准差值更大，数据更发散，结果更差。因此通过标准差值能够反映数据的聚集程度，反映到优化算法的结果上，就是优化算法最优结果的聚集程度。

上述标准差的 MATLAB 示例程序如下。

```
%产生 A、B 两组数据
A = 2.*rand([100,2]) - 1;
B = 2.*(2.*rand([100,2])-1);
%绘图
figure
plot(A(:,1),A(:,2),'g*');
hold on
plot(B(:,1),B(:,2),'b*');
plot(0,0,'ro','linewidth',1.5)
legend('A','B','center')
axis([-5 5,-5,5])
grid on
%计算标准差
std(A(:))
std(B(:))
```

3.3　最优值和最差值

多次试验的最优值和最差值反映了算法的极限最优和极限最差性能，如果两个算法运行相同的次数，某一算法的最优值相比另外一个算法更优，则表明在相同条件下，前者能够找到更优解。

在寻找极小值的问题中，最优值和最差值分别定义为

$$BestValue = \min\{x_1, x_2, \cdots, x_n\} \tag{3.3}$$

$$WorstValue = \max\{x_1, x_2, \cdots, x_n\} \tag{3.4}$$

在寻找极大值的问题中，最优值和最差值分别定义为

$$BestValue = \max\{x_1, x_2, \cdots, x_n\} \tag{3.5}$$

$$WorstValue = \min\{x_1, x_2, L, x_n\} \tag{3.6}$$

3.4　Wilcoxon 秩和检验

在统计推断方法中，如果已知总体分布，对总体参数进行估计或检验的方法被称为参数统计（parametric statistics）。但在实际工作中，有时总体的分布不易确定，或分布不符合要求的条件，则需要应用一种不依赖于总体分布类型的统计推断方法，称为非参数统计（nonparametric statistics）。Wilcoxon 秩和检验就属于非参数统计方法中的一种，可以用于完全随机化设计两组独立样本间的比较。

Wilcoxon 秩和检验的基本思想是将两个样本的观测值合并，并按照大小对它们进行排秩。然后，通过计算秩和比较两组样本的总体中位数是否相同。如果样本来自相同总体，那么它们的秩和应该接近相等。如果存在显著差异，那么秩和的值会偏离相等。

这个检验返回一个统计值 U，以及一个 p 值，用于判断两组样本中位数是否存在显著差异。如果 p 值小于显著性水平（通常设定为 0.05），则可以拒绝原假设，表明两组样本的中位数存在显著差异。

假设算法 A 和算法 B 对同一个问题，分别运行 10 次，算法 A 的运行结果存在 dataA 中，算法 B 的结果存在 dataB 中。实验数据如表 3.1 所示。

表 3.1　实验数据

运行次数	算法 A 结果（dataA）	算法 B 结果(dataB)
1	1.5	0.7
2	1.2	0.8
3	1.1	1
4	0.9	0.4
5	1.3	0.7
6	1.6	1.1
7	1.9	1.2
8	1.3	0.5
9	1.4	0.8
10	1.1	0.9

利用 MATLAB 求解 *p* 值：

```
dataA=[1.5,1.2,1.1,0.9,1.3,1.6,1.9,1.3,1.4,1.1];
dataB = [0.7,0.8,1,0.4,0.7,1.1,1.2,0.5,0.8,0.9];
[p,h]=ranksum(dataA,dataB)
```

运行结果如下。

```
p =0.0013
h =1
```

利用 Python 求解 *p* 值：

```
import scipy.stats as ss
import numpy as np
dataA = np.array([1.5,1.2,1.1,0.9,1.3,1.6,1.9,1.3,1.4,1.1])
dataB = np.array([0.7,0.8,1,0.4,0.7,1.1,1.2,0.5,0.8,0.9])
stat, p = ss.ranksums(dataA, dataB)
print(p)
```

运行结果如下。

```
p = 0.0011520450981421845
```

从结果可以看出 *p* 值小于 0.05，表明两组数据存在显著差异，即算法 A 和算法 B 在该问题求解上存在优劣之分。

3.5　Friedman 秩和检验

Friedman 检验法是一种非参数统计方法，用于比较三个或三个以上独立的样本的差异性。该方法采用秩和检验的原理，以确定样本是否来自于同一总体。相比于传统的方差分析方法，Friedman 检验法更加适用于不满足正态分布假设的数据。

该方法的基本思想是对所有样本进行排名，并将排名之和作为测量样本排名和的统计量。通过此统计量，可以计算出 Friedman 检验的统计量和 *p* 值，以判断多个样本之间的显著性差异。如果 *p* 值小于显著性水平（通常设定为 0.05），则可以拒绝原假设，表明样本存在显著差异。

假设算法 A、B、C、D 对同一个问题，分别运行 10 次，算法 A 的运行结果存在 dataA 中，算法 B 的结果存在 dataB 中，算法 C 的结果存在 dataC 中，算法 D 的结果存在 dataD 中。实验数据如表 3.2 所示。

表 3.2　Friedman 检验实验数据

运行次数	算法 A 结果 （dataA）	算法 B 结果 (dataB)	算法 C 结果 （dataC）	算法 D 结果 (dataD)
1	1.5	0.7	1.3	0.6
2	1.2	0.8	1	0.7
3	1.1	1	0.9	0.9

续表

运行次数	算法 A 结果 （dataA）	算法 B 结果 (dataB)	算法 C 结果 （dataC）	算法 D 结果 (dataD)
4	0.9	0.4	0.7	0.3
5	1.3	0.7	1.1	0.6
6	1.6	1.1	1.4	1
7	1.9	1.2	1.7	1.1
8	1.3	0.5	1.1	0.4
9	1.4	0.8	1.2	0.7
10	1.1	0.9	0.9	0.8

利用 MATLAB 进行 Friedman 检验。

```
dataA=[1.5,1.2,1.1,0.9,1.3,1.6,1.9,1.3,1.4,1.1];
dataB = [0.7,0.8,1,0.4,0.7,1.1,1.2,0.5,0.8,0.9];
dataC = [1.3,1,0.9,0.7,1.1,1.4,1.7,1.1,1.2,0.9];
dataD = [0.6,0.7,0.9,0.3,0.6,1,1.1,0.4,0.7,0.8];
dataAll = [dataA',dataB',dataC',dataD'];
[p,tbl,stats]=friedman(dataAll);
p
```

运行结果如下。

```
p = 3.7227e-06
```

利用 Python 进行 Friedman 检验。

```
import scipy.stats as ss
import numpy as np
dataA = np.array([1.5,1.2,1.1,0.9,1.3,1.6,1.9,1.3,1.4,1.1])
dataB = np.array([0.7,0.8,1,0.4,0.7,1.1,1.2,0.5,0.8,0.9])
dataC = np.array([1.3,1,0.9,0.7,1.1,1.4,1.7,1.1,1.2,0.9])
dataD = np.array([0.6,0.7,0.9,0.3,0.6,1,1.1,0.4,0.7,0.8])
stat, p = ss.friedmanchisquare(dataA, dataB,dataC,dataD)
print(p)
```

运行结果如下。

```
p = 3.7227063733323483e-06
```

从结果可以看出 p 值小于 0.05，表明这几组数据存在显著差异，即算法 A、B、C、D 在该问题求解上存在优劣之分。

3.6　收敛曲线

收敛曲线是一种直观地对比智能优化算法的方法。算法 A 和算法 B 的收敛曲线如图 3.2 所示。

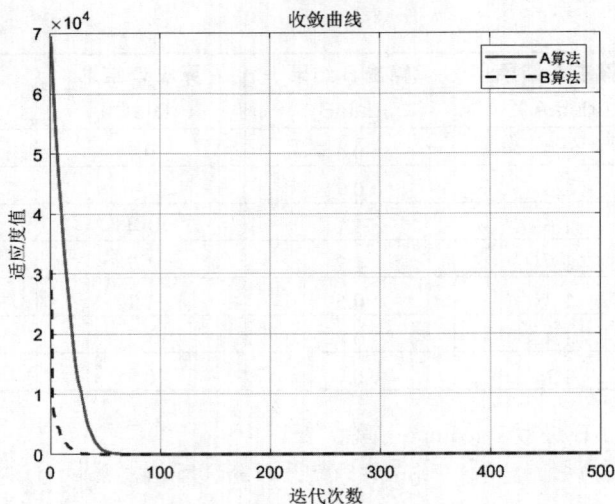

图 3.2　收敛曲线对比图

　　在本例中，最优适应度值为 0。从图 3.2 中可以看到，B 算法下降得更快，相比 A 算法，B 算法更快达到最优值 0。这表明，在本例中算法 B 的收敛速度更快，寻优能力更强。

第 4 章　混沌映射理论

混沌是自然界普遍存在的一种非线性现象，因混沌变量具有随机性、遍历性和规律性的特性，常被广泛应用于优化算法中，可使算法的初始种群分布更加均匀，也可以扩大算法的寻优范围并提升算法逃逸局部极值的能力。本章主要介绍 20 种混沌映射基础原理及其代码实现，如图 4.1 所示。

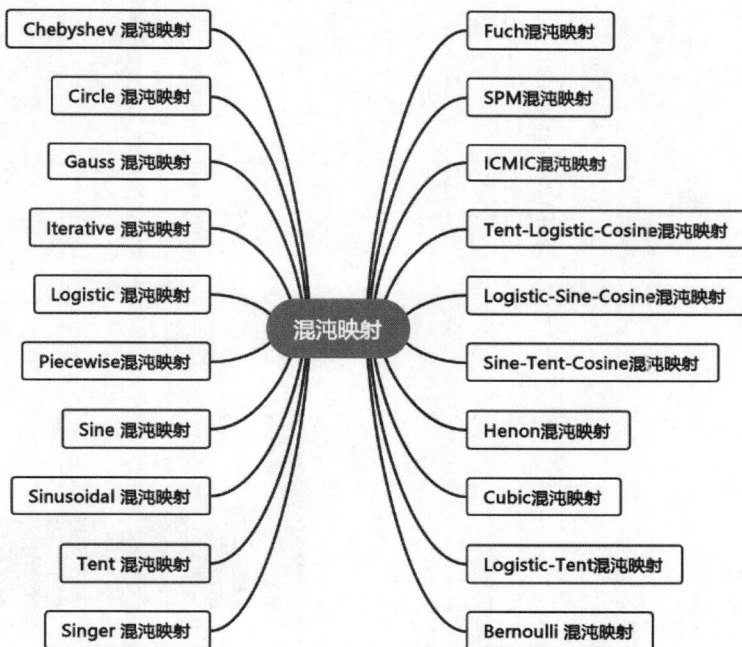

图 4.1　多种混沌映射概览图

4.1　Chebyshev 混沌映射

4.1.1　基本原理

简单的 Chebyshev 混沌映射原理是常用的混沌映射之一。a 阶 Chebyshev 混沌映射表达式为

$$x(i+1) = \cos\left(a * \cos^{-1}(x(i))\right) \tag{4.1}$$

其中，a 通常取值为 4。混沌轨道状态值范围为 $(-1,1)$。

4.1.2　代码实现

利用 MATLAB 实现 Chebyshev 混沌映射并绘制其分布图以及直方图，如图 4.2 所示。

```
%% Chebyshev 混沌映射
x(1)=rand;
a=4;
for i=2:1000
x(i)=cos(a.*acos(x(i-1)));%Chebyshev
end
figure
plot(x,'.')
xlabel('维度')
ylabel('混沌值')
title('Chebyshev 混沌映射')
grid on
figure
hist(x);
xlabel('混沌值')
ylabel('频数')
title('Chebyshev 混沌映射')
grid on
```

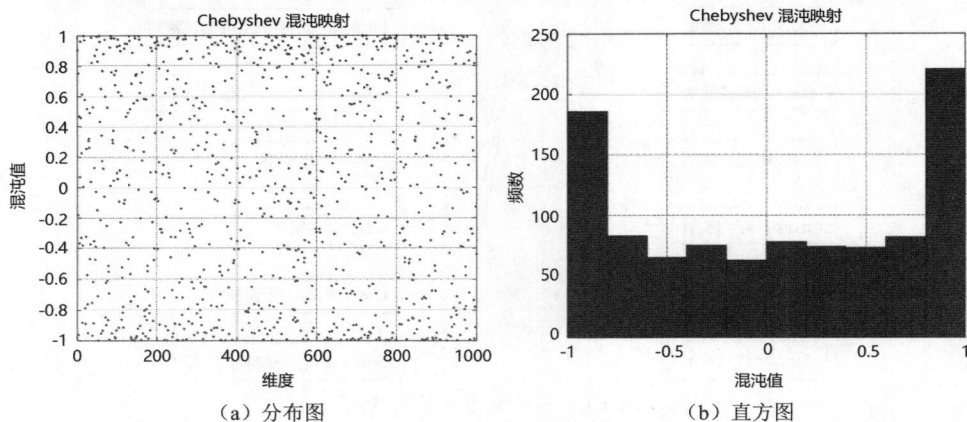

（a）分布图　　　　　　　　　　　（b）直方图

图 4.2　Chebyshev 混沌映射绘图（MATLAB）

利用 Python 实现 Chebyshev 混沌映射并绘制其分布图以及直方图，如图 4.3 所示。

```
import numpy as np
from matplotlib import pyplot as plt

''' Chebyshev 混沌映射'''
x = np.zeros(1000)
x[0]=np.random.random();
a=4;
for i in range(1,1000):
    x[i]=np.cos(a*np.arccos(x[i-1])) #Chebyshev

plt.figure(1)
plt.plot(x,'.')
```

```
plt.xlabel('dimension')
plt.ylabel('Chaos value')
plt.title('Chebyshev Chaotic mapping')
plt.grid()
plt.show()

plt.figure(2)
plt.hist(x);
plt.xlabel('Chaos value')
plt.ylabel('frequency')
plt.title('Chebyshev Chaotic mapping')
plt.grid()
plt.show()
```

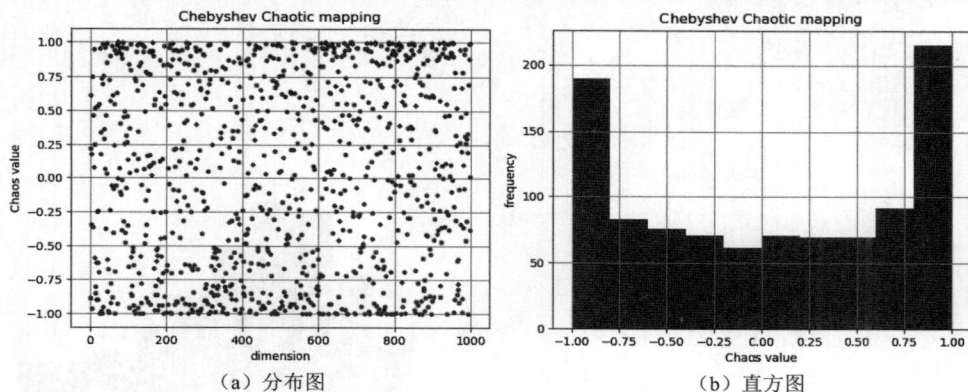

（a）分布图　　　　　　　　　　　（b）直方图

图 4.3　Chebyshev 混沌映射绘图（Python）

4.2　Circle 混沌映射

4.2.1　基本原理

Circle 混沌映射有着随机性、均匀性和有序性等特点。Circle 映射可表示为

$$x_{i+1} = \text{mod}\left(x_i + b - \left(\frac{a}{2\pi}\right)\sin\left(2\pi x_i\right), 1\right) \tag{4.2}$$

$$a = 0.5 \text{且} b = 0.2$$

其中，a、b 为控制参数，常用的取值分别为 0.5 和 0.2，mod 为求余函数。混沌轨道状态值范围为(0,1)。

4.2.2　代码实现

利用 MATLAB 实现 Circle 混沌映射并绘制其分布图以及直方图，如图 4.4 所示。

```
%% Circle 混沌映射
```

```matlab
x(1)=rand;
a=0.5;
b=0.2;
for i=2:1000
x(i)=mod(x(i-1)+b-(a/(2*pi))*sin(2*pi*x(i-1)),1);%circle 混沌映射
end
figure
plot(x,'.')
xlabel('维度')
ylabel('混沌值')
title('Circle 混沌映射')
grid on
figure
hist(x);
xlabel('混沌值')
ylabel('频数')
title('Circle 混沌映射')
grid on
```

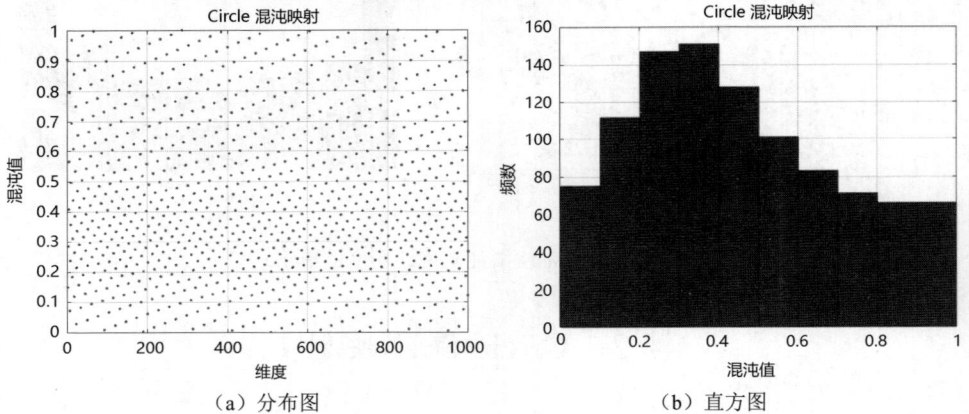

（a）分布图   （b）直方图

图 4.4   Circle 混沌映射绘图（MATLAB）

利用 Python 实现 Circle 混沌映射并绘制其分布图以及直方图，如图 4.5 所示。

```python
import numpy as np
from matplotlib import pyplot as plt

''' circle 混沌映射'''
x = np.zeros(1000)
x[0]=np.random.random();
a=0.5
b=0.2
for i in range(1,1000):
    x[i]=np.mod(x[i-1]+b-(a/(2*np.pi))*np.sin(2*np.pi*x[i-1]),1)

plt.figure(1)
plt.plot(x,'.')
plt.xlabel('dimension')
plt.ylabel('Chaos value')
plt.title('Circle Chaotic mapping')
plt.grid()
```

```
plt.show()

plt.figure(2)
plt.hist(x);
plt.xlabel('Chaos value')
plt.ylabel('frequency')
plt.title('Circle Chaotic mapping')
plt.grid()
plt.show()
```

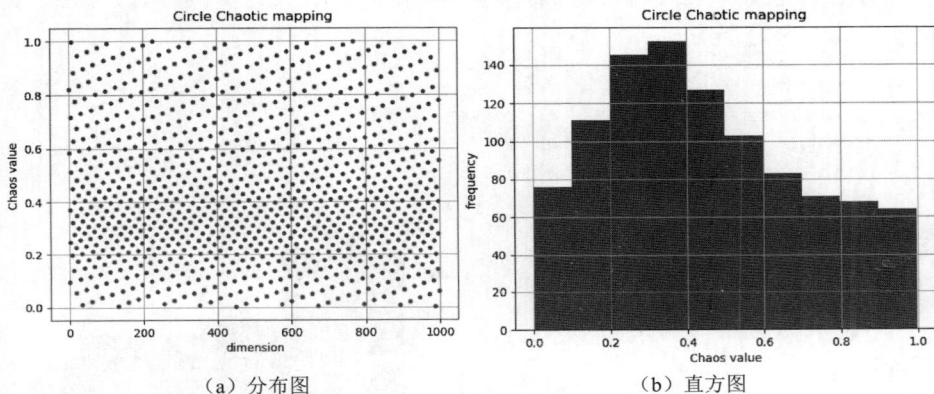

（a）分布图　　　　　　　　　　（b）直方图

图 4.5　Circle 混沌映射绘图（Python）

4.3　Gauss 混沌映射

4.3.1　基本原理

Gauss 混沌映射是常用的混沌映射之一，其表达式为

$$x_{i+1} = \begin{cases} 1 & x_i = 0 \\ \mathrm{mod}\left(\dfrac{1}{x_i}, 1\right) & \text{否则} \end{cases} \tag{4.3}$$

混沌轨道状态值范围为(0,1)。

4.3.2　代码实现

利用 MATLAB 实现 Gauss 混沌映射并绘制其分布图以及直方图，如图 4.6 所示。

```
%% Gauss 混沌映射
x(1)=rand;
for i=2:1000
    if x(i-1)==0
        x(i)=1;
    else
```

```
                x(i)=mod(1/x(i-1),1);
        end
end
figure
plot(x,'.')
xlabel('维度')
ylabel('混沌值')
title('Gauss 混沌映射')
grid on
figure
hist(x);
xlabel('混沌值')
ylabel('频数')
title('Gauss 混沌映射')
grid on
```

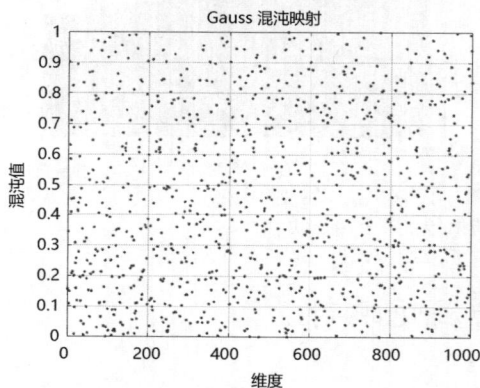

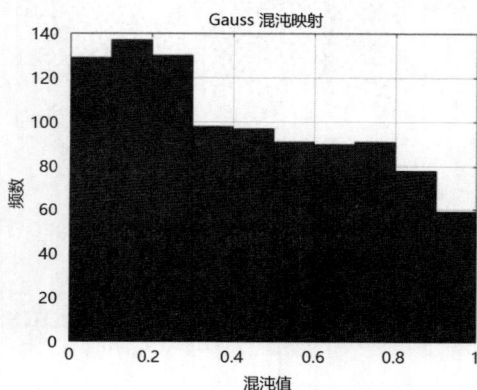

（a）分布图　　　　　　　　　　（b）直方图

图 4.6　Gauss 混沌映射绘图（MATLAB）

利用 Python 实现 Gauss 混沌映射并绘制其分布图以及直方图，如图 4.7 所示。

```
import numpy as np
from matplotlib import pyplot as plt

''' Gauss 混沌映射'''
x = np.zeros(1000)
x[0]=np.random.random();
for i in range(1,1000):
        if x[i-1]==0:
                x[i]=1
        else:
                x[i]=np.mod(1/x[i-1],1)


plt.figure(1)
plt.plot(x,'.')
plt.xlabel('dimension')
plt.ylabel('Chaos value')
plt.title('Gauss Chaotic mapping')
plt.grid()
```

```
plt.show()

plt.figure(2)
plt.hist(x);
plt.xlabel('Chaos value')
plt.ylabel('frequency')
plt.title('Gauss Chaotic mapping')
plt.grid()
plt.show()
```

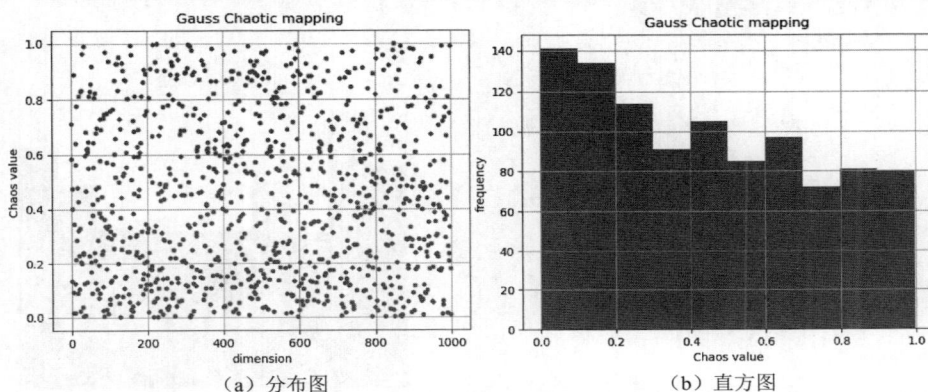

（a）分布图　　　　　　　　　　　　（b）直方图

图 4.7　Gauss 混沌映射绘图（Python）

4.4　Iterative 混沌映射

4.4.1　基本原理

Iterative 混沌映射的数学表达式为

$$x_{i+1} = \sin\left(\frac{a\pi}{x_i}\right) \tag{4.4}$$

a 为控制参数，在(0,1)中取值，一般为 0.7。混沌轨道状态值范围为(-1,1)。

4.4.2　代码实现

利用 MATLAB 实现 Iterative 混沌映射并绘制其分布图以及直方图，如图 4.8 所示。

```
%% Iterative 混沌映射
x(1)=rand;
a=0.7;
for i=2:1000
    x(i)=sin(a*pi/x(i-1));
end
figure
```

```
plot(x,'.')
xlabel('维度')
ylabel('混沌值')
title('Iterative 混沌映射')
grid on
figure
hist(x);
xlabel('混沌值')
ylabel('频数')
title('Iterative 混沌映射')
grid on
```

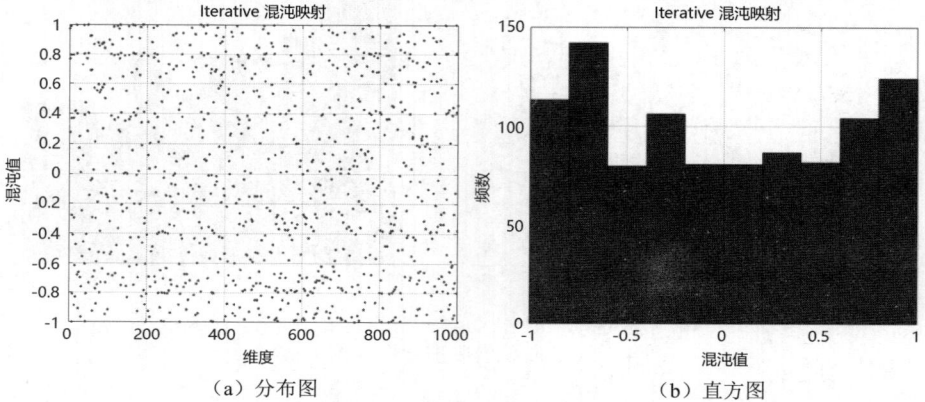

（a）分布图　　　　　　　　　（b）直方图

图 4.8　Iterative 混沌映射绘图（MATLAB）

利用 Python 实现 Iterative 混沌映射并绘制其分布图以及直方图，如图 4.9 所示。

```
import numpy as np
from matplotlib import pyplot as plt

''' Iterative 混沌映射'''
x = np.zeros(1000)
a = 0.7
x[0]=np.random.random();
for i in range(1,1000):
    x[i]=np.sin(np.pi*a/x[i-1])


plt.figure(1)
plt.plot(x,'.')
plt.xlabel('dimension')
plt.ylabel('Chaos value')
plt.title('Iterative Chaotic mapping')
plt.grid()
plt.show()

plt.figure(2)
plt.hist(x);
plt.xlabel('Chaos value')
plt.ylabel('frequency')
plt.title('Iterative Chaotic mapping')
```

```
plt.grid()
plt.show()
```

(a) 分布图　　　　　　　　　　　　　　　(b) 直方图

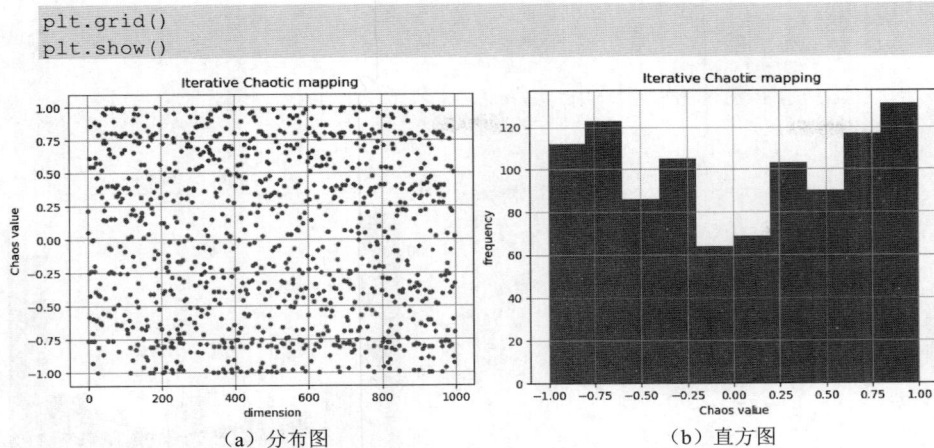

图 4.9　Iterative 混沌映射绘图（Python）

4.5　Logistic 混沌映射

4.5.1　基本原理

Logistic 混沌映射原理简单，具有较强的随机性和遍历性，是常用的混沌映射之一。混沌映射表达式为

$$x_{i+1} = ax_i(1-x_i) \tag{4.5}$$

其中，a 为控制参数，在(0,4]中取值，a 越大混沌性越高，$a=4$ 时处于完全混沌状态。混沌轨道状态值范围为(0,1)。

4.5.2　代码实现

利用 MATLAB 实现 Logistic 混沌映射并绘制其分布图以及直方图，如图 4.10所示。

```
%% Logistic 混沌映射
x(1)=rand;
a=4;
for i=2:1000
    x(i)=a*x(i-1)*(1-x(i-1));
end
figure
plot(x,'.')
xlabel('维度')
ylabel('混沌值')
title('Logistic 混沌映射')
grid on
figure
```

```
hist(x);
xlabel('混沌值')
ylabel('频数')
title('Logistic 混沌映射')
grid on
```

（a）分布图　　　　　　　　　　　（b）直方图

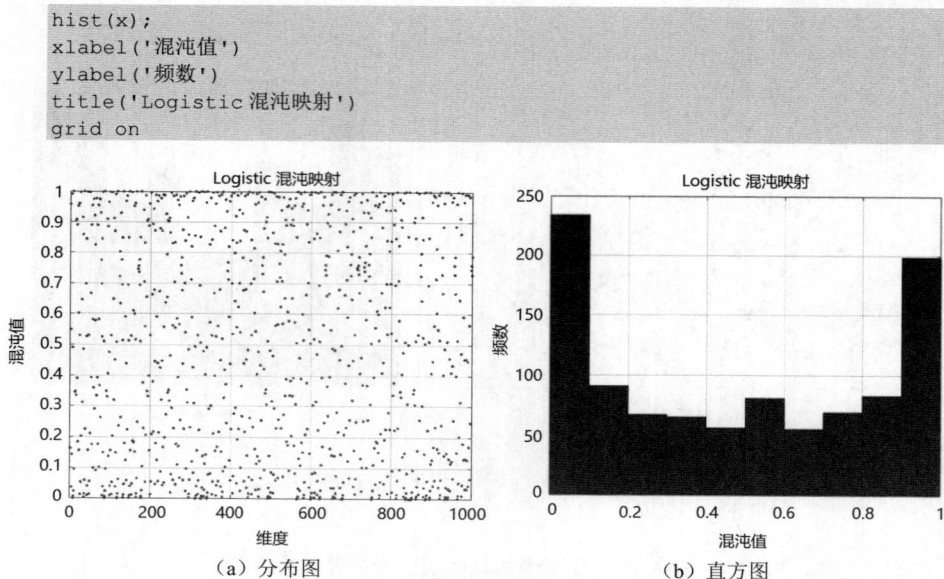

图 4.10　Logistic 混沌映射绘图（MATLAB）

利用 Python 实现 Logistic 混沌映射并绘制其分布图以及直方图，如图 4.11 所示。

```
import numpy as np
from matplotlib import pyplot as plt

''' Logistic 混沌映射'''
x = np.zeros(1000)
a = 4
x[0]=np.random.random();
for i in range(1,1000):
    x[i]=a*x[i-1]*(1-x[i-1])

plt.figure(1)
plt.plot(x,'.')
plt.xlabel('dimension')
plt.ylabel('Chaos value')
plt.title('Logistic Chaotic mapping')
plt.grid()
plt.show()

plt.figure(2)
plt.hist(x);
plt.xlabel('Chaos value')
plt.ylabel('frequency')
plt.title('Logistic Chaotic mapping')
plt.grid()
plt.show()
```

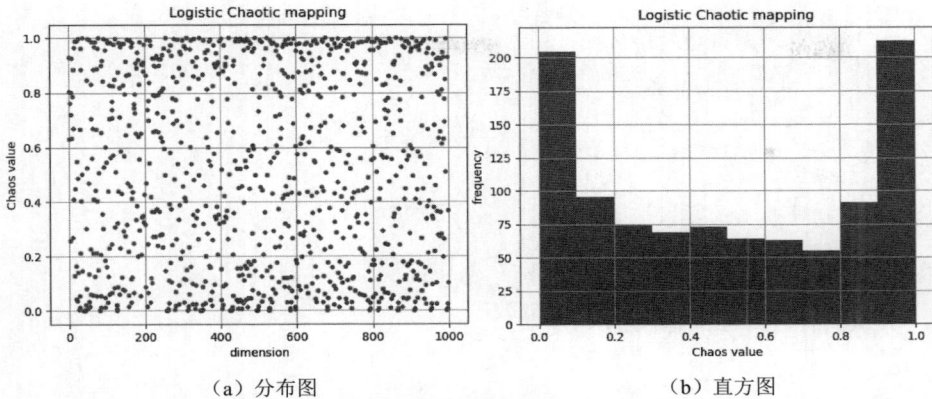

（a）分布图　　　　　　　　　　　　　（b）直方图

图 4.11　Logistic 混沌映射绘图（Python）

4.6　Piecewise 混沌映射

4.6.1　基本原理

Piecewise 混沌映射具有很好的统计性能，是一个分段映射函数。混沌映射公式为

$$x_{i+1} = \begin{cases} \dfrac{x_i}{P} & 0 \leqslant x_i < P \\[2mm] \dfrac{x_i - P}{0.5 - P} & P \leqslant x_i < 0.5 \\[2mm] \dfrac{1 - x_i - P}{0.5 - P} & 0.5 \leqslant x_i < 1 - P \\[2mm] \dfrac{1 - x_i}{P} & 1 - P \leqslant x_i < 1 \end{cases} \tag{4.6}$$

其中，P 在 $[0,0.5]$ 内取值，为一个分段控制因子，用来划分该分段函数的 4 部分函数。一般 $P=0.4$，混沌轨道状态值范围为 $(0,1)$。

4.6.2　代码实现

利用 MATLAB 实现 Piecewise 混沌映射并绘制其分布图以及直方图，如图 4.12 所示。

```
%% Piecewise 混沌映射
x(1)=rand;
P=0.4;
for i=2:1000
    if x(i-1)>=0 && x(i-1)<P
        x(i)=x(i-1)/P;
```

```
        elseif x(i-1)>=P && x(i-1)<0.5
            x(i)=(x(i-1)-P)/(0.5-P);
        elseif x(i-1)>=0.5 && x(i-1)<1-P
            x(i)=(1-P-x(i-1))/(0.5-P);
        elseif x(i-1)>=1-P && x(i-1)<1
            x(i)=(1-x(i-1))/P;
        end
end
figure
plot(x,'.')
xlabel('维度')
ylabel('混沌值')
title('Piecewise 混沌映射')
grid on
figure
hist(x);
xlabel('混沌值')
ylabel('频数')
title('Piecewise 混沌映射')
grid on
```

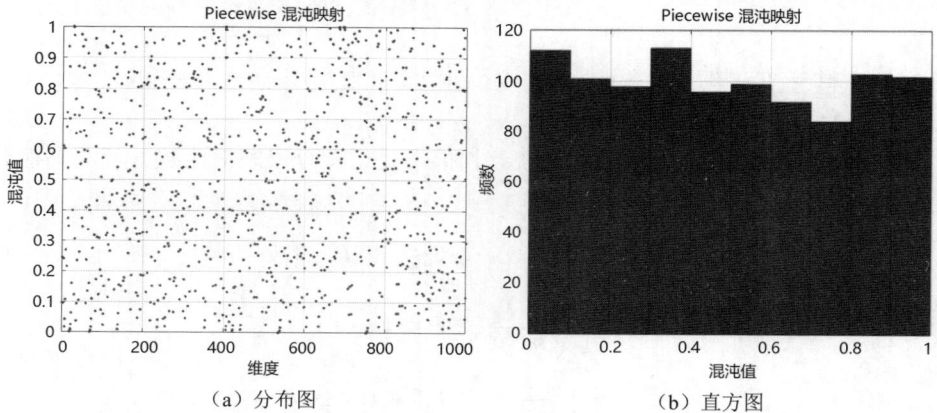

（a）分布图   （b）直方图

图 4.12　Piecewise 混沌映射绘图（MATLAB）

利用 Python 实现 Piecewise 混沌映射并绘制其分布图以及直方图，如图 4.13 所示。

```
import numpy as np
from matplotlib import pyplot as plt

''' Piecewise 混沌映射'''
x = np.zeros(1000)
P = 0.4
x[0]=np.random.random();
for i in range(1,1000):
    if x[i-1]>=0 and x[i-1]<P:
        x[i]=x[i-1]/P
    elif x[i-1]>=P and x[i-1]<0.5:
        x[i]=(x[i-1]-P)/(0.5-P)
    elif x[i-1]>=0.5 and x[i-1]<1-P:
        x[i]=(1-P-x[i-1])/(0.5-P)
    elif x[i-1]>=1-P and x[i-1]<1:
```

```
             x[i]=(1-x[i-1])/P

plt.figure(1)
plt.plot(x,'.')
plt.xlabel('dimension')
plt.ylabel('Chaos value')
plt.title('Piecewise Chaotic mapping')
plt.grid()
plt.show()

plt.figure(2)
plt.hist(x);
plt.xlabel('Chaos value')
plt.ylabel('frequency')
plt.title('Piecewise Chaotic mapping')
plt.grid()
plt.show()
```

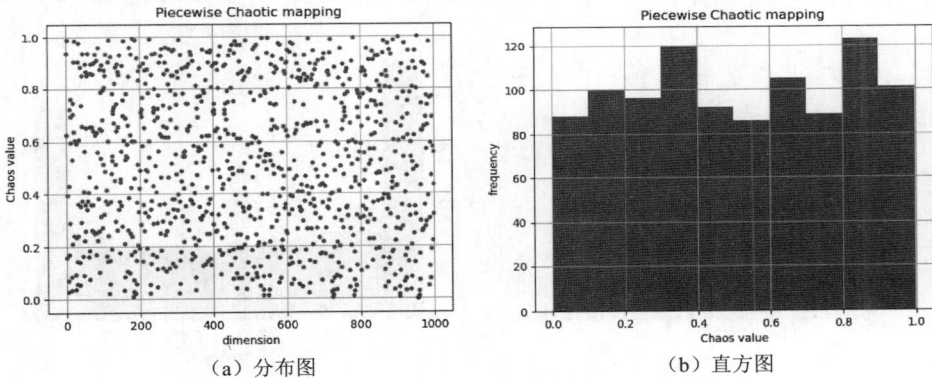

（a）分布图　　　　　　　　　　　　　（b）直方图

图 4.13　Piecewise 混沌映射绘图（Python）

4.7　Sine 混沌映射

4.7.1　基本原理

Sine 混沌映射的表达式为

$$x_{i+1} = \frac{a}{4}\sin(\pi x_i) \tag{4.7}$$

其中，a 为控制参数，一般为 4，混沌轨道状态值范围为(0,1)。

4.7.2　代码实现

利用 MATLAB 实现 Sine 混沌映射并绘制其分布图以及直方图，如图 4.14 所示。

```
%% Sine 混沌映射
```

```matlab
x(1)=rand;
a=4;
for i=2:1000
    x(i)=(a/4)*sin(pi*x(i-1));
end
figure
plot(x,'.')
xlabel('维度')
ylabel('混沌值')
title('Sine 混沌映射')
grid on
figure
hist(x);
xlabel('混沌值')
ylabel('频数')
title('Sine 混沌映射')
grid on
```

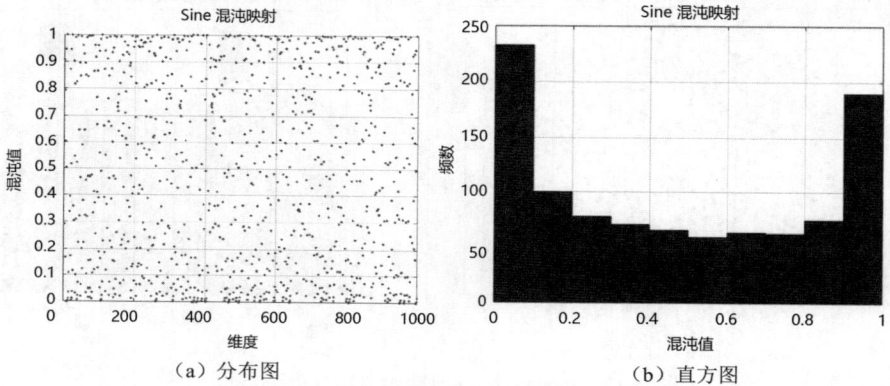

（a）分布图　　　　　　　　　　　（b）直方图

图 4.14　Sine 混沌映射绘图（MATLAB）

利用 Python 实现 Sine 混沌映射并绘制其分布图以及直方图，如图 4.15 所示。

```python
import numpy as np
from matplotlib import pyplot as plt

''' Sine 混沌映射'''
x = np.zeros(1000)
a = 4
x[0]=np.random.random();
for i in range(1,1000):
    x[i]=(a/4)*np.sin(np.pi*x[i-1])

plt.figure(1)
plt.plot(x,'.')
plt.xlabel('dimension')
plt.ylabel('Chaos value')
plt.title('Sine Chaotic mapping')
plt.grid()
plt.show()
```

```
plt.figure(2)
plt.hist(x);
plt.xlabel('Chaos value')
plt.ylabel('frequency')
plt.title('Sine Chaotic mapping')
plt.grid()
plt.show()
```

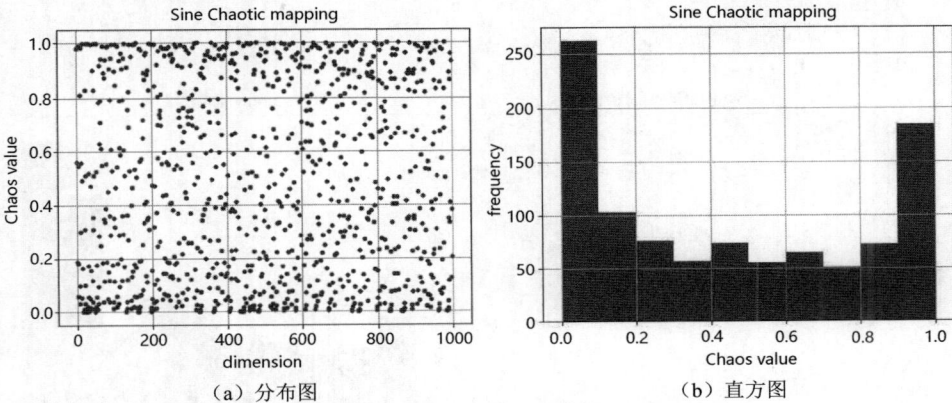

（a）分布图　　　　　　　　　　　　　（b）直方图

图 4.15　Sine 混沌映射绘图（Python）

4.8　Singer 混沌映射

4.8.1　基本原理

Singer 混沌映射是混沌映射的典型代表，它的数学形式很简单。其表达式为

$$x_{i+1} = a\left(7.86x_i - 23.31x_i^2 + 28.75x_i^3 - 13.302875x_i^4\right) \tag{4.8}$$

其中，a 为控制参数，$a \in (0.9, 1.08)$。混沌轨道状态值范围为(0,1)。

4.8.2　代码实现

利用 MATLAB 实现 Singer 混沌映射并绘制其分布图以及直方图，如图 4.16 所示。

```
%% Singer 混沌映射
x(1)=rand;
a=1.07;
for i=2:1000
    x(i)=a*(7.86*x(i-1)-23.31*x(i-1)^2+28.75*x(i-1)^3-13.302875*x(i-
1)^4);
end
figure
```

```
plot(x,'.')
xlabel('维度')
ylabel('混沌值')
title('Singer 混沌映射')
grid on
figure
hist(x);
xlabel('混沌值')
ylabel('频数')
title('Singer 混沌映射')
grid on
```

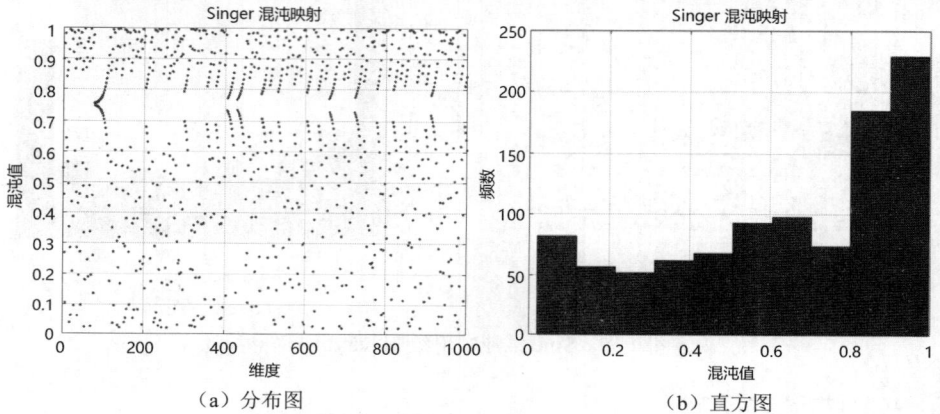

（a）分布图　　　　　　　　　　（b）直方图

图 4.16　Singer 混沌映射绘图（MATLAB）

利用 Python 实现 Singer 混沌映射并绘制其分布图以及直方图，如图 4.17 所示。

```
import numpy as np
from matplotlib import pyplot as plt

''' Singer 混沌映射'''
x = np.zeros(1000)
a = 1.07
x[0]=np.random.random();
for i in range(1,1000):
    x[i]=a*(7.86*x[i-1]-23.31*x[i-1]**2+28.75*x[i-1]**3-13.302875*x[i-1]**4)

plt.figure(1)
plt.plot(x,'.')
plt.xlabel('dimension')
plt.ylabel('Chaos value')
plt.title('Singer Chaotic mapping')
plt.grid()
plt.show()

plt.figure(2)
plt.hist(x);
plt.xlabel('Chaos value')
```

```
plt.ylabel('frequency')
plt.title('Singer Chaotic mapping')
plt.grid()
plt.show()
```

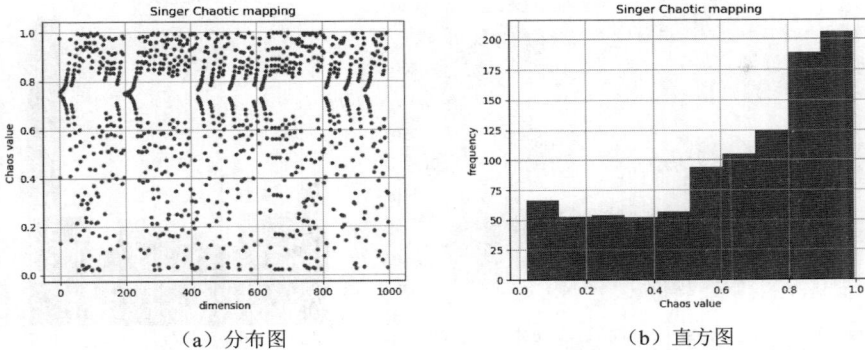

（a）分布图　　　　　　　　　　（b）直方图

图 4.17　Singer 混沌映射绘图（Python）

4.9　Sinusoidal 混沌映射

4.9.1　基本原理

Sinusoidal 混沌映射的数学表达式为

$$x_{i+1} = ax_i^2 \sin(\pi x_i) \tag{4.9}$$

其中，a 为控制参数，通常为 2.3，x_0=0.7。混沌轨道状态值范围为(0,1)。

4.9.2　代码实现

利用 MATLAB 实现 Sinusoidal 混沌映射并绘制其分布图以及直方图，如图 4.18 所示。

```
%% Sinusoidal 混沌映射
x(1)=0.7;
a=2.3;
for i=2:1000
    x(i)=a*x(i-1)^2*sin(pi*x(i-1));
end
figure
plot(x,'.')
xlabel('维度')
ylabel('混沌值')
title('Sinusoidal 混沌映射')
grid on
figure
hist(x);
```

```
xlabel('混沌值')
ylabel('频数')
title('Sinusoidal 混沌映射')
grid on
```

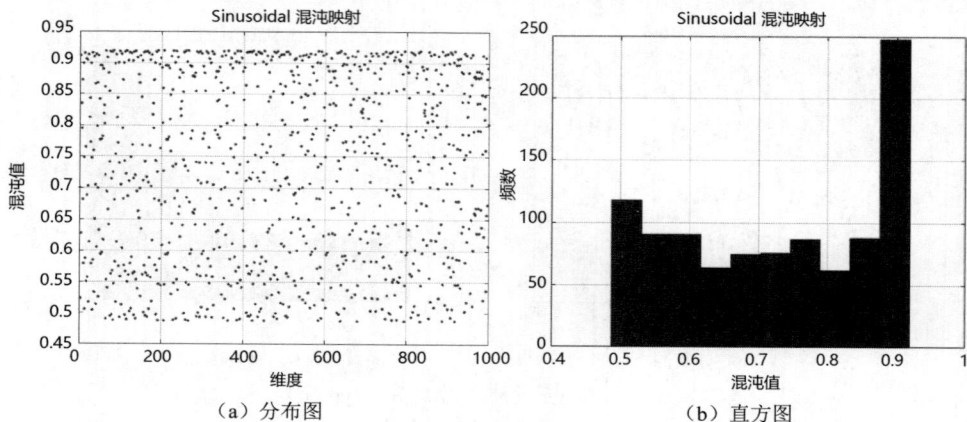

(a) 分布图　　　　　　　　　(b) 直方图

图 4.18　Sinusoidal 混沌映射绘图（MATLAB）

利用 Python 实现 Sinusoidal 混沌映射并绘制其分布图以及直方图，如图 4.19 所示。

```python
import numpy as np
from matplotlib import pyplot as plt

''' Sinusoidal 混沌映射'''
x = np.zeros(1000)
a = 2.3
x[0]=0.7;
for i in range(1,1000):
    x[i]=a*x[i-1]**2*np.sin(np.pi*x[i-1])

plt.figure(1)
plt.plot(x,'.')
plt.xlabel('dimension')
plt.ylabel('Chaos value')
plt.title('Sinusoidal Chaotic mapping')
plt.grid()
plt.show()

plt.figure(2)
plt.hist(x);
plt.xlabel('Chaos value')
plt.ylabel('frequency')
plt.title('Sinusoidal Chaotic mapping')
plt.grid()
plt.show()
```

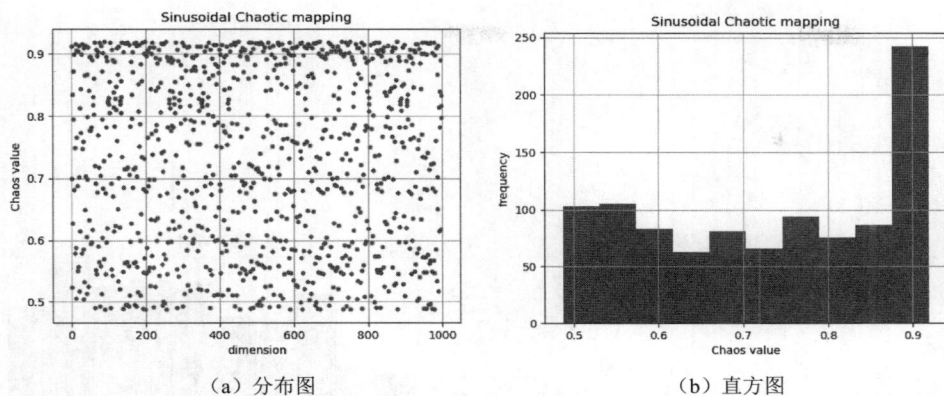

（a）分布图　　　　　　　　　　　　　　（b）直方图

图 4.19　Sinusoidal 混沌映射绘图（Python）

4.10　Tent 混沌映射

4.10.1　基本原理

Tent 混沌映射又称为帐篷映射，其数学表达式为

$$x_{i+1} = \begin{cases} \dfrac{x_i}{a} & x_i < a \\[2mm] \dfrac{1-x_i}{1-a} & x \geqslant a \end{cases} \tag{4.10}$$

其中，a 为控制参数，$a \in (0,1)$，当 $a=0.5$ 时，系统呈现短周期状态。当系统初值与 a 相同时，系统将演化成周期系统。因此，读者在使用时需要注意以上两种特殊情况。混沌轨道状态值范围为$(0,1)$。

4.10.2　代码实现

利用 MATLAB 实现 Tent 混沌映射并绘制其分布图以及直方图，如图 4.20 所示。

```
%% Tent 混沌映射
x(1)=rand;
a=0.7;
for i=2:1000
    if x(i-1)<a
        x(i)=x(i-1)/a;
    else
        x(i)=(1-x(i-1))/(1-a);
    end
end
figure
plot(x,'.')
xlabel('维度')
ylabel('混沌值')
```

```
title('Tent 混沌映射')
grid on
figure
hist(x);
xlabel('混沌值')
ylabel('频数')
title('Tent 混沌映射')
grid on
```

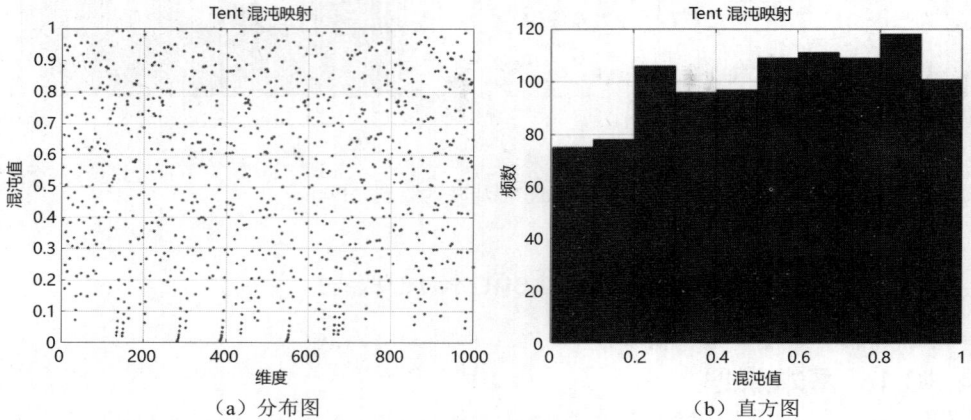

（a）分布图　　　　　　　　　　　　　（b）直方图

图 4.20　Tent 混沌映射绘图（MATLAB）

利用 Python 实现 Tent 混沌映射并绘制其分布图以及直方图，如图 4.21 所示。

```
import numpy as np
from matplotlib import pyplot as plt

''' Tent 混沌映射'''
x = np.zeros(1000)
a = 0.7
x[0]=np.random.random();
for i in range(1,1000):
        if x[i-1]<a:
                x[i]=x[i-1]/a
        else:
                x[i]=(1-x[i-1])/(1-a)
plt.figure(1)
plt.plot(x,'.')
plt.xlabel('dimension')
plt.ylabel('Chaos value')
plt.title('Tent Chaotic mapping')
plt.grid()
plt.show()

plt.figure(2)
plt.hist(x);
plt.xlabel('Chaos value')
plt.ylabel('frequency')
plt.title('Tent Chaotic mapping')
plt.grid()
plt.show()
```

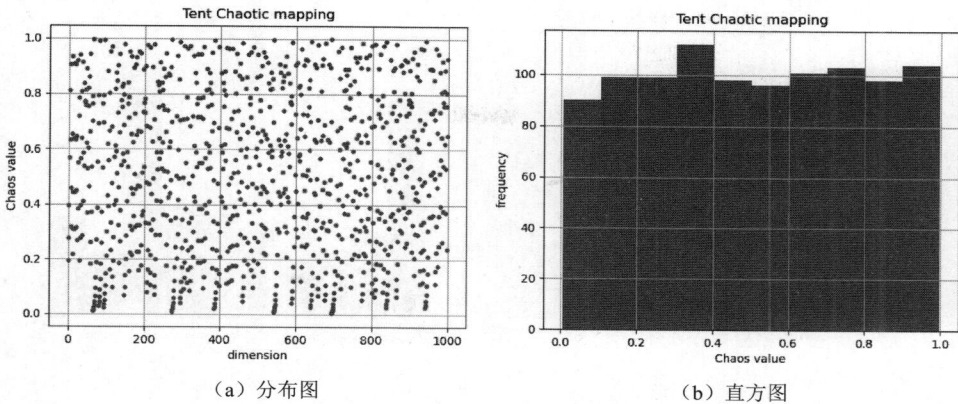

（a）分布图　　　　　　　　　　（b）直方图

图 4.21　Tent 混沌映射绘图（Python）

4.11　Fuch 混沌映射

4.11.1　基本原理

Fuch 混沌映射的数学表达式为

$$x_{i+1} = \cos\left(\frac{1}{x_i^2}\right) \tag{4.11}$$

混沌轨道状态值范围为（−1,1）。

4.11.2　代码实现

利用 MATLAB 实现 Fuch 混沌映射并绘制其分布图以及直方图，如图 4.22 所示。

```
%% Fuch 混沌映射
x(1)=rand;
for i=2:1000
    x(i)=cos(1/x(i-1)^2);
end
figure
plot(x,'.')
xlabel('维度')
ylabel('混沌值')
title('Funch 混沌映射')
grid on
figure
hist(x);
xlabel('混沌值')
ylabel('频数')
title('Fuch 混沌映射')
grid on
```

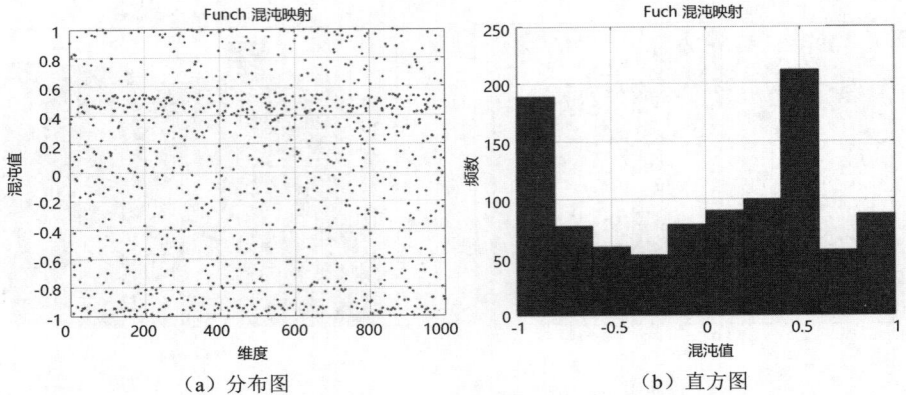

（a）分布图　　　　　　　　　　　　　（b）直方图

图 4.22　Fuch 混沌映射绘图（MATLAB）

利用 Python 实现 Fuch 混沌映射并绘制其分布图以及直方图，如图 4.23 所示。

```python
import numpy as np
from matplotlib import pyplot as plt

''' Funch 混沌映射'''
x = np.zeros(1000)
x[0]=np.random.random();
for i in range(1,1000):
    x[i]=np.cos(1/x[i-1]**2)

plt.figure(1)
plt.plot(x,'.')
plt.xlabel('dimension')
plt.ylabel('Chaos value')
plt.title('Funch Chaotic mapping')
plt.grid()
plt.show()

plt.figure(2)
plt.hist(x);
plt.xlabel('Chaos value')
plt.ylabel('frequency')
plt.title('Funch Chaotic mapping')
plt.grid()
plt.show()
```

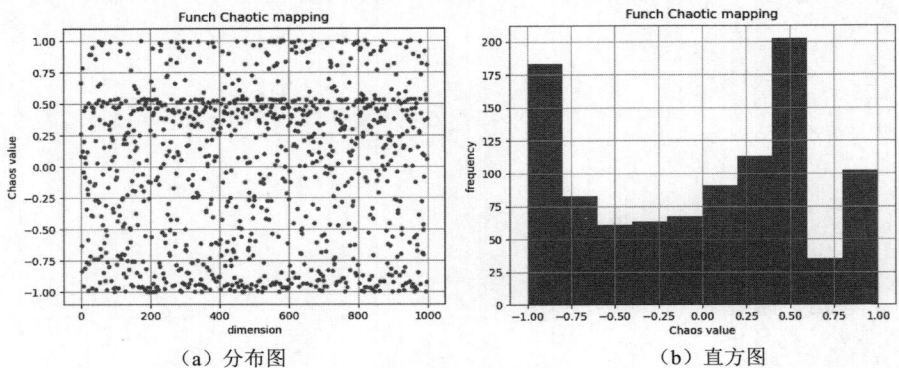

（a）分布图　　　　　　　　　　　　　（b）直方图

图 4.23　Fuch 混沌映射绘图（Python）

4.12　SPM 混沌映射

4.12.1　基本原理

SPM 混沌映射的数学表达式为

$$x_{i+1} = \begin{cases} \mathrm{mode}\left(\dfrac{x_i}{\eta} + \mu\sin(\pi x_i) + r,1\right), 0 \leqslant x_i < \eta \\ \mathrm{mode}\left(\dfrac{x_i/\eta}{0.5-\eta} + \mu\sin(\pi x_i) + r,1\right), \eta \leqslant x_i < 0.5 \\ \mathrm{mode}\left(\dfrac{(1-x_i)/\eta}{0.5-\eta} + \mu\sin(\pi(1-x_i)) + r,1\right), 0.5 \leqslant x_i < 1-\eta \\ \mathrm{mode}\left(\dfrac{(1-x_i)/\eta}{\eta} + \mu\sin(\pi(1-x_i)) + r,1\right), 1-\eta \leqslant x_i < 1 \end{cases} \quad (4.12)$$

其中，r 为 0～1 的随机数。当 $\eta \in (0,1)$ 且 $\mu \in (0,1)$ 时，该函数处于混沌状态。实验表明当 $\eta=0.4$ 且 $\mu=0.3$ 时，SPM 映射产生的序列具有更好的遍历性和随机性。其混沌轨道状态值范围为 $(0,1)$。

4.12.2　代码实现

利用 MATLAB 实现 SPM 混沌映射并绘制其分布图以及直方图，如图 4.24 所示。

```
%% SPM 混沌映射
x(1)=rand;
eta = 0.4;
mu = 0.3;
for i=2:1000
    r=rand;
    if x(i-1)>=0 && x(i-1)<eta
        x(i)=mod(x(i-1)/eta + mu*sin(pi*x(i-1)) + r,1);
    elseif x(i-1)>=eta && x(i-1)<0.5
        x(i)=mod((x(i-1)/eta)/(0.5-eta) + mu*sin(pi*x(i-1))+r, 1);
    elseif x(i-1)>=0.5 && x(i-1)<1-eta
        x(i)=mod( (1-x(i-1)/eta)/(0.5-eta) + mu*sin(pi*(1-x(i-1)))+ r ,1);
    else
        x(i)=mod( (1-x(i-1)/eta)/(eta) + mu*sin(pi*(1-x(i-1)))+ r ,1);
    end
end
figure
plot(x,'.')
xlabel('维度')
ylabel('混沌值')
title('SPM 混沌映射')
```

```
grid on
figure
hist(x);
xlabel('混沌值')
ylabel('频数')
title('SPM 混沌映射')
grid on
```

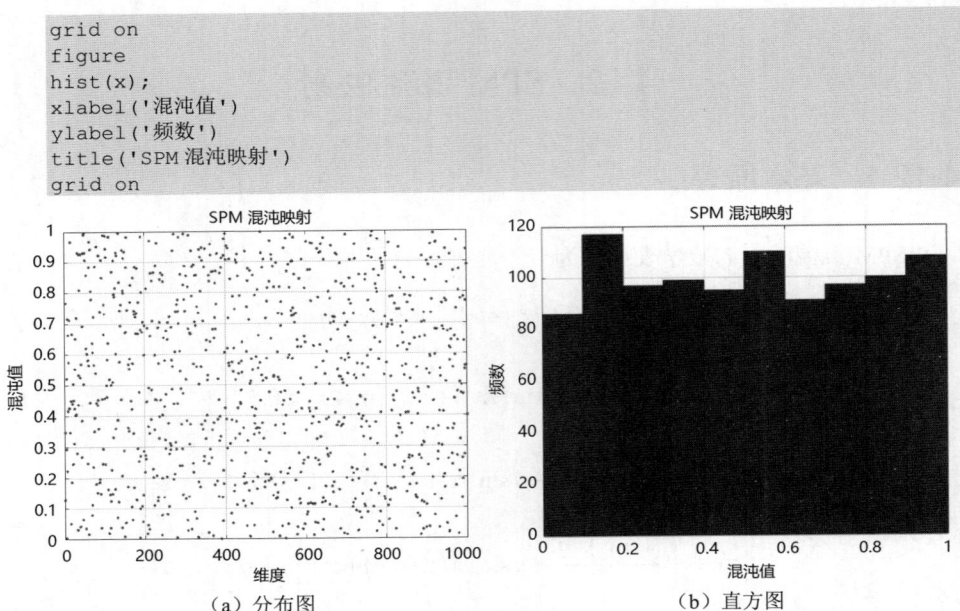

（a）分布图　　　　　　　　　　　　（b）直方图

图 4.24　SPM 混沌映射绘图（MATLAB）

利用 Python 实现 SPM 混沌映射并绘制其分布图以及直方图，如图 4.25 所示。

```python
import numpy as np
from matplotlib import pyplot as plt

'''SPM 混沌映射'''
x = np.zeros(1000)
x[0]=np.random.random()
eta = 0.4
mu = 0.3
pi = np.pi
for i in range(1,1000):
        r = np.random.random()
        if x[i-1]>=0 and x[i-1]<eta:
                x[i]=np.mod(x[i-1]/eta + mu*np.sin(pi*x[i-1]) + r,1)
        elif x[i-1]>=eta and x[i-1]<0.5:
                x[i]=np.mod((x[i-1]/eta)/(0.5-eta) + mu*np.sin(pi*x[i-1])+r, 1)
        elif x[i-1]>=0.5 and x[i-1]<1-eta:
                x[i]=np.mod((1-x[i-1]/eta)/(0.5-eta)+mu*np.sin(pi*(1-x[i-1]))+r,1)
        else:
                x[i]=np.mod((1-x[i-1]/eta)/(eta)+mu*np.sin(pi*(1-x[i-1]))+r,1)

plt.figure(1)
plt.plot(x,'.')
plt.xlabel('dimension')
plt.ylabel('Chaos value')
plt.title('SPM Chaotic mapping')
plt.grid()
plt.show()

plt.figure(2)
plt.hist(x);
```

```
plt.xlabel('Chaos value')
plt.ylabel('frequency')
plt.title('SPM Chaotic mapping')
plt.grid()
plt.show()
```

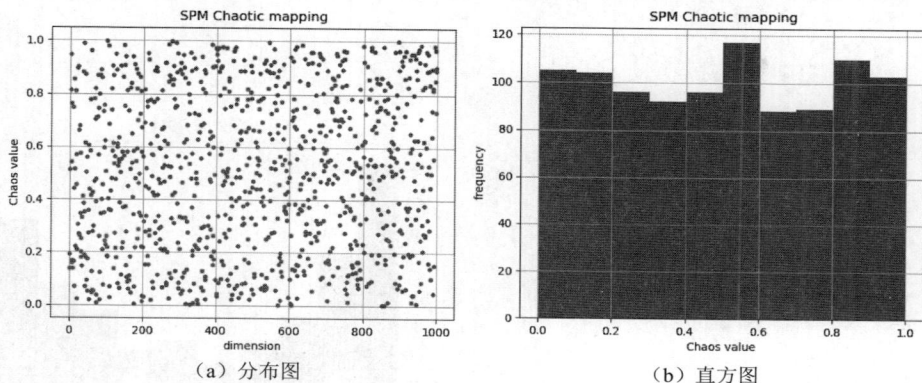

（a）分布图　　　　　　（b）直方图

图 4.25　SPM 混沌映射绘图（Python）

4.13　ICMIC 混沌映射

4.13.1　基本原理

ICMIC 混沌映射是一种映射折叠次数无限的混沌模型，相较于 Logistic 混沌映射和 Tent 混沌映射，该映射具有遍历均匀和收敛较快等优点。ICMIC 混沌映射的数学表达式为

$$x_{i+1} = \sin\left(\frac{a}{x_i}\right) \tag{4.13}$$

其中，a 为控制参数，取值为 $(0,+\infty)$。其混沌轨道状态值范围为 $(-1,1)$。

4.13.2　代码实现

利用 MATLAB 实现 ICMIC 混沌映射并绘制其分布图以及直方图，如图 4.26 所示。

```
%% ICMIC 混沌映射
x(1)=rand;
a = 2;
for i=2:1000
    x(i) = sin(a/x(i-1));
end
figure
plot(x,'.')
xlabel('维度')
```

```
ylabel('混沌值')
title('ICMIC 混沌映射')
grid on
figure
hist(x);
xlabel('混沌值')
ylabel('频数')
title('ICMIC 混沌映射')
grid on
```

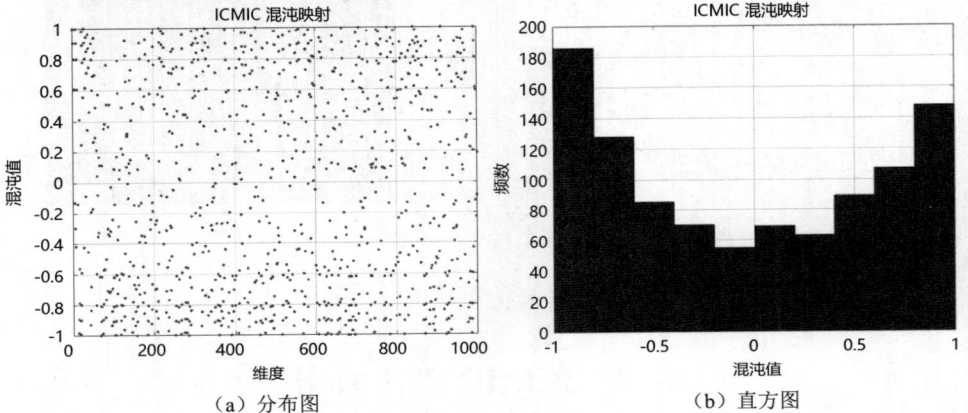

(a) 分布图　　　　　　　　　　　　　　　(b) 直方图

图 4.26　ICMIC 混沌映射绘图（MATLAB）

利用 Python 实现 ICMIC 混沌映射并绘制其分布图以及直方图，如图 4.27 所示。

```
import numpy as np
from matplotlib import pyplot as plt

'''ICMIC 混沌映射'''
x = np.zeros(1000)
x[0]=np.random.random()
a = 2
for i in range(1,1000):
        x[i] = np.sin(a/x[i-1])
plt.figure(1)
plt.plot(x,'.')
plt.xlabel('dimension')
plt.ylabel('Chaos value')
plt.title('ICMIC Chaotic mapping')
plt.grid()
plt.show()

plt.figure(2)
plt.hist(x);
plt.xlabel('Chaos value')
plt.ylabel('frequency')
plt.title('ICMIC Chaotic mapping')
plt.grid()
plt.show()
```

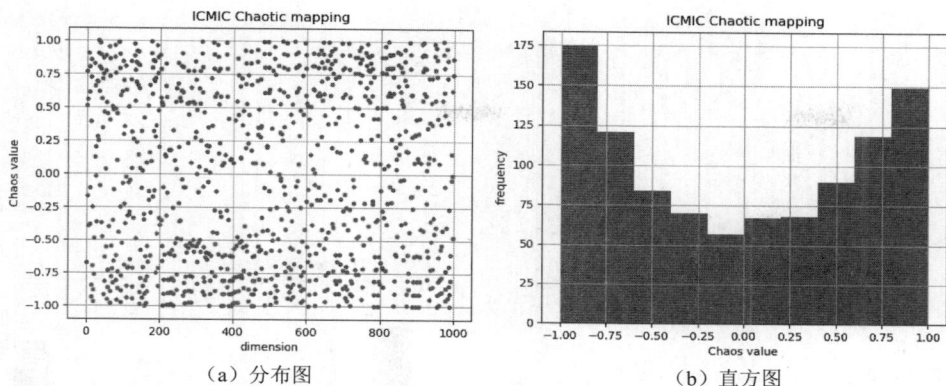

（a）分布图　　　　　　　　　　（b）直方图

图 4.27　ICMIC 混沌映射绘图（Python）

4.14　Tent-Logistic-Cosine 混沌映射

4.14.1　基本原理

组合运算可以有效地对两个种子映射的混沌动力学进行集合，余弦变换表现出非常复杂的非线性。因此，Tent-Logistic-Cosine 产生的新的混沌映射具有复杂的行为。

$$x(i+1) = \begin{cases} \cos(\pi(2rx(i) + 4(1-r)x(i)(1-x(i)) - 0.5)), & \text{如果} x(i) < 0.5 \\ \cos(\pi(2r(1-x(i)) + 4(1-r)x(i)(1-x(i)) - 0.5)), & \text{其他} \end{cases}, r \in [0,1]$$

（4.14）

其中，r 为 0 或 1，其混沌轨道状态值范围为 (0,1)。

4.14.2　代码实现

利用 MATLAB 实现 Tent-Logistic-Cosine 混沌映射并绘制其分布图以及直方图，如图 4.28 所示。

```
%% Tent-Logistic-Cosine 混沌映射
x(1)=rand;
for i=2:1000
    r = rand>0.5;
    if x(i-1)<0.5
        x(i) = cos(pi*(2*r*x(i-1)+4*(1-r)*x(i-1)*(1-x(i-1))-0.5));
    else
        x(i) = cos(pi*(2*r*(1-x(i-1))+4*(1-r)*x(i-1)*(1-x(i-1))-0.5)) ;
    end
end
figure
plot(x,'.')
xlabel('维度')
```

```
ylabel('混沌值')
title('Tent-Logistic-Cosine 混沌映射')
grid on
figure
hist(x);
xlabel('混沌值')
ylabel('频数')
title('Tent-Logistic-Cosine 混沌映射')
grid on
```

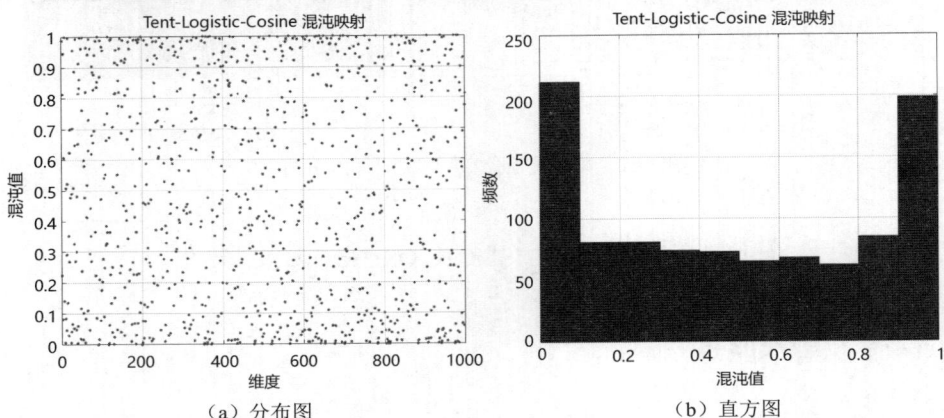

（a）分布图　　　　　　　　　　　　　（b）直方图

图 4.28　Tent-Logistic-Cosine 混沌映射绘图（MATLAB）

利用 Python 实现 Tent-Logistic-Cosine 混沌映射并绘制其分布图以及直方图，如图 4.29 所示。

```
import numpy as np
from matplotlib import pyplot as plt

'''Tent-Logistic-Cosine 混沌映射'''
x = np.zeros(1000)
x[0]=np.random.random()
pi = np.pi
for i in range(1,1000):
    r = np.random.random()>0.5
    if x[i-1]<0.5:
        x[i] = np.cos(pi*(2*r*x[i-1]+4*(1-r)*x[i-1]*(1-x[i-1])-0.5))
    else:
        x[i] = np.cos(pi*(2*r*(1-x[i-1])+4*(1-r)*x[i-1]*(1-x[i-1])-
0.5))
plt.figure(1)
plt.plot(x,'.')
plt.xlabel('dimension')
plt.ylabel('Chaos value')
plt.title('Tent-Logistic-Cosine Chaotic mapping')
plt.grid()
plt.show()

plt.figure(2)
```

```
plt.hist(x);
plt.xlabel('Chaos value')
plt.ylabel('frequency')
plt.title('Tent-Logistic-Cosine Chaotic mapping')
plt.grid()
plt.show()
```

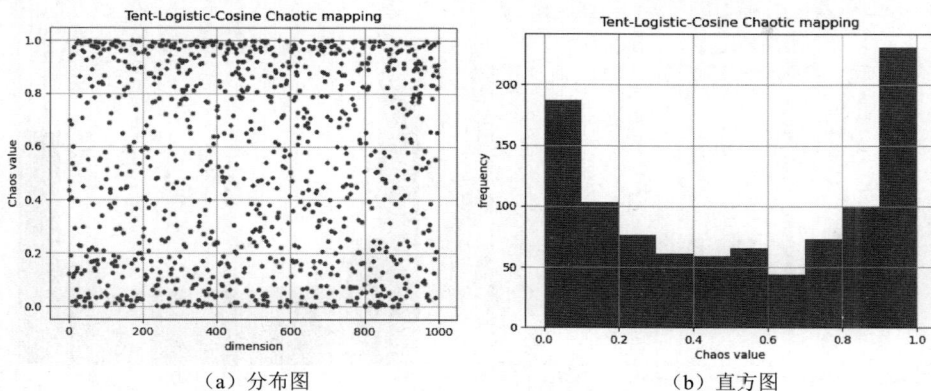

（a）分布图　　　　　　　　　　　　　（b）直方图

图 4.29　Tent-Logistic-Cosine 混沌映射绘图（Python）

4.15　Logistic-Sine-Cosine 混沌映射

4.15.1　基本原理

Logistic-Sine-Cosine 混沌映射同样是组合混沌映射，表达式为

$$x_{i+1} = \cos\left(\pi\left(4rx_i\left(1-x_i\right)+\left(1-r\right)\sin\left(\pi x_i\right)-0.5\right)\right), r \in [0,1] \tag{4.15}$$

其中，r 为 0 或 1。其混沌轨道状态值范围为（0,1）。

4.15.2　代码实现

利用 MATLAB 实现 Logistic-Sine-Cosine 混沌映射并绘制其分布图以及直方图，如图 4.30 所示。

```
%% Logistic-Sine-Cosine 混沌映射
x(1)=rand;
for i=2:1000
    r = rand>0.5;
    x(i) = cos(pi*(4*r*x(i-1)*(1-x(i-1))+(1-r)*sin(pi*x(i-1))-0.5));
end
figure
plot(x,'.')
xlabel('维度')
ylabel('混沌值')
title('Logistic-Sine-Cosine 混沌映射')
```

```
grid on
figure
hist(x);
xlabel('混沌值')
ylabel('频数')
title('Logistic-Sine-Cosine 混沌映射')
grid on
```

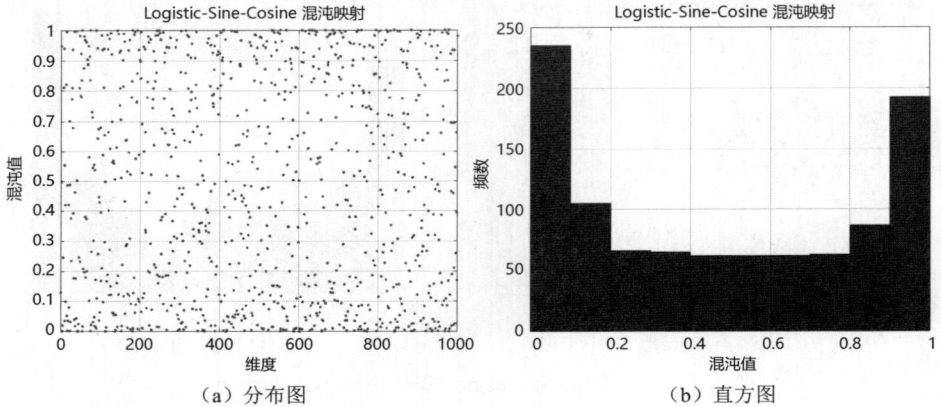

（a）分布图 （b）直方图

图 4.30　Logistic-Sine-Cosine 混沌映射绘图（MATLAB）

利用 Python 实现 Logistic-Sine-Cosine 混沌映射并绘制其分布图以及直方图，如图 4.31 所示。

```
import numpy as np
from matplotlib import pyplot as plt

'''Logistic-Sine-Cosine 混沌映射'''
x = np.zeros(1000)
x[0]=np.random.random()
pi = np.pi
for i in range(1,1000):
    r = np.random.random()>0.5
    x[i] = np.cos(pi*(4*r*x[i-1]*(1-x[i-1])+(1-r)*np.sin(pi*x[i-1])-0.5))
plt.figure(1)
plt.plot(x,'.')
plt.xlabel('dimension')
plt.ylabel('Chaos value')
plt.title('Logistic-Sine-Cosine Chaotic mapping')
plt.grid()
plt.show()

plt.figure(2)
plt.hist(x);
plt.xlabel('Chaos value')
plt.ylabel('frequency')
plt.title('Logistic-Sine-Cosine Chaotic mapping')
plt.grid()
plt.show()
```

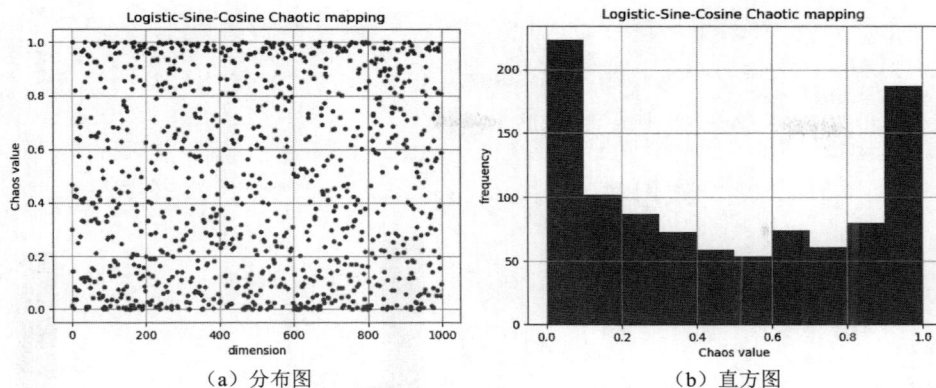

（a）分布图 （b）直方图

图 4.31 Logistic-Sine-Cosine 混沌映射绘图（Python）

4.16 Sine-Tent-Cosine 混沌映射

4.16.1 基本原理

Sine-Tent-Cosine 混沌映射同样是组合混沌映射，表达式为

$$x(i+1) = \begin{cases} \cos(\pi(r\sin(\pi x(i)) + 2(1-r)x(i) - 0.5)), & \text{如果} x(i) < 0.5 \\ \cos(\pi(r\sin(\pi x(i)) + 2(1-r)(1-x(i)) - 0.5)), & \text{其他} \end{cases}, r \in [0,1]$$

（4.16）

其中，r 为 0 或 1。其混沌轨道状态值范围为(0,1)。

4.16.2 代码实现

利用 MATLAB 实现 Sine-Tent-Cosine 混沌映射并绘制其分布图以及直方图，如图 4.32 所示。

```
%% Sine-Tent-Cosine 混沌映射
x(1)=rand;
for i=2:1000
  r = rand>0.5;
if x(i-1)<0.5
        x(i) = cos(pi*(r*sin(pi*x(i-1))+2*(1-r)*x(i-1)-0.5));
else
        x(i) = cos(pi*(r*sin(pi*x(i-1))+2*(1-r)*(1-x(i-1))-0.5));
end
end
figure
plot(x,'.')
xlabel('维度')
ylabel('混沌值')
title('Sine-Tent-Cosine 混沌映射')
grid on
```

```
figure
hist(x);
xlabel('混沌值')
ylabel('频数')
title('Sine-Tent-Cosine 混沌映射')
grid on
```

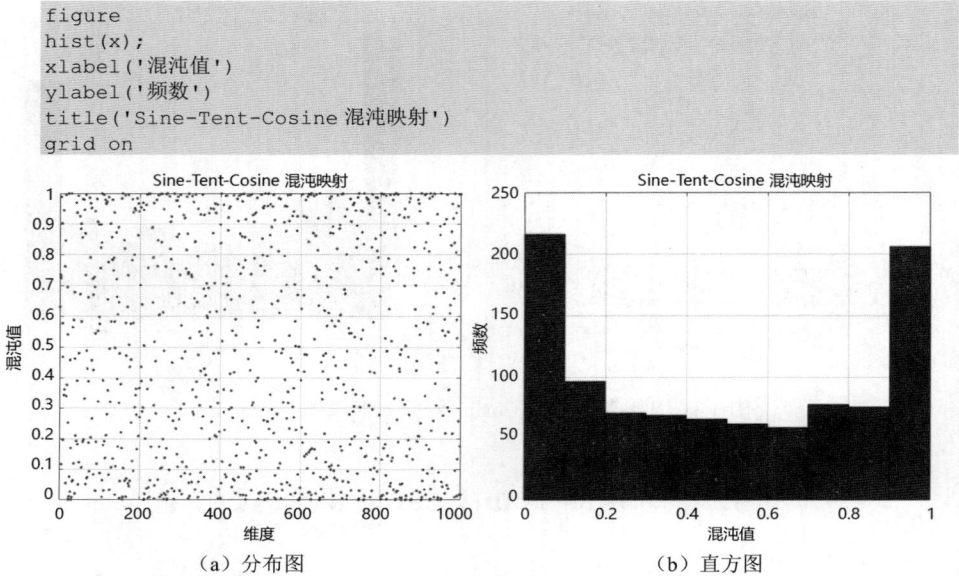

（a）分布图　　　　　　　　　（b）直方图

图 4.32　Sine-Tent-Cosine 混沌映射绘图（MATLAB）

利用 Python 实现 Sine-Tent-Cosine 混沌映射并绘制其分布图以及直方图，如图 4.33 所示。

```
import numpy as np
from matplotlib import pyplot as plt

'''Sine-Tent-Cosine 混沌映射'''
x = np.zeros(1000)
x[0]=np.random.random()
pi = np.pi
for i in range(1,1000):
    r = np.random.random()>0.5
    if x[i-1]<0.5:
        x[i] = np.cos(pi*(r*np.sin(pi*x[i-1])+2*(1-r)*x[i-1]-0.5))
    else:
        x[i] = np.cos(pi*(r*np.sin(pi*x[i-1])+2*(1-r)*(1-x[i-1])-0.5))
plt.figure(1)
plt.plot(x,'.')
plt.xlabel('dimension')
plt.ylabel('Chaos value')
plt.title('Sine-Tent-Cosine Chaotic mapping')
plt.grid()
plt.show()

plt.figure(2)
plt.hist(x);
plt.xlabel('Chaos value')
plt.ylabel('frequency')
plt.title('Sine-Tent-Cosine Chaotic mapping')
plt.grid()
plt.show()
```

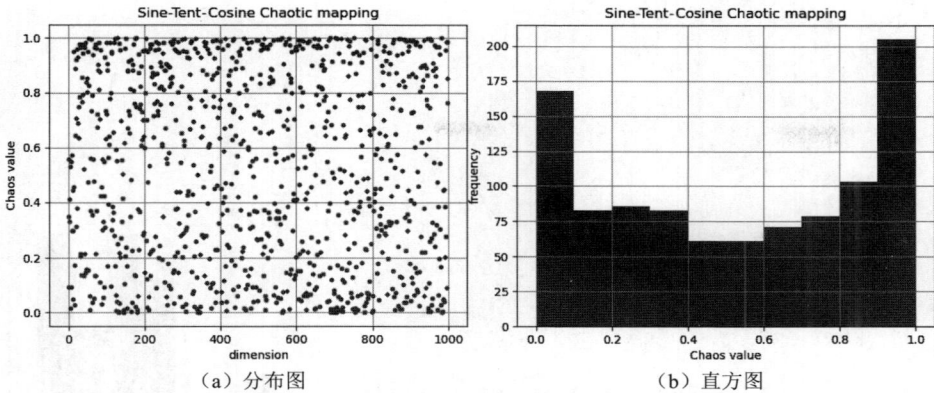

（a）分布图　　　　　　　　　　　　　　　（b）直方图

图 4.33　Sine-Tent-Cosine 混沌映射绘图（Python）

4.17　Henon 混沌映射

4.17.1　基本原理

Henon 混沌映射在二维空间产生，是一种典型的离散混沌映射，其动力学公式为

$$x_{i+1} = 1 + y_i - a * x_i^2$$
$$y_{i+1} = b * x_i$$

（4.17）

其中，a 和 b 参数决定 Henon 映射的状态。研究结果表明：当 a=1.4，b=0.3 时，函数进入混沌状态，生成的混沌序列具有很强的随机性。其混沌轨道状态值范围为（−1.5,1.5）。

4.17.2　代码实现

利用 MATLAB 实现 Henon 混沌映射并绘制其分布图以及直方图，如图 4.34 所示。

```
%% Henon 混沌映射
x(1)=rand;
y(1)=rand;
a=1.4;
b=0.3;
for i=2:2000
    %Henon
    x(i)=1+y(i-1)-a*x(i-1)^2;
    y(i)=b*x(i-1);
end
figure
plot(x,'.')
xlabel('维度')
ylabel('混沌值')
title(' Henon 混沌映射')
```

```
grid on
figure
hist(x);
xlabel('混沌值')
ylabel('频数')
title(' Henon 混沌映射')
grid on
```

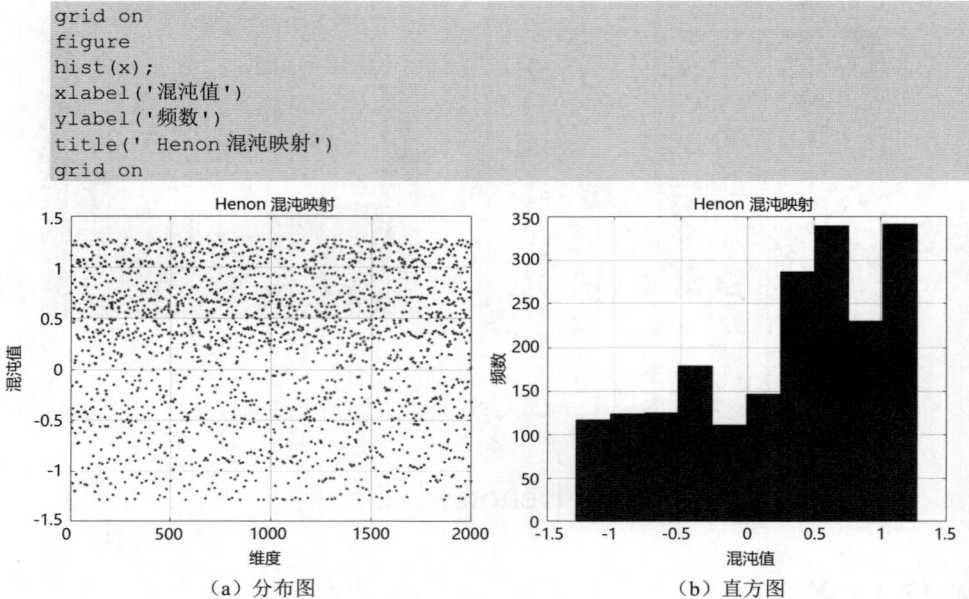

（a）分布图   （b）直方图

图 4.34　Henon 混沌映射绘图（MATLAB）

利用 Python 实现 Henon 混沌映射并绘制其分布图以及直方图，如图 4.35 所示。

```python
import numpy as np
from matplotlib import pyplot as plt

''' Henon 混沌映射'''
x = np.zeros(1000)
y = np.zeros(1000)
x[0]=np.random.random()
y[0]=np.random.random()
a=1.4
b=0.3
for i in range(1,1000):
    x[i]=1+y[i-1]-a*x[i-1]**2
    y[i]=b*x[i-1]

plt.figure(1)
plt.plot(x,'.')
plt.xlabel('dimension')
plt.ylabel('Chaos value')
plt.title('Henon Chaotic mapping')
plt.grid()
plt.show()

plt.figure(2)
plt.hist(x);
plt.xlabel('Chaos value')
plt.ylabel('frequency')
plt.title('Henon Chaotic mapping')
plt.grid()
plt.show()
```

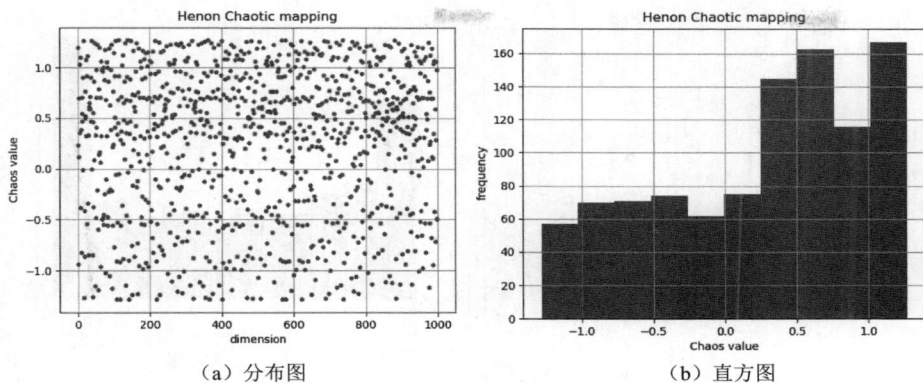

(a) 分布图　　　　　　　　　　　　　(b) 直方图

图 4.35　Henon 混沌映射绘图（Python）

4.18　Cubic 混沌映射

4.18.1　基本原理

Cubic 混沌映射公式为

$$x_{i+1} = ax_i\left(1 - x_i^2\right) \tag{4.18}$$

取 a=2.595 的混沌参数，Cubic 混沌映射在(0.1)之间具有较好的遍历性。

4.18.2　代码实现

利用 MATLAB 实现 Cubic 混沌映射并绘制其分布图以及直方图，如图 4.36 所示。

```
%% Cubic 混沌映射
x(1)=rand;
a=2.595;
for i=2:2000
    x(i)=a*x(i-1)*(1-x(i-1)^2);
end
figure
plot(x,'.')
xlabel('维度')
ylabel('混沌值')
title(' Cubic 混沌映射')
grid on
figure
hist(x);
xlabel('混沌值')
ylabel('频数')
title(' Cubic 混沌映射')
grid on
```

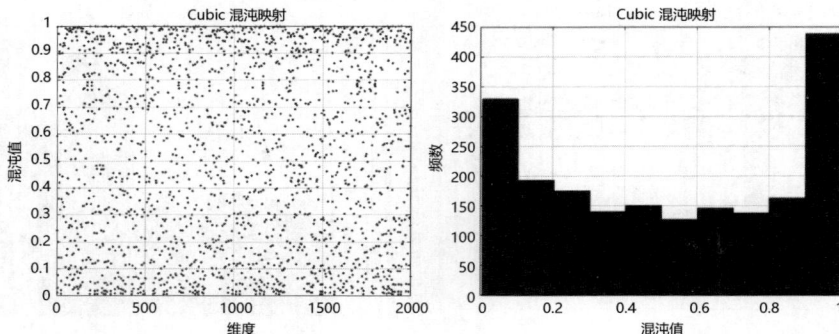

（a）分布图　　　　　　　　　　（b）直方图

图 4.36　Cubic 混沌映射绘图（MATLAB）

利用 Python 实现 Cubic 混沌映射并绘制其分布图以及直方图，如图 4.37 所示。

```python
import numpy as np
from matplotlib import pyplot as plt

''' Cubic 混沌映射'''
x = np.zeros(1000)
x[0]=np.random.random()
a=2.595
for i in range(1,1000):
    x[i]=a*x[i-1]*(1-x[i-1]**2)

plt.figure(1)
plt.plot(x,'.')
plt.xlabel('dimension')
plt.ylabel('Chaos value')
plt.title('Cubic Chaotic mapping')
plt.grid()
plt.show()

plt.figure(2)
plt.hist(x);
plt.xlabel('Chaos value')
plt.ylabel('frequency')
plt.title('Cubic Chaotic mapping')
plt.grid()
plt.show()
```

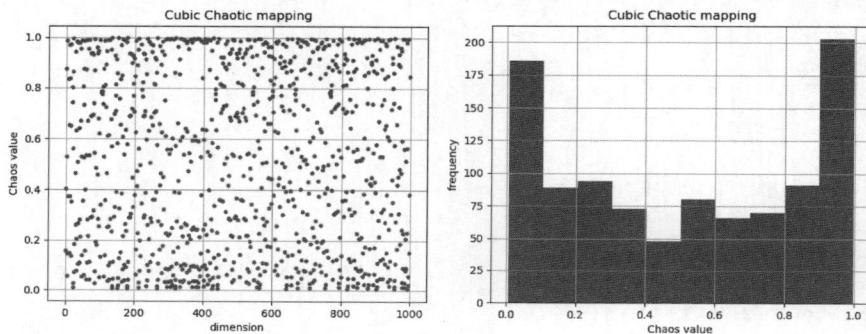

（a）分布图　　　　　　　　　　（b）直方图

图 4.37　Cubic 混沌映射绘图（Python）

4.19　Logistic-Tent 混沌映射

4.19.1　基本原理

将经典一维 Logistic 系统、Tent 混沌系统进行集成而生成 Logistic-Tent 复合混沌系统。该混沌系统融合了 Logistic 复杂的混沌动力学特性和 Tent 混沌系统更快的迭代速度、更多的自相关性和适用于大量序列的特点。它的数学公式为

$$x(i+1)=\begin{cases}\text{mod}\big(\big(rx_i(1-x_i)+(4-r)x_i/2\big),1\big),x_i<0.5\\\text{mod}\big(\big(rx_i(1-x_i)+(4-r)(1-x_i)/2\big),1\big),x_i\geqslant0.5\end{cases},r\in(0,4)\qquad(4.19)$$

其混沌轨道状态值范围为(0,1)。

4.19.2　代码实现

利用 MATLAB 实现 Logistic-Tent 混沌映射并绘制其分布图以及直方图，如图 4.38 所示。

```
%% Logistic-Tent 混沌映射
x(1)=rand;
r = 2;
for i=2:2000
  if x(i-1)<0.5
    x(i)=mod(r*x(i-1)*(1-x(i-1))+(4-r)*x(i-1)/2,1);
  else
    x(i)=mod(r*x(i-1)*(1-x(i-1))+(4-r)*(1-x(i-1))/2,1);
  end
end
figure
plot(x,'.')
xlabel('维度')
ylabel('混沌值')
title('Logistic-Tent 混沌映射')
grid on
figure
hist(x);
xlabel('混沌值')
ylabel('频数')
title('Logistic-Tent 混沌映射')
grid on
```

利用 Python 实现 Logistic-Tent 混沌映射并绘制其分布图以及直方图，如图 4.39 所示。

```
import numpy as np
from matplotlib import pyplot as plt

'''Logistic-Tent 混沌映射'''
```

```
x = np.zeros(1000)
x[0]=np.random.random()
r=2
for i in range(1,1000):
if x[i-1]<0.5:
        x[i] = np.mod(r*x[i-1]*(1-x[i-1])+(4-r)*x[i-1]/2,1)
else:
        x[i] = np.mod(r*x[i-1]*(1-x[i-1])+(4-r)*(1-x[i-1])/2,1)

plt.figure(1)
plt.plot(x,'.')
plt.xlabel('dimension')
plt.ylabel('Chaos value')
plt.title(' Logistic-Tent Chaotic mapping')
plt.grid()
plt.show()

plt.figure(2)
plt.hist(x);
plt.xlabel('Chaos value')
plt.ylabel('frequency')
plt.title(' Logistic-Tent Chaotic mapping')
plt.grid()
plt.show()
```

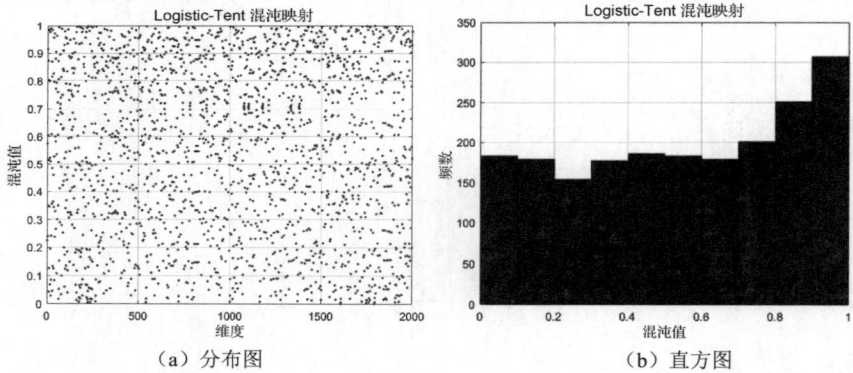

（a）分布图　　　　　　　（b）直方图

图 4.38　Logistic-Tent 混沌映射绘图（MATLAB）

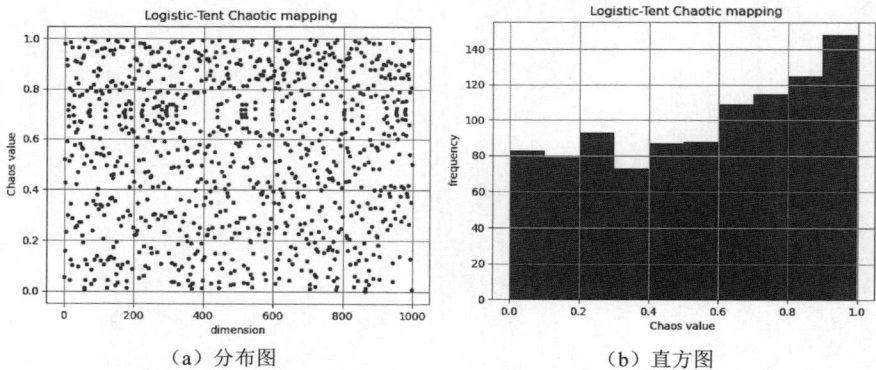

（a）分布图　　　　　　　（b）直方图

图 4.39　Logistic-Tent 混沌映射绘图（Python）

4.20　Bernoulli 混沌映射

4.20.1　基本原理

Bernoulli 映射表达式为

$$x(i+1) = \begin{cases} x_i / (1-a), & x_i \in (0, 1-a] \\ \dfrac{x_i - 1 + a}{a}, & x_i \in (1-a, 1) \end{cases} \tag{4.20}$$

其中，a 为控制参数。其混沌轨道状态值范围为 $(0,1)$。

4.20.2　代码实现

利用 MATLAB 实现 Bernoulli 混沌映射并绘制其分布图以及直方图，如图 4.40 所示。

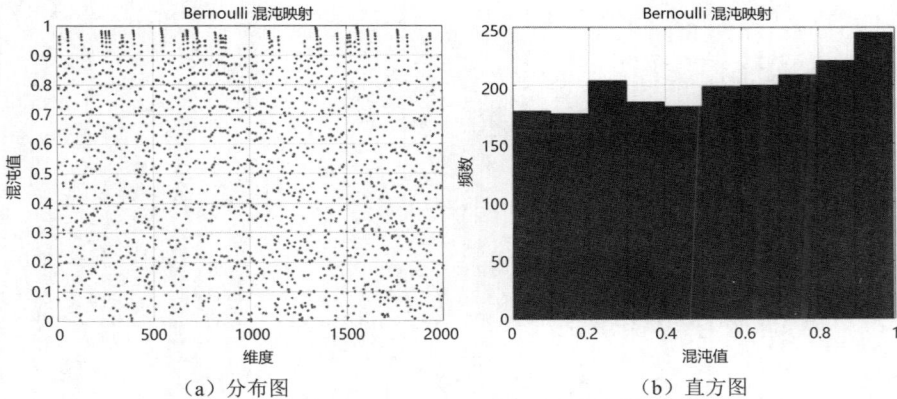

（a）分布图　　　　　　　　　　（b）直方图

图 4.40　Bernoulli 混沌映射绘图（MATLAB）

```
%% Bernoulli 混沌映射
x(1)=rand;
a = 0.77;
for i=2:2000
  if x(i-1)<1-a
    x(i)=x(i-1)/(1-a);
  else
    x(i)=(x(i-1)-1+a)/a;
  end
end
figure
plot(x,'.')
xlabel('维度')
ylabel('混沌值')
title('Bernoulli 混沌映射')
```

```
grid on
figure
hist(x);
xlabel('混沌值')
ylabel('频数')
title('Bernoulli 混沌映射')
grid on
```

利用 Python 实现 Bernoulli 混沌映射并绘制其分布图以及直方图，如图 4.41 所示。

```python
import numpy as np
from matplotlib import pyplot as plt

''' Bernoulli 混沌映射'''
x = np.zeros(1000)
x[0]=np.random.random()
a=0.7
for i in range(1,1000):
if x[i-1]<1-a:
        x[i] = x[i-1]/(1-a)
else:
        x[i] = (x[i-1]-1+a)/a

plt.figure(1)
plt.plot(x,'.')
plt.xlabel('dimension')
plt.ylabel('Chaos value')
plt.title('Bernoulli Chaotic mapping')
plt.grid()
plt.show()

plt.figure(2)
plt.hist(x);
plt.xlabel('Chaos value')
plt.ylabel('frequency')
plt.title('Bernoulli Chaotic mapping')
plt.grid()
plt.show()
```

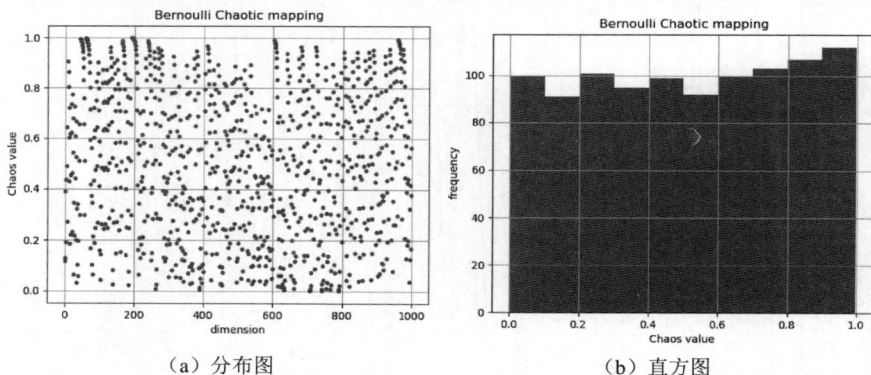

（a）分布图　　　　　　　　　　（b）直方图

图 4.41　Bernoulli 混沌映射绘图（Python）

第 5 章　基于混沌映射理论的算法改进

本章主要介绍如何利用混沌映射理论对智能优化算法进行改进。改进主要包括种群初始化改进、种群内部扰动。

5.1　种群初始化改进

由前述章节可知，种群的初始化一般是随机产生的，不同的初始化结果对种群的寻优有不同的影响。本节以图 5.1 为例进行讲解。

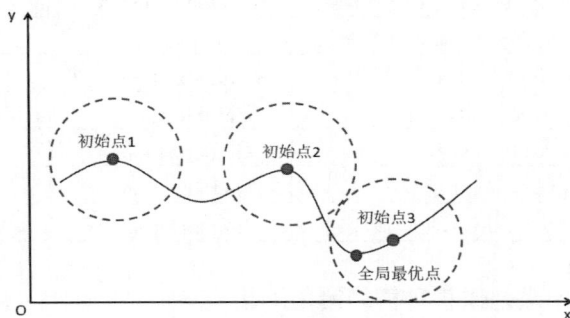

图 5.1　不同初始点的搜索

如图 5.1 所示，寻找一个全局最优点（极小值）。随机初始点有 3 个，假设每个点有一定的搜索范围，很明显，初始点 3 是最容易找到全局最优点的初始点。而初始点 1、2 至少要经过大于 1 次的搜索才有可能找到全局最优点。

在众多的智能优化算法改进中，种群初始化改进是最常见的，利用区别于随机种群的混沌映射方式来改进种群初始化，以求得到一个好的初始种群。

5.1.1　基于混沌映射改进种群初始化的粒子群算法

本节将混沌种群映射引入粒子群算法的初始种群中。将 20 种混沌映射封装成初始种群函数以方便调用。混沌种群初始化函数信息如表 5.1 所示。

表 5.1　混沌种群初始化函数信息

Index	混沌映射名称	MATLAB 函数名称	Python 函数名称
1	Chebyshev 混沌映射	initialization1	initialization1
2	Circle 混沌映射	initialization2	initialization2

续表

Index	混沌映射名称	MATLAB 函数名称	Python 函数名称
3	Gauss 混沌映射	initialization3	initialization3
4	Iterative 混沌映射	initialization4	initialization4
5	Logistic 混沌映射	initialization5	initialization5
6	Piecewise 混沌映射	initialization6	initialization6
7	Sine 混沌映射	initialization7	initialization7
8	Singer 混沌映射	initialization8	initialization8
9	Sinusoidal 混沌映射	initialization9	initialization9
10	Tent 混沌映射	initialization10	initialization10
11	Fuch 混沌映射	initialization11	initialization11
12	SPM 混沌映射	initialization12	initialization12
13	ICMIC 混沌映射	initialization13	initialization13
14	Tent-Logistic-Cosine 混沌映射	initialization14	initialization14
15	Logistic-Sine-Cosine 混沌映射	initialization15	initialization15
16	Sine-Tent-Cosine 混沌映射	initialization16	initialization16
17	Henon 混沌映射	initialization17	initialization17
18	Cubic 混沌映射	initialization18	initialization18
19	Logistic-Tent 混沌映射	initialization19	initialization19
20	Bernoulli 混沌映射	initialization20	initialization20

1. Chebyshev 混沌映射种群初始化函数

Chebyshev 混沌映射种群初始化函数（MATLAB）：

```
%% Chebyshev 混沌映射初始化函数
function X = initialization1(pop,ub,lb,dim)
    %pop: 种群数量
    %dim: 每个粒子群的维度
    %ub: 每个维度的变量上边界，维度为[1,dim]
    %lb: 每个维度的变量下边界，维度为[1,dim]
    %X: 输出的种群，维度[pop,dim]
    X = zeros(pop,dim); %为 X 事先分配空间
r0=rand;
a=4;
    for i = 1:pop
        for j = 1:dim
            R = cos(a.*acos(r0));              %Chebyshev
            X(i,j)=(ub(j)-lb(j))*R+lb(j);      %生成[lb,ub]之间的随机数
        r0=R;
        end
    end
end
```

Chebyshev 混沌映射种群初始化函数（Python）：

```
'''Chebyshev 混沌映射初始化函数'''
# pop: 种群数量
```

```
# dim: 单个粒子的维度
# ub: 粒子上边界，维度为[1,dim]
# lb: 粒子下边界，维度为[1,dim]
# X: 为输出种群，维度为[pop,dim]
def initialization1(pop,ub,lb,dim):
    X = np.zeros([pop,dim])
    r0 = np.random.random()
a=4
    for i in range(pop):
        for j in range(dim):
            R = np.cos(a*np.arccos(r0))
            X[i,j] = (ub[j]-lb[j])*R+lb[j]
            r0 = R
    return X
```

2. Circle 混沌映射种群初始化函数

Circle 混沌映射种群初始化函数（MATLAB）：

```
%% Circle 混沌映射初始化函数
function X = initialization2(pop,ub,lb,dim)
    %pop: 种群数量
    %dim: 每个粒子群的维度
    %ub: 每个维度的变量上边界，维度为[1,dim]
    %lb: 每个维度的变量下边界，维度为[1,dim]
    %X: 输出的种群，维度[pop,dim]
    X = zeros(pop,dim); %为 X 事先分配空间
r0=rand;
a=0.5;
b=0.2;
    for i = 1:pop
        for j = 1:dim
          R = mod(r0+b-(a/(2pi))sin(2pir0),1);   %Circle 混沌映射
            X(i,j)=(ub(j)-lb(j))*R+lb(j);        %生成[lb,ub]之间的随机数
            r0=R;
          end
      end
end
```

Circle 混沌映射种群初始化函数（Python）：

```
'''Circle 混沌映射初始化函数'''
# pop: 种群数量
# dim: 单个粒子的维度
# ub: 粒子上边界，维度为[1,dim]
# lb: 粒子下边界，维度为[1,dim]
# X: 为输出种群，维度为[pop,dim]
def initialization2(pop,ub,lb,dim):
    X = np.zeros([pop,dim])
    r0 = np.random.random()
    a=0.5
    b=0.2
    for i in range(pop):
        for j in range(dim):
            R = np.mod(r0+b-(a/(2*np.pi))*np.sin(2*np.pi*r0),1)
            X[i,j] = (ub[j]-lb[j])*R+lb[j]
            r0 = R
    return X
```

3. Gauss 混沌映射种群初始化函数

Gauss 混沌映射种群初始化函数（MATLAB）：

```
%% Gauss 混沌映射初始化函数
function X = initialization3(pop,ub,lb,dim)
     %pop：种群数量
     %dim：每个粒子群的维度
     %ub：每个维度的变量上边界，维度为[1,dim]
     %lb：每个维度的变量下边界，维度为[1,dim]
     %X：输出的种群，维度[pop,dim]
     X = zeros(pop,dim);  %为 X 事先分配空间
r0=rand;
     for i = 1:pop
         for j = 1:dim
         if r0==0
                R =1;
             else
                 R =mod(1/r0,1);
             end
             X(i,j)=(ub(j)-lb(j))*R+lb(j);   %生成[lb,ub]之间的随机数
         r0=R;
          end
     end
end
```

Gauss 混沌映射种群初始化函数（Python）：

```
'''Gauss 混沌映射初始化函数'''
# pop：种群数量
# dim：单个粒子的维度
# ub：粒子上边界，维度为[1,dim]
# lb：粒子下边界，维度为[1,dim]
# X：输出种群，维度为[pop,dim]
def initialization3(pop,ub,lb,dim):
    X = np.zeros([pop,dim])
    r0 = np.random.random()
    for i in range(pop):
        for j in range(dim):
            if r0==0:
                R=1
            else:
                R=np.mod(1/r0,1)
            X[i,j] = (ub[j]-lb[j])*R+lb[j]
            r0 = R
    return X
```

4. Iterative 混沌映射种群初始化函数

Iterative 混沌映射种群初始化函数（MATLAB）：

```
%% Iterative 混沌映射初始化函数
function X = initialization4(pop,ub,lb,dim)
     %pop：种群数量
     %dim：每个粒子群的维度
     %ub：每个维度的变量上边界，维度为[1,dim]
     %lb：每个维度的变量下边界，维度为[1,dim]
     %X：输出的种群，维度[pop,dim]
```

```
    X = zeros(pop,dim); %为X事先分配空间
r0=rand;
a=0.7;
    for i = 1:pop
        for j = 1:dim
        R=sin(a*pi/r0);
            X(i,j) = (ub(j) - lb(j))*R + lb(j);   %生成[lb,ub]之间的随机数
        r0=R;
        end
    end
end
```

Iterative 混沌映射种群初始化函数（Python）：

```
'''Iterative 混沌映射初始化函数'''
# pop: 种群数量
# dim: 单个粒子的维度
# ub: 粒子上边界，维度为[1,dim]
# lb: 粒子下边界，维度为[1,dim]
# X: 输出种群，维度为[pop,dim]
def initialization4(pop,ub,lb,dim):
    X = np.zeros([pop,dim])
    r0 = np.random.random()
    a = 0.7
    for i in range(pop):
        for j in range(dim):
            R=np.sin(np.pi*a/r0)
            X[i,j] = (ub[j]-lb[j])*R+lb[j]
            r0 = R
    return X
```

5. Logistic 混沌映射种群初始化函数

Logistic 混沌映射种群初始化函数（MATLAB）：

```
%% Logistic 混沌映射初始化函数
function X = initialization5(pop,ub,lb,dim)
    %pop: 种群数量
    %dim: 每个粒子群的维度
    %ub: 每个维度的变量上边界，维度为[1,dim]
    %lb: 每个维度的变量下边界，维度为[1,dim]
    %X: 输出的种群，维度[pop,dim]
    X = zeros(pop,dim); %为X事先分配空间
r0=rand;
a=4;
    for i = 1:pop
        for j = 1:dim
        R =a*r0*(1-r0);
            X(i,j) = (ub(j) - lb(j))*R + lb(j);   %生成[lb,ub]之间的随机数
        r0=R;
         end
    end
end
```

Logistic 混沌映射种群初始化函数（Python）：

```
'''Logistic 混沌映射初始化函数'''
# pop: 种群数量
# dim: 单个粒子的维度
```

```python
# ub：粒子上边界，维度为[1,dim]
# lb：粒子下边界，维度为[1,dim]
# X：输出种群，维度为[pop,dim]
def initialization5(pop,ub,lb,dim):
    X = np.zeros([pop,dim])
    r0 = np.random.random()
    a = 4
    for i in range(pop):
        for j in range(dim):
            R=a*r0*(1-r0)
            X[i,j] = (ub[j]-lb[j])*R+lb[j]
            r0 = R
    return X
```

6. Piecewise 混沌映射种群初始化函数

Piecewise 混沌映射种群初始化函数（MATLAB）：

```matlab
%% Piecewise 混沌映射初始化函数
function X = initialization6(pop,ub,lb,dim)
    %pop：种群数量
    %dim：每个粒子群的维度
    %ub：每个维度的变量上边界，维度为[1,dim]
    %lb：每个维度的变量下边界，维度为[1,dim]
    %X：输出的种群，维度[pop,dim]
    X = zeros(pop,dim);  %为 X 事先分配空间
r0=rand;
P=0.4;
    for i = 1:pop
        for j = 1:dim
        if r0>=0 && r0<P
            R=r0/P;
        elseif r0>=P && r0<0.5
            R=(r0-P)/(0.5-P);
        elseif r0>=0.5 && r0<1-P
            R=(1-P-r0)/(0.5-P);
        elseif r0>=1-P && r0<1
            R=(1-r0)/P;
        end
         X(i,j) = (ub(j) - lb(j))*R + lb(j);  %生成[lb,ub]之间的随机数
        r0=R;
        end
    end
end
```

Piecewise 混沌映射种群初始化函数（Python）：

```python
'''Piecewise 混沌映射初始化函数'''
# pop：种群数量
# dim：单个粒子的维度
# ub：粒子上边界，维度为[1,dim]
# lb：粒子下边界，维度为[1,dim]
# X：输出种群，维度为[pop,dim]
def initialization6(pop,ub,lb,dim):
    X = np.zeros([pop,dim])
    r0 = np.random.random()
    P = 0.4
    for i in range(pop):
```

```
        for j in range(dim):
            if r0>=0 and r0<P:
                R=r0/P
        elif r0>=P and r0<0.5:
                R=(r0-P)/(0.5-P)
        elif r0>=0.5 and r0<1-P:
                R=(1-P-r0)/(0.5-P)
        elif r0>=1-P and r0<1:
                R=(1-r0)/P
        X[i,j] = (ub[j]-lb[j])*R+lb[j]
        r0 = R
    return X
```

7. Sine 混沌映射种群初始化函数

Sine 混沌映射种群初始化函数（MATLAB）：

```
%% Sine 混沌映射初始化函数
function X = initialization7(pop,ub,lb,dim)
    %pop: 种群数量
    %dim: 每个粒子群的维度
    %ub: 每个维度的变量上边界，维度为[1,dim]
    %lb: 每个维度的变量下边界，维度为[1,dim]
    %X: 输出的种群，维度[pop,dim]
    X = zeros(pop,dim); %为X事先分配空间
r0=rand;
a=4;
    for i = 1:pop
        for j = 1:dim
            R=(a/4)*sin(pi*r0);
            X(i,j)=(ub(j)-lb(j))*R+lb(j);   %生成[lb,ub]之间的随机数
        r0=R;
        end
    end
end
```

Sine 混沌映射种群初始化函数（Python）：

```
'''Sine 混沌映射初始化函数'''
# pop: 种群数量
# dim: 单个粒子的维度
# ub: 粒子上边界，维度为[1,dim]
# lb: 粒子下边界，维度为[1,dim]
# X: 输出种群，维度为[pop,dim]
def initialization7(pop,ub,lb,dim):
    X = np.zeros([pop,dim])
    r0 = np.random.random()
    a = 4
    for i in range(pop):
        for j in range(dim):
            R=(a/4)*np.sin(np.pi*r0)
            X[i,j] = (ub[j]-lb[j])*R+lb[j]
            r0 = R
    return X
```

8. Singer 混沌映射种群初始化函数

Singer 混沌映射种群初始化函数（MATLAB）：

```matlab
%% Singer 混沌映射初始化函数
function X = initialization8(pop,ub,lb,dim)
    %pop：种群数量
    %dim：每个粒子群的维度
    %ub：每个维度的变量上边界，维度为[1,dim]
    %lb：每个维度的变量下边界，维度为[1,dim]
    %X：输出的种群，维度[pop,dim]
    X = zeros(pop,dim);  %为 X 事先分配空间
r0=rand;
a=1.07;
    for i = 1:pop
        for j = 1:dim
            R=a*(7.86*r0-23.31*r0^2+28.75*r0^3-13.302875*r0^4);
                X(i,j)=(ub(j)-lb(j))*R+lb(j);  %生成[lb,ub]之间的随机数
            r0=R;
            end
    end
end
```

Singer 混沌映射种群初始化函数（Python）：

```python
'''Singer 混沌映射初始化函数'''
# pop：种群数量
# dim：单个粒子的维度
# ub：粒子上边界，维度为[1,dim]
# lb：粒子下边界，维度为[1,dim]
# X：输出种群，维度为[pop,dim]
def initialization8(pop,ub,lb,dim):
    X = np.zeros([pop,dim])
    r0 = np.random.random()
    a = 1.07
    for i in range(pop):
        for j in range(dim):
            R=a*(7.86*r0-23.31*r0**2+28.75*r0**3-13.302875*r0**4)
            X[i,j] = (ub[j]-lb[j])*R+lb[j]
            r0 = R
    return X
```

9. Sinusoidal 混沌映射种群初始化函数

Sinusoidal 混沌映射种群初始化函数（MATLAB）：

```matlab
%% Sinusoidal 混沌映射初始化函数
function X = initialization9(pop,ub,lb,dim)
    %pop：种群数量
    %dim：每个粒子群的维度
    %ub：每个维度的变量上边界，维度为[1,dim]
    %lb：每个维度的变量下边界，维度为[1,dim]
    %X：输出的种群，维度[pop,dim]
    X = zeros(pop,dim); %X 事先分配空间
r0=0.7;
a=2.3;
    for i = 1:pop
        for j = 1:dim
            R=a*r0^2*sin(pi*r0);
                X(i,j)=(ub(j)-lb(j))*R+lb(j);  %生成[lb,ub]之间的随机数
            r0=R;
            end
```

```
        end
end
```

Sinusoidal 混沌映射种群初始化函数（Python）：

```python
'''Sinusoidal 混沌映射初始化函数'''
# pop: 种群数量
# dim: 单个粒子的维度
# ub: 粒子上边界，维度为[1,dim]
# lb: 粒子下边界，维度为[1,dim]
# X: 输出种群，维度为[pop,dim]
def initialization9(pop,ub,lb,dim):
    X = np.zeros([pop,dim])
    r0 = 0.7
    a = 2.3
    for i in range(pop):
        for j in range(dim):
            R=a*r0**2*np.sin(np.pi*r0)
            X[i,j] = (ub[j]-lb[j])*R+lb[j]
            r0 = R
    return X
```

10. Tent 混沌映射种群初始化函数

Tent 混沌映射种群初始化函数（MATLAB）：

```matlab
%% Tent 混沌映射初始化函数
function X = initialization10(pop,ub,lb,dim)
    %pop: 种群数量
    %dim: 每个粒子群的维度
    %ub: 每个维度的变量上边界，维度为[1,dim]
    %lb: 每个维度的变量下边界，维度为[1,dim]
    %X: 输出的种群，维度[pop,dim]
    X = zeros(pop,dim); %X 事先分配空间
r0=rand;
a=0.7;
    for i = 1:pop
        for j = 1:dim
            if r0<a
                R=r0/a;
            else
                R=(1-r0)/(1-a);
            end
            X(i,j) = (ub(j) - lb(j))*R + lb(j);  %生成[lb,ub]之间的随机数
        r0=R;
        end
    end
end
```

Tent 混沌映射种群初始化函数（Python）：

```python
'''Tent 混沌映射初始化函数'''
# pop: 种群数量
# dim: 单个粒子的维度
# ub: 粒子上边界，维度为[1,dim]
# lb: 粒子下边界，维度为[1,dim]
# X: 输出种群，维度为[pop,dim]
def initialization10(pop,ub,lb,dim):
    X = np.zeros([pop,dim])
```

```python
        r0 = np.random.random()
        a = 0.7
        for i in range(pop):
            for j in range(dim):
                if r0<a:
                    R=r0/a
                else:
                    R=(1-r0)/(1-a)
                X[i,j] = (ub[j]-lb[j])*R+lb[j]
                r0 = R
    return X
```

11. Fuch 混沌映射种群初始化函数

Fuch 混沌映射种群初始化函数（MATLAB）：

```matlab
%% Fuch 混沌映射初始化函数
function X = initialization11(pop,ub,lb,dim)
    %pop: 种群数量
    %dim: 每个粒子群的维度
    %ub: 每个维度的变量上边界，维度为[1,dim]
    %lb: 每个维度的变量下边界，维度为[1,dim]
    %X: 输出的种群，维度[pop,dim]
    X = zeros(pop,dim); %X 事先分配空间
r0=rand;
    for i = 1:pop
        for j = 1:dim
        R=cos(1/r0^2);
            X(i,j) = (ub(j) - lb(j))*R + lb(j);    %生成[lb,ub]之间的随机数
        r0=R;
            end
    end
end
```

Fuch 混沌映射种群初始化函数（Python）：

```python
'''Fuch 混沌映射初始化函数'''
# pop: 种群数量
# dim: 单个粒子的维度
# ub: 粒子上边界，维度为[1,dim]
# lb: 粒子下边界，维度为[1,dim]
# X: 输出种群，维度为[pop,dim]
def initialization11(pop,ub,lb,dim):
    X = np.zeros([pop,dim])
    r0 = np.random.random()
    for i in range(pop):
        for j in range(dim):
            R=np.cos(1/r0**2)
            X[i,j] = (ub[j]-lb[j])*R+lb[j]
            r0 = R
    return X
```

12. SPM 混沌映射种群初始化函数

SPM 混沌映射种群初始化函数（MATLAB）：

```matlab
%% SPM 混沌映射初始化函数
function X = initialization12(pop,ub,lb,dim)
    %pop: 种群数量
```

```matlab
    %dim: 每个粒子群的维度
    %ub: 每个维度的变量上边界, 维度为[1,dim]
    %lb: 每个维度的变量下边界, 维度为[1,dim]
    %X: 输出的种群, 维度[pop,dim]
    X = zeros(pop,dim); %X 事先分配空间
r0=rand;
eta = 0.4;
mu = 0.3;
    for i = 1:pop
        for j = 1:dim
            r=rand;
            if r0>=0 && r0<eta
                R=mod(r0/eta + mu*sin(pi*r0) + r,1);
            elseif r0>=eta && r0<0.5
                R=mod((r0/eta)/(0.5-eta) + mu*sin(pi*r0)+r, 1);
            elseif r0>=0.5 && r0<1-eta
                R=mod((1-r0/eta)/(0.5-eta)+mu*sin(pi*(1-r0))+r,1);
            else
                R=mod( (1-r0/eta)/(eta) + mu*sin(pi*(1-r0))+ r ,1);
            end
             X(i,j)=(ub(j)-lb(j))*R+lb(j);   %生成[lb,ub]之间的随机数
            r0=R;
            end
    end
end
```

SPM 混沌映射种群初始化函数（Python）:

```python
'''SPM 混沌映射初始化函数'''
# pop: 种群数量
# dim: 单个粒子的维度
# ub: 粒子上边界, 维度为[1,dim]
# lb: 粒子下边界, 维度为[1,dim]
# X: 输出种群, 维度为[pop,dim]
def initialization12(pop,ub,lb,dim):
    X = np.zeros([pop,dim])
    r0 = np.random.random()
    eta = 0.4
    mu = 0.3
    pi = np.pi
    for i in range(pop):
        for j in range(dim):
            r = np.random.random()
            if r0>=0 and r0<eta:
                R=np.mod(r0/eta + mu*np.sin(pi*r0) + r,1)
            elif r0>=eta and r0<0.5:
                R=np.mod((r0/eta)/(0.5-eta)+mu*np.sin(pi*r0)+r,1)
            elif r0>=0.5 and r0<1-eta:
                R=np.mod((1-r0/eta)/(0.5-eta)+mu*np.sin(pi*(1-r0))+r,1)
            else:
                R=np.mod((1-r0/eta)/(eta)+mu*np.sin(pi*(1-r0))+r,1)
            X[i,j] = (ub[j]-lb[j])*R+lb[j]
            r0 = R
    return X
```

13. ICMIC 混沌映射种群初始化函数

ICMIC 混沌映射种群初始化函数（MATLAB）:

```
%% ICMIC 混沌映射初始化函数
function X = initialization13(pop,ub,lb,dim)
    %pop: 为种群数量
    %dim: 每个粒子群的维度
    %ub: 每个维度的变量上边界，维度为[1,dim]
    %lb: 每个维度的变量下边界，维度为[1,dim]
    %X: 输出的种群，维度[pop,dim]
    X = zeros(pop,dim); %X 事先分配空间
r0=rand;
a = 2;
    for i = 1:pop
        for j = 1:dim
         R=sin(a/r0);
            X(i,j) = (ub(j) - lb(j))*R + lb(j);  %生成[lb,ub]之间的随机数
        r0=R;
        end
    end
end
```

ICMIC 混沌映射种群初始化函数（Python）：

```
'''ICMIC 混沌映射初始化函数'''
# pop: 种群数量
# dim: 单个粒子的维度
# ub: 粒子上边界，维度为[1,dim]
# lb: 粒子下边界，维度为[1,dim]
# X: 输出种群，维度为[pop,dim]
def initialization13(pop,ub,lb,dim):
    X = np.zeros([pop,dim])
    r0 = np.random.random()
    a = 2
    for i in range(pop):
        for j in range(dim):
            R = np.sin(a/r0)
            X[i,j] = (ub[j]-lb[j])*R+lb[j]
            r0 = R
    return X
```

14. Tent-Logistic-Cosine 混沌映射种群初始化函数

Tent-Logistic-Cosine 混沌映射种群初始化函数（MATLAB）：

```
%% Tent-Logistic-Cosine 混沌映射初始化函数
function X = initialization14(pop,ub,lb,dim)
    %pop: 种群数量
    %dim: 每个粒子群的维度
    %ub: 每个维度的变量上边界，维度为[1,dim]
    %lb: 每个维度的变量下边界，维度为[1,dim]
    %X: 输出的种群，维度[pop,dim]
    X = zeros(pop,dim); %为 X 事先分配空间
r0=rand;
    for i = 1:pop
        for j = 1:dim
          r=rand>0.5;
            if r0<0.5
                R = cos(pi*(2*r*r0+4*(1-r)*r0*(1-r0)-0.5));
            else
                R = cos(pi*(2*r*(1-r0)+4*(1-r)*r0*(1-r0)-0.5)) ;
```

```
                end
             X(i,j) = (ub(j) - lb(j))*R + lb(j);   %生成[lb,ub]之间的随机数
          r0=R;
          end
      end
end
```

Tent-Logistic-Cosine 混沌映射种群初始化函数（Python）：

```
'''Tent-Logistic-Cosine 混沌映射初始化函数'''
# pop: 种群数量
# dim: 单个粒子的维度
# ub: 粒子上边界，维度为[1,dim]
# lb: 粒子下边界，维度为[1,dim]
# X: 输出种群，维度为[pop,dim]
def initialization14(pop,ub,lb,dim):
    X = np.zeros([pop,dim])
    r0 = np.random.random()
pi = np.pi
    for i in range(pop):
        for j in range(dim):
            r = np.random.random()>0.5
            if r0<0.5:
                R = np.cos(pi*(2*r*r0+4*(1-r)*r0*(1-r0)-0.5))
            else:
                R = np.cos(pi*(2*r*(1-r0)+4*(1-r)*r0*(1-r0)-0.5))
            X[i,j] = (ub[j]-lb[j])*R+lb[j]
            r0 = R
    return X
```

15. Logistic-Sine-Cosine 混沌映射种群初始化函数

Logistic-Sine-Cosine 混沌映射种群初始化函数（MATLAB）：

```
%% Logistic-Sine-Cosine 混沌映射初始化函数
function X = initialization15(pop,ub,lb,dim)
    %pop: 种群数量
    %dim: 每个粒子群的维度
    %ub: 每个维度的变量上边界，维度为[1,dim]
    %lb: 每个维度的变量下边界，维度为[1,dim]
    %X: 输出的种群，维度[pop,dim]
    X = zeros(pop,dim);  %X 事先分配空间
r0=rand;
    for i = 1:pop
      for j = 1:dim
      r = rand>0.5;
      R = cos(pi*(4*r*r0*(1-r0)+(1-r)*sin(pi*r0)-0.5));
         X(i,j) = (ub(j) - lb(j))*R + lb(j);   %生成[lb,ub]之间的随机数
      r0=R;
      end
   end
end
```

Logistic-Sine-Cosine 混沌映射种群初始化函数（Python）：

```
'''Logistic-Sine-Cosine 混沌映射初始化函数'''
# pop: 种群数量
# dim: 单个粒子的维度
# ub: 粒子上边界，维度为[1,dim]
```

```python
# lb: 粒子下边界，维度为[1,dim]
# X: 输出种群，维度为[pop,dim]
def initialization15(pop,ub,lb,dim):
    X = np.zeros([pop,dim])
    r0 = np.random.random()
pi = np.pi
    for i in range(pop):
        for j in range(dim):
            r = np.random.random()>0.5
            R = np.cos(pi*(4*r*r0*(1-r0)+(1-r)*np.sin(pi*r0)-0.5))
            X[i,j] = (ub[j]-lb[j])*R+lb[j]
            r0 = R
    return X
```

16. Sine-Tent-Cosine 混沌映射种群初始化函数

Sine-Tent-Cosine 混沌映射种群初始化函数（MATLAB）：

```matlab
%% Sine-Tent-Cosine 混沌映射初始化函数
function X = initialization16(pop,ub,lb,dim)
    %pop: 种群数量
    %dim: 每个粒子群的维度
    %ub: 每个维度的变量上边界，维度为[1,dim]
    %lb: 每个维度的变量下边界，维度为[1,dim]
    %X: 输出的种群，维度[pop,dim]
    X = zeros(pop,dim);  %X 事先分配空间
r0=rand;
    for i = 1:pop
       for j = 1:dim
       r = rand>0.5;
       if r0<0.5
                R = cos(pi*(r*sin(pi*r0)+2*(1-r)*r0-0.5));
       else
                R = cos(pi*(r*sin(pi*r0)+2*(1-r)*(1-r0)-0.5));
       end
          X(i,j) = (ub(j) - lb(j))*R + lb(j);  %生成[lb,ub]之间的随机数
       r0=R;
       end
    end
end
```

Sine-Tent-Cosine 混沌映射种群初始化函数（Python）：

```python
'''Sine-Tent-Cosine 混沌映射初始化函数'''
# pop: 种群数量
# dim: 单个粒子的维度
# ub: 粒子上边界，维度为[1,dim]
# lb: 粒子下边界，维度为[1,dim]
# X: 输出种群，维度为[pop,dim]
def initialization16(pop,ub,lb,dim):
    X = np.zeros([pop,dim])
    r0 = np.random.random()
pi = np.pi
    for i in range(pop):
        for j in range(dim):
            r = np.random.random()>0.5
            if x[i-1]<0.5:
                x[i] = np.cos(pi*(r*np.sin(pi*x[i-1])+2*(1-r)*x[i-1]-0.5))
```

```
        else:
            x[i]=np.cos(pi*(r*np.sin(pi*x[i-1])+2*(1-r)*(1-x[i-1])-0.5))
        X[i,j] = (ub[j]-lb[j])*R+lb[j]
        r0 = R
    return X
```

17. Henon 混沌映射种群初始化函数

Henon 混沌映射种群初始化函数（MATLAB）：

```
%% Henon 混沌映射初始化函数
function X = initialization17(pop,ub,lb,dim)
    %pop: 种群数量
    %dim: 每个粒子群的维度
    %ub: 每个维度的变量上边界，维度为[1,dim]
    %lb: 每个维度的变量下边界，维度为[1,dim]
    %X: 输出的种群，维度[pop,dim]
    X = zeros(pop,dim); %X 事先分配空间
r0=rand;
a=1.4;
b=0.3;
ry0=rand
    for i = 1:pop
        for j = 1:dim
        R=1+ry0-a*r0^2;
        Ry=b*r0;
            X(i,j) = (ub(j) - lb(j))*R + lb(j);   %生成[lb,ub]之间的随机数
        r0=R;
        ry0=Ry;
        end
    end
end
```

Henon 混沌映射种群初始化函数（Python）：

```
'''Henon 混沌映射初始化函数'''
# pop: 种群数量
# dim: 单个粒子的维度
# ub: 粒子上边界，维度为[1,dim]
# lb: 粒子下边界，维度为[1,dim]
# X: 输出群，维度为[pop,dim]
def initialization17(pop,ub,lb,dim):
    X = np.zeros([pop,dim])
    r0 = np.random.random()
    ry0 = np.random.random()
    a=1.4
    b=0.3
    for i in range(pop):
        for j in range(dim):
            R=1+ry0-a*r0**2
            Ry=b*r0
            X[i,j] = (ub[j]-lb[j])*R+lb[j]
            r0 = R
            ry0 = Ry
    return X
```

18. Cubic 混沌映射种群初始化函数

Cubic 混沌映射种群初始化函数（MATLAB）：

```matlab
%% Cubic 混沌映射初始化函数
function X = initialization18(pop,ub,lb,dim)
    %pop: 种群数量
    %dim: 每个粒子群的维度
    %ub: 每个维度的变量上边界，维度为[1,dim]
    %lb: 每个维度的变量下边界，维度为[1,dim]
    %X: 输出的种群，维度[pop,dim]
    X = zeros(pop,dim); %X 事先分配空间
r0=rand;
a=2.595;
    for i = 1:pop
      for j = 1:dim
        R=a*r0*(1-r0^2);
            X(i,j) = (ub(j) - lb(j))*R + lb(j);   %生成[lb,ub]之间的随机数
        r0=R;
      end
    end
end
```

Cubic 混沌映射种群初始化函数（Python）：

```python
'''Cubic 混沌映射初始化函数'''
# pop: 种群数量
# dim: 单个粒子的维度
# ub: 粒子上边界，维度为[1,dim]
# lb: 粒子下边界，维度为[1,dim]
# X: 输出种群，维度为[pop,dim]
def initialization18(pop,ub,lb,dim):
    X = np.zeros([pop,dim])
    r0 = np.random.random()
    a=2.595
    for i in range(pop):
        for j in range(dim):
            R=a*r0*(1-r0**2)
            X[i,j] = (ub[j]-lb[j])*R+lb[j]
            r0 = R
    return X
```

19. Logistic-Tent 混沌映射种群初始化函数

Logistic-Tent 混沌映射种群初始化函数（MATLAB）：

```matlab
%% Logistic-Tent 混沌映射初始化函数
function X = initialization19(pop,ub,lb,dim)
    %pop: 种群数量
    %dim: 每个粒子群的维度
    %ub: 每个维度的变量上边界，维度为[1,dim]
    %lb: 每个维度的变量下边界，维度为[1,dim]
    %X: 输出的种群，维度[pop,dim]
    X = zeros(pop,dim); %X 事先分配空间
r0=rand;
r = 2;
    for i = 1:pop
      for j = 1:dim
```

```
        if r0<0.5
            R=mod(r*r0*(1-r0)+(4-r)*r0/2,1);
        else
            R=mod(r*r0*(1-r0)+(4-r)*(1-r0)/2,1);
        end
            X(i,j) = (ub(j) - lb(j))*R + lb(j);   %生成[lb,ub]之间的随机数
        r0=R;
        end
    end
end
```

Logistic-Tent 混沌映射种群初始化函数（Python）：

```python
'''Logistic-Tent 混沌映射初始化函数'''
# pop: 种群数量
# dim: 单个粒子的维度
# ub: 粒子上边界，维度为[1,dim]
# lb: 粒子下边界，维度为[1,dim]
# X: 输出种群，维度为[pop,dim]
def initialization19(pop,ub,lb,dim):
    X = np.zeros([pop,dim])
    r0 = np.random.random()
    r=2
    for i in range(pop):
        for j in range(dim):
            if r0<0.5:
                R = np.mod(r*r0*(1-r0)+(4-r)*r0/2,1)
            else:
                R = np.mod(r*r0*(1-r0)+(4-r)*(1-r0)/2,1)
            X[i,j] = (ub[j]-lb[j])*R+lb[j]
            r0 = R
    return X
```

20. Bernoulli 混沌映射种群初始化函数

Bernoulli 混沌映射种群初始化函数（MATLAB）：

```matlab
%% Bernoulli 混沌映射初始化函数
function X = initialization20(pop,ub,lb,dim)
    %pop: 种群数量
    %dim: 每个粒子群的维度
    %ub: 每个维度的变量上边界，维度为[1,dim]
    %lb: 每个维度的变量下边界，维度为[1,dim]
    %X: 输出的种群，维度[pop,dim]
    X = zeros(pop,dim); %X 事先分配空间
r0=rand;
a = 0.77;
    for i = 1:pop
        for j = 1:dim
        if r0<1-a
            R=r0/(1-a);
        else
            R=(r0-1+a)/a;
        end
            X(i,j) = (ub(j) - lb(j))*R + lb(j);   %生成[lb,ub]之间的随机数
        r0=R;
        end
    end
```

```
end
```

Bernoulli 混沌映射种群初始化函数（Python）：

```python
'''Bernoulli 混沌映射初始化函数'''
# pop: 种群数量
# dim: 单个粒子的维度
# ub: 粒子上边界，维度为[1,dim]
# lb: 粒子下边界，维度为[1,dim]
# X: 输出种群，维度为[pop,dim]
def initialization20(pop,ub,lb,dim):
    X = np.zeros([pop,dim])
    r0 = np.random.random()
    a=0.7
    for i in range(pop):
        for j in range(dim):
            if r0<1-a:
                R = r0/(1-a)
            else:
                R = (r0-1+a)/a
            X[i,j] = (ub[j]-lb[j])*R+lb[j]
            r0 = R
    return X
```

21. 基于混沌映射改进种群初始化的粒子群算法的完整代码实现

为了方便调用，将 20 种改进算法封装成一个函数，设置可选项，用户可以通过设置不同的选项来设定具体某个改进算法。

MATLAB 完整代码实现如下。

```matlab
%%--------------基于混沌映射改进种群初始化的粒子群算法--------------------%%
%% 输入:
%    pop: 种群数量
%    dim: 单个粒子的维度
%    ub: 粒子上边界信息，维度为[1,dim]
%    lb: 粒子下边界信息，维度为[1,dim]
%    fobj: 适应度函数接口
%    vmax: 速度的上边界信息，维度为[1,dim]
%    vmin: 速度的下边界信息，维度为[1,dim]
%    maxIter: 算法的最大迭代次数，用于控制算法的停止
%    Methodflag:用于控制选用哪种策略来改进粒子群算法[0-20]
%% 输出:
%    Best_Pos: 粒子群找到的最优位置
%    Best_fitness: 最优位置对应的适应度值
%    IterCure: 用于记录每次迭代的最佳适应度，即后续用来绘制迭代曲线
%    HistoryPosition: 用于记录每代粒子群的位置
%    HistoryBest: 用于记录每代粒子群的最佳位置
function [Best_Pos,Best_fitness,IterCurve,HistoryPosition,HistoryBest] = 
Ipso(pop,dim,ub,lb,fobj,vmax,vmin,maxIter,Methodflag)
    %%设置c1、c2参数
    c1 = 2.0;
    c2 = 2.0;
    %% 初始化种群速度
    V = initialization(pop,vmax,vmin,dim);
%% 初始化种群位置
switch Methodflag
    case 0
```

```
            X = initialization(pop,ub,lb,dim); %原始初始化函数
     case 1
            X = initialization1(pop,ub,lb,dim); %Chebyshev 混沌映射初始化函数
     case 2
            X = initialization2(pop,ub,lb,dim); %Circle 混沌映射初始化函数
     case 3
            X = initialization3(pop,ub,lb,dim); %Gauss 混沌映射初始化函数
     case 4
            X = initialization4(pop,ub,lb,dim); %Iterative 混沌映射初始化函数
     case 5
            X = initialization5(pop,ub,lb,dim); %Logistic 混沌映射初始化函数
     case 6
            X = initialization6(pop,ub,lb,dim); %Piecewise 混沌映射初始化函数
     case 7
            X = initialization7(pop,ub,lb,dim); %Sine 混沌映射初始化函数
     case 8
            X = initialization8(pop,ub,lb,dim); %Singer 混沌映射初始化函数
     case 9
            X = initialization9(pop,ub,lb,dim); %Sinusoidal 混沌映射初始化函数
     case 10
            X = initialization10(pop,ub,lb,dim); %Tent 混沌映射初始化函数
     case 11
            X = initialization11(pop,ub,lb,dim); %Fuch 混沌映射初始化函数
     case 12
            X = initialization12(pop,ub,lb,dim); %SPM 混沌映射初始化函数
     case 13
            X = initialization13(pop,ub,lb,dim); %ICMIC 混沌映射初始化函数
     case 14
            X = initialization14(pop,ub,lb,dim);  %Tent-Logistic-Cosine 混沌
映射初始化函数
     case 15
            X = initialization15(pop,ub,lb,dim);  %Logistic-Sine-Cosine 混沌
映射初始化函数
     case 16
            X = initialization16(pop,ub,lb,dim); %Sine-Tent-Cosine 混沌映射初
始化函数
     case 17
            X = initialization17(pop,ub,lb,dim); %Henon 混沌映射初始化函数
     case 18
            X = initialization18(pop,ub,lb,dim); %Cubic 混沌映射初始化函数
     case 19
            X = initialization19(pop,ub,lb,dim); %Logistic-Tent 混沌映射初始化
函数
     case 20
            X = initialization20(pop,ub,lb,dim); %Bernoulli 混沌映射初始化函数
     otherwise
            disp(["wrong Methodflag!!"])


end
     %% 计算适应度值
     fitness = zeros(1,pop);
     for i = 1:pop
        fitness(i) = fobj(X(i,:));
     end
     %% 将初始种群作为历史最优
     pBest = X;
```

```matlab
    pBestFitness = fitness;
    %% 记录初始全局最优解，默认优化最小值
    %寻找适应度最小的位置
    [~,index] = min(fitness);
    %记录适应度值和位置
    gBestFitness = fitness(index);
    gBest = X(index,:);

    Xnew = X; %新位置
    fitnessNew = fitness;%新位置适应度值

    IterCurve = zeros(1,maxIter);
    %% 开始迭代
    for t = 1:maxIter
        %对每个粒子进行更新
        for i = 1:pop
            %速度更新
            r1 = rand(1,dim);
            r2 = rand(1,dim);
            V(i,:) = V(i,:) + c1.*r1.*(pBest(i,:) - X(i,:)) + c2.*r2.*(gBest - X(i,:));
            %速度边界检查及约束
            V(i,:) = BoundaryCheck(V(i,:),vmax,vmin,dim);
            %位置更新
            Xnew(i,:) = X(i,:) + V(i,:);
            %位置边界检查及约束
            Xnew(i,:) = BoundaryCheck(Xnew(i,:),ub,lb,dim);
            %计算新位置适应度值
            fitnessNew(i) = fobj(Xnew(i,:));
            %更新历史最优值
            if fitnessNew(i) < pBestFitness(i)
                pBest(i,:) = Xnew(i,:);
                pBestFitness(i) = fitnessNew(i);
            end
            %更新全局最优值
            if fitnessNew(i)<gBestFitness
                gBestFitness = fitnessNew(i);
                gBest = Xnew(i,:);
            end
        end
        X = Xnew;
        fitness = fitnessNew;
        %% 记录当前迭代最优值和最优适应度值
        %记录最优解
        Best_Pos = gBest;
        %记录最优解的适应度值
        Best_fitness = gBestFitness;
        %记录当前迭代的最优解适应度值
        IterCurve(t) = gBestFitness;
        HistoryBest{t} = Best_Pos;
        %记录当前代粒子群的位置
        HistoryPosition{t} = X;

    end
end
```

```matlab
%% 粒子群原始初始化函数
function X = initialization(pop,ub,lb,dim)
    %pop: 种群数量
    %dim: 每个粒子群的维度
    %ub: 每个维度的变量上边界，维度为[1,dim]
    %lb: 每个维度的变量下边界，维度为[1,dim]
    %X: 输出的种群，维度[pop,dim]
    X = zeros(pop,dim); %X事先分配空间
    for i = 1:pop
        for j = 1:dim
            X(i,j)=(ub(j)-lb(j))*rand()+lb(j);   %生成[lb,ub]之间的随机数
        end
    end
end


%% Chebyshev 混沌映射初始化函数
function X = initialization1(pop,ub,lb,dim)
    %pop: 种群数量
    %dim: 每个粒子群的维度
    %ub: 每个维度的变量上边界，维度为[1,dim]
    %lb: 每个维度的变量下边界，维度为[1,dim]
    %X: 输出的种群，维度[pop,dim]
    X = zeros(pop,dim); %X事先分配空间
r0=rand;
a=4;
    for i = 1:pop
        for j = 1:dim
        R=cos(a.*acos(r0));%Chebyshev
            X(i,j) = (ub(j) - lb(j))*R + lb(j);   %生成[lb,ub]之间的随机数
        .r0=R;
        end
    end
end


%% Circle 混沌映射初始化函数
function X = initialization2(pop,ub,lb,dim)
    %pop: 种群数量
    %dim: 每个粒子群的维度
    %ub: 每个维度的变量上边界，维度为[1,dim]
    %lb: 每个维度的变量下边界，维度为[1,dim]
    %X: 输出的种群，维度[pop,dim]
    X = zeros(pop,dim); %X事先分配空间
r0=rand;
a=0.5;
b=0.2;
    for i = 1:pop
        for j = 1:dim
        R=mod(r0+b-(a/(2*pi))*sin(2*pi*r0),1);%circle 混沌映射
            X(i,j) = (ub(j) - lb(j))*R + lb(j);   %生成[lb,ub]之间的随机数
        .r0=R;
        end
    end
end
```

```matlab
%% Gauss 混沌映射初始化函数
function X = initialization3(pop,ub,lb,dim)
    %pop: 种群数量
    %dim: 每个粒子群的维度
    %ub: 每个维度的变量上边界，维度为[1,dim]
    %lb: 每个维度的变量下边界，维度为[1,dim]
    %X: 输出的种群，维度[pop,dim]
    X = zeros(pop,dim); %X 事先分配空间
r0=rand;
    for i = 1:pop
       for j = 1:dim
        if r0==0
               R =1;
           else
               R =mod(1/r0,1);
           end
             X(i,j) = (ub(j) - lb(j))*R + lb(j);   %生成[lb,ub]之间的随机数
        r0=R;
        end
    end
end

%% Iterative 混沌映射初始化函数
function X = initialization4(pop,ub,lb,dim)
    %pop: 种群数量
    %dim: 每个粒子群的维度
    %ub: 每个维度的变量上边界，维度为[1,dim]
    %lb: 每个维度的变量下边界，维度为[1,dim]
    %X: 输出的种群，维度[pop,dim]
    X = zeros(pop,dim); %X 事先分配空间
r0=rand;
a=0.7;
    for i = 1:pop
       for j = 1:dim
        R=sin(a*pi/r0);
             X(i,j) = (ub(j) - lb(j))*R + lb(j);   %生成[lb,ub]之间的随机数
           r0=R;
        end
    end
end

%% Logistic 混沌映射初始化函数
function X = initialization5(pop,ub,lb,dim)
    %pop: 种群数量
    %dim: 每个粒子群的维度
    %ub: 每个维度的变量上边界，维度为[1,dim]
    %lb: 每个维度的变量下边界，维度为[1,dim]
    %X: 输出的种群，维度[pop,dim]
    X = zeros(pop,dim); %X 事先分配空间
r0=rand;
a=4;
    for i = 1:pop
       for j = 1:dim
        R=a*r0*(1-r0);
             X(i,j) = (ub(j) - lb(j))*R + lb(j);   %生成[lb,ub]之间的随机数
           r0=R;
        end
```

```
        end
end

%% Piecewise 混沌映射初始化函数
function X = initialization6(pop,ub,lb,dim)
    %pop: 种群数量
    %dim: 每个粒子群的维度
    %ub: 每个维度的变量上边界，维度为[1,dim]
    %lb: 每个维度的变量下边界，维度为[1,dim]
    %X: 输出的种群，维度[pop,dim]
    X = zeros(pop,dim); %X 事先分配空间
r0=rand;
P=0.4;
    for i = 1:pop
        for j = 1:dim
            if r0>=0 && r0<P
                R=r0/P;
            elseif r0>=P && r0<0.5
                R=(r0-P)/(0.5-P);
            elseif r0>=0.5 && r0<1-P
                R=(1-P-r0)/(0.5-P);
            elseif r0>=1-P && r0<1
                R=(1-r0)/P;
            end
            X(i,j) = (ub(j) - lb(j))*R + lb(j);   %生成[lb,ub]之间的随机数
        r0=R;
        end
    end
end


%% Sine 混沌映射初始化函数
function X = initialization7(pop,ub,lb,dim)
    %pop: 种群数量
    %dim: 每个粒子群的维度
    %ub: 每个维度的变量上边界，维度为[1,dim]
    %lb: 每个维度的变量下边界，维度为[1,dim]
    %X: 输出的种群，维度[pop,dim]
    X = zeros(pop,dim); %X 事先分配空间
r0=rand;
a=4;
    for i = 1:pop
        for j = 1:dim
            R=(a/4)*sin(pi*r0);
            X(i,j) = (ub(j) - lb(j))*R + lb(j);   %生成[lb,ub]之间的随机数
        r0=R;
        end
    end
end

%% Singer 混沌映射初始化函数
function X = initialization8(pop,ub,lb,dim)
    %pop: 种群数量
    %dim: 每个粒子群的维度
    %ub: 每个维度的变量上边界，维度为[1,dim]
    %lb: 每个维度的变量下边界，维度为[1,dim]
    %X: 输出的种群，维度[pop,dim]
```

```matlab
    X = zeros(pop,dim); %X 事先分配空间
r0=rand;
a=1.07;
    for i = 1:pop
       for j = 1:dim
        R=a*(7.86*r0-23.31*r0^2+28.75*r0^3-13.302875*r0^4);
          X(i,j) = (ub(j) - lb(j))*R + lb(j);  %生成[lb,ub]之间的随机数
          r0=R;
        end
    end
end


%% Sinusoidal 混沌映射初始化函数
function X = initialization9(pop,ub,lb,dim)
    %pop: 种群数量
    %dim: 每个粒子群的维度
    %ub: 每个维度的变量上边界，维度为[1,dim]
    %lb: 每个维度的变量下边界，维度为[1,dim]
    %X: 输出的种群，维度[pop,dim]
    X = zeros(pop,dim); %X 事先分配空间
r0=0.7;
a=2.3;
    for i = 1:pop
       for j = 1:dim
        R=a*r0^2*sin(pi*r0);
          X(i,j) = (ub(j) - lb(j))*R + lb(j);  %生成[lb,ub]之间的随机数
          r0=R;
        end
    end
end

%% Tent 混沌映射初始化函数
function X = initialization10(pop,ub,lb,dim)
    %pop: 种群数量
    %dim: 每个粒子群的维度
    %ub: 每个维度的变量上边界，维度为[1,dim]
    %lb: 每个维度的变量下边界，维度为[1,dim]
    %X: 输出的种群，维度[pop,dim]
    X = zeros(pop,dim); %X 事先分配空间
r0=rand;
a=0.7;
    for i = 1:pop
       for j = 1:dim
         if r0<a
              R=r0/a;
         else
              R=(1-r0)/(1-a);
         end
           X(i,j) = (ub(j) - lb(j))*R + lb(j);  %生成[lb,ub]之间的随机数
           r0=R;
         end
    end
end

%% Fuch 混沌映射初始化函数
function X = initialization11(pop,ub,lb,dim)
```

```
    %pop: 种群数量
    %dim: 每个粒子群的维度
    %ub: 每个维度的变量上边界，维度为[1,dim]
    %lb: 每个维度的变量下边界，维度为[1,dim]
    %X: 输出的种群，维度[pop,dim]
    X = zeros(pop,dim); %X 事先分配空间
r0=rand;
    for i = 1:pop
      for j = 1:dim
      R=cos(1/r0^2);
          X(i,j) = (ub(j) - lb(j))*R + lb(j);   %生成[lb,ub]之间的随机数
      r0=R;
      end
    end
end


%% SPM 混沌映射初始化函数
function X = initialization12(pop,ub,lb,dim)
    %pop: 种群数量
    %dim: 每个粒子群的维度
    %ub: 每个维度的变量上边界，维度为[1,dim]
    %lb: 每个维度的变量下边界，维度为[1,dim]
    %X: 输出的种群，维度[pop,dim]
    X = zeros(pop,dim); %X 事先分配空间
r0=rand;
eta = 0.4;
mu = 0.3;
    for i = 1:pop
      for j = 1:dim
      r=rand;
        if r0>=0 && r0<eta
                R=mod(r0/eta + mu*sin(pi*r0) + r,1);
          elseif r0>=eta && r0<0.5
                R=mod((r0/eta)/(0.5-eta) + mu*sin(pi*r0)+r, 1);
          elseif r0>=0.5 && r0<1-eta
                R=mod( (1-r0/eta)/(0.5-eta) + mu*sin(pi*(1-r0))+ r ,1);
          else
                R=mod( (1-r0/eta)/(eta) + mu*sin(pi*(1-r0))+ r ,1);
          end
          X(i,j) = (ub(j) - lb(j))*R + lb(j);   %生成[lb,ub]之间的随机数
        r0=R;
      end
    end
end


%% ICMIC 混沌映射初始化函数
function X = initialization13(pop,ub,lb,dim)
    %pop: 种群数量
    %dim: 每个粒子群的维度
    %ub: 每个维度的变量上边界，维度为[1,dim]
    %lb: 每个维度的变量下边界，维度为[1,dim]
    %X: 输出的种群，维度[pop,dim]
    X = zeros(pop,dim); %X 事先分配空间
r0=rand;
a = 2;
    for i = 1:pop
```

```matlab
            for j = 1:dim
             R = sin(a/r0);
                X(i,j) = (ub(j) - lb(j))*R + lb(j);   %生成[lb,ub]之间的随机数
             r0=R;
             end
        end
end


%% Tent-Logistic-Cosine 混沌映射初始化函数
function X = initialization14(pop,ub,lb,dim)
    %pop: 种群数量
    %dim: 每个粒子群的维度
    %ub: 每个维度的变量上边界，维度为[1,dim]
    %lb: 每个维度的变量下边界，维度为[1,dim]
    %X: 输出的种群，维度[pop,dim]
    X = zeros(pop,dim);  %X 事先分配空间
r0=rand;
    for i = 1:pop
       for j = 1:dim
        r = rand>0.5;
         if r0<0.5
             R = cos(pi*(2*r*r0+4*(1-r)*r0*(1-r0)-0.5));
         else
             R = cos(pi*(2*r*(1-r0)+4*(1-r)*r0*(1-r0)-0.5)) ;
         end
          X(i,j) = (ub(j) - lb(j))*R + lb(j);   %生成[lb,ub]之间的随机数
        r0=R;
        end
    end
end

%% Logistic-Sine-Cosine 混沌映射初始化函数
function X = initialization15(pop,ub,lb,dim)
    %pop: 种群数量
    %dim: 每个粒子群的维度
    %ub: 每个维度的变量上边界，维度为[1,dim]
    %lb: 每个维度的变量下边界，维度为[1,dim]
    %X: 输出的种群，维度[pop,dim]
    X = zeros(pop,dim);  %X 事先分配空间
r0=rand;
    for i = 1:pop
       for j = 1:dim
        r = rand>0.5;
         R = cos(pi*(4*r*r0*(1-r0)+(1-r)*sin(pi*r0)-0.5));
          X(i,j) = (ub(j) - lb(j))*R + lb(j);   %生成[lb,ub]之间的随机数
        r0=R;
        end
    end
end

%% Sine-Tent-Cosine 混沌映射初始化函数
function X = initialization16(pop,ub,lb,dim)
    %pop: 种群数量
    %dim: 每个粒子群的维度
    %ub: 每个维度的变量上边界，维度为[1,dim]
    %lb: 每个维度的变量下边界，维度为[1,dim]
```

```
    %X: 输出的种群，维度[pop,dim]
    X = zeros(pop,dim); %X 事先分配空间
r0=rand;
    for i = 1:pop
        for j = 1:dim
        r = rand>0.5;
        if r0<0.5
            R = cos(pi*(r*sin(pi*r0)+2*(1-r)*r0-0.5));
        else
            R = cos(pi*(r*sin(pi*r0)+2*(1-r)*(1-r0)-0.5));
        end
            X(i,j) = (ub(j) - lb(j))*R + lb(j);  %生成[lb,ub]之间的随机数
        r0=R;
        end
    end
end

%% Henon 混沌映射初始化函数
function X = initialization17(pop,ub,lb,dim)
    %pop: 种群数量
    %dim: 每个粒子群的维度
    %ub: 每个维度的变量上边界，维度为[1,dim]
    %lb: 每个维度的变量下边界，维度为[1,dim]
    %X: 输出的种群，维度[pop,dim]
    X = zeros(pop,dim); %X 事先分配空间
r0=rand;
a=1.4;
b=0.3;
ry0=rand
    for i = 1:pop
        for j = 1:dim
        R=1+ry0-a*r0^2;
        Ry=b*r0;
            X(i,j) = (ub(j) - lb(j))*R + lb(j);  %生成[lb,ub]之间的随机数
        r0=R;
        ry0=Ry;
        end
    end
end

%% Cubic 混沌映射初始化函数
function X = initialization18(pop,ub,lb,dim)
    %pop: 种群数量
    %dim: 每个粒子群的维度
    %ub: 每个维度的变量上边界，维度为[1,dim]
    %lb: 每个维度的变量下边界，维度为[1,dim]
    %X: 输出的种群，维度[pop,dim]
    X = zeros(pop,dim); %X 事先分配空间
r0=rand;
a=2.595;
    for i = 1:pop
        for j = 1:dim
        R=a*r0*(1-r0^2);
            X(i,j) = (ub(j) - lb(j))*R + lb(j);  %生成[lb,ub]之间的随机数
        r0=R;
        end
    end
```

```matlab
end

%% Logistic-Tent 混沌映射初始化函数
function X = initialization19(pop,ub,lb,dim)
    %pop: 种群数量
    %dim: 每个粒子群的维度
    %ub: 每个维度的变量上边界，维度为[1,dim]
    %lb: 每个维度的变量下边界，维度为[1,dim]
    %X: 输出的种群，维度[pop,dim]
    X = zeros(pop,dim); %X 事先分配空间
r0=rand;
r = 2;
    for i = 1:pop
       for j = 1:dim
        if r0<0.5
          R=mod(r*r0*(1-r0)+(4-r)*r0/2,1);
        else
          R=mod(r*r0*(1-r0)+(4-r)*(1-r0)/2,1);
        end
          X(i,j) = (ub(j) - lb(j))*R + lb(j);   %生成[lb,ub]之间的随机数
         r0=R;
        end
    end
end


%% Bernoulli 混沌映射初始化函数
function X = initialization20(pop,ub,lb,dim)
    %pop: 种群数量
    %dim: 每个粒子群的维度
    %ub: 每个维度的变量上边界，维度为[1,dim]
    %lb: 每个维度的变量下边界，维度为[1,dim]
    %X: 输出的种群，维度[pop,dim]
    X = zeros(pop,dim); %X 事先分配空间
r0=rand;
a = 0.77;
    for i = 1:pop
       for j = 1:dim
        if r0<1-a
          R=r0/(1-a);
        else
          R=(r0-1+a)/a;
        end
          X(i,j) = (ub(j) - lb(j))*R + lb(j);   %生成[lb,ub]之间的随机数
         r0=R;
        end
    end
end
```

Python 完整代码实现如下。

```python
import numpy as np
import copy

'''粒子群初始化函数'''
# pop: 种群数量
# dim: 单个粒子的维度
# ub: 粒子上边界，维度为[1,dim]
# lb: 粒子下边界，维度为[1,dim]
```

```python
# X: 输出种群，维度为[pop,dim]
def initialization(pop,ub,lb,dim):
    X = np.zeros([pop,dim])
    for i in range(pop):
        for j in range(dim):
            X[i,j] = (ub[j]-lb[j])*np.random.random()+lb[j]
    return X
```

'''Chebyshev 混沌映射初始化函数'''
```python
# pop: 种群数量
# dim: 单个粒子的维度
# ub: 粒子上边界，维度为[1,dim]
# lb: 粒子下边界，维度为[1,dim]
# X: 输出种群，维度为[pop,dim]
def initialization1(pop,ub,lb,dim):
    X = np.zeros([pop,dim])
    r0 = np.random.random()
    a=4
    for i in range(pop):
        for j in range(dim):
            R = np.cos(a*np.arccos(r0))
            X[i,j] = (ub[j]-lb[j])*R+lb[j]
            r0 = R
    return X
```

'''Circle 混沌映射初始化函数'''
```python
# pop: 种群数量
# dim: 单个粒子的维度
# ub: 粒子上边界，维度为[1,dim]
# lb: 粒子下边界，维度为[1,dim]
# X: 输出种群，维度为[pop,dim]
def initialization2(pop,ub,lb,dim):
    X = np.zeros([pop,dim])
    r0 = np.random.random()
    a=0.5
    b=0.2
    for i in range(pop):
        for j in range(dim):
            R = np.mod(r0+b-(a/(2*np.pi))*np.sin(2*np.pi*r0),1)
            X[i,j] = (ub[j]-lb[j])*R+lb[j]
            r0 = R
    return X
```

'''Gauss 混沌映射初始化函数'''
```python
# pop: 种群数量
# dim: 单个粒子的维度
# ub: 粒子上边界，维度为[1,dim]
# lb: 粒子下边界，维度为[1,dim]
# X: 输出种群，维度为[pop,dim]
def initialization3(pop,ub,lb,dim):
    X = np.zeros([pop,dim])
    r0 = np.random.random()
    for i in range(pop):
        for j in range(dim):
            if r0==0:
```

```
                R=1
        else:
            R=np.mod(1/r0,1)
        X[i,j] = (ub[j]-lb[j])*R+lb[j]
        r0 = R
    return X


'''Iterative 混沌映射初始化函数'''
# pop: 种群数量
# dim: 单个粒子的维度
# ub: 粒子上边界，维度为[1,dim]
# lb: 粒子下边界，维度为[1,dim]
# X: 输出种群，维度为[pop,dim]
def initialization4(pop,ub,lb,dim):
    X = np.zeros([pop,dim])
    r0 = np.random.random()
    a = 0.7
    for i in range(pop):
        for j in range(dim):
            R=np.sin(np.pi*a/r0)
            X[i,j] = (ub[j]-lb[j])*R+lb[j]
            r0 = R
    return X


'''Logistic 混沌映射初始化函数'''
# pop: 种群数量
# dim: 单个粒子的维度
# ub: 粒子上边界，维度为[1,dim]
# lb: 粒子下边界，维度为[1,dim]
# X: 输出种群，维度为[pop,dim]
def initialization5(pop,ub,lb,dim):
    X = np.zeros([pop,dim])
    r0 = np.random.random()
    a = 4
    for i in range(pop):
        for j in range(dim):
            R=a*r0*(1-r0)
            X[i,j] = (ub[j]-lb[j])*R+lb[j]
            r0 = R
    return X


'''Piecewise 混沌映射初始化函数'''
# pop: 种群数量
# dim: 单个粒子的维度
# ub: 粒子上边界，维度为[1,dim]
# lb: 粒子下边界，维度为[1,dim]
# X: 输出种群，维度为[pop,dim]
def initialization6(pop,ub,lb,dim):
    X = np.zeros([pop,dim])
    r0 = np.random.random()
    P = 0.4
    for i in range(pop):
        for j in range(dim):
            if r0>=0 and r0<P:
```

```
                    R=r0/P
                elif r0>=P and r0<0.5:
                    R=(r0-P)/(0.5-P)
                elif r0>=0.5 and r0<1-P:
                    R=(1-P-r0)/(0.5-P)
                elif r0>=1-P and r0<1:
                    R=(1-r0)/P
                X[i,j] = (ub[j]-lb[j])*R+lb[j]
                r0 = R
        return X


'''Sine 混沌映射初始化函数'''
# pop: 种群数量
# dim: 单个粒子的维度
# ub: 粒子上边界，维度为[1,dim]
# lb: 粒子下边界，维度为[1,dim]
# X: 输出种群，维度为[pop,dim]
def initialization7(pop,ub,lb,dim):
    X = np.zeros([pop,dim])
    r0 = np.random.random()
    a = 4
    for i in range(pop):
        for j in range(dim):
            R=(a/4)*np.sin(np.pi*r0)
            X[i,j] = (ub[j]-lb[j])*R+lb[j]
            r0 = R
    return X


'''Singer 混沌映射初始化函数'''
# pop: 种群数量
# dim: 单个粒子的维度
# ub: 粒子上边界，维度为[1,dim]
# lb: 粒子下边界，维度为[1,dim]
# X: 输出种群，维度为[pop,dim]
def initialization8(pop,ub,lb,dim):
    X = np.zeros([pop,dim])
    r0 = np.random.random()
    a = 1.07
    for i in range(pop):
        for j in range(dim):
            R=a*(7.86*r0-23.31*r0**2+28.75*r0**3-13.302875*r0**4)
            X[i,j] = (ub[j]-lb[j])*R+lb[j]
            r0 = R
    return X


'''Sinusoidal 混沌映射初始化函数'''
# pop: 种群数量
# dim: 单个粒子的维度
# ub: 粒子上边界，维度为[1,dim]
# lb: 粒子下边界，维度为[1,dim]
# X: 输出种群，维度为[pop,dim]
def initialization9(pop,ub,lb,dim):
    X = np.zeros([pop,dim])
    r0 = 0.7
```

```python
        a = 2.3
        for i in range(pop):
            for j in range(dim):
                R=a*r0**2*np.sin(np.pi*r0)
                X[i,j] = (ub[j]-lb[j])*R+lb[j]
                r0 = R
        return X


'''Tent 混沌映射初始化函数'''
# pop: 种群数量
# dim: 单个粒子的维度
# ub: 粒子上边界，维度为[1,dim]
# lb: 粒子下边界，维度为[1,dim]
# X: 输出种群，维度为[pop,dim]
def initialization10(pop,ub,lb,dim):
    X = np.zeros([pop,dim])
    r0 = np.random.random()
    a = 0.7
    for i in range(pop):
        for j in range(dim):
            if r0<a:
                R=r0/a
            else:
                R=(1-r0)/(1-a)
            X[i,j] = (ub[j]-lb[j])*R+lb[j]
            r0 = R
    return X


'''Fuch 混沌映射初始化函数'''
# pop: 种群数量
# dim: 单个粒子的维度
# ub: 粒子上边界，维度为[1,dim]
# lb: 粒子下边界，维度为[1,dim]
# X: 输出种群，维度为[pop,dim]
def initialization11(pop,ub,lb,dim):
    X = np.zeros([pop,dim])
    r0 = np.random.random()
    for i in range(pop):
        for j in range(dim):
            R=np.cos(1/r0**2)
            X[i,j] = (ub[j]-lb[j])*R+lb[j]
            r0 = R
    return X


'''SPM 混沌映射初始化函数'''
# pop: 种群数量
# dim: 单个粒子的维度
# ub: 粒子上边界，维度为[1,dim]
# lb: 粒子下边界，维度为[1,dim]
# X: 输出种群，维度为[pop,dim]
def initialization12(pop,ub,lb,dim):
    X = np.zeros([pop,dim])
    r0 = np.random.random()
    eta = 0.4
```

```
        mu = 0.3
        pi = np.pi
        for i in range(pop):
            for j in range(dim):
                r = np.random.random()
                if r0>=0 and r0<eta:
                    R=np.mod(r0/eta + mu*np.sin(pi*r0) + r,1)
                elif r0>=eta and r0<0.5:
                    R=np.mod((r0/eta)/(0.5-eta) + mu*np.sin(pi*r0)+r, 1)
                elif r0>=0.5 and r0<1-eta:
                    R=np.mod( (1-r0/eta)/(0.5-eta) + mu*np.sin(pi*(1-r0))+ r ,1)
                else:
                    R=np.mod( (1-r0/eta)/(eta) + mu*np.sin(pi*(1-r0))+ r ,1)
                X[i,j] = (ub[j]-lb[j])*R+lb[j]
                r0 = R
        return X


'''ICMIC 混沌映射初始化函数'''
# pop: 种群数量
# dim: 单个粒子的维度
# ub: 粒子上边界，维度为[1,dim]
# lb: 粒子下边界，维度为[1,dim]
# X: 输出种群，维度为[pop,dim]
def initialization13(pop,ub,lb,dim):
    X = np.zeros([pop,dim])
    r0 = np.random.random()
    a = 2
    for i in range(pop):
        for j in range(dim):
            R = np.sin(a/r0)
            X[i,j] = (ub[j]-lb[j])*R+lb[j]
            r0 = R
    return X


'''Tent-Logistic-Cosine 混沌映射初始化函数'''
# pop: 种群数量
# dim: 单个粒子的维度
# ub: 粒子上边界，维度为[1,dim]
# lb: 粒子下边界，维度为[1,dim]
# X: 输出种群，维度为[pop,dim]
def initialization14(pop,ub,lb,dim):
    X = np.zeros([pop,dim])
    r0 = np.random.random()
    pi = np.pi
    for i in range(pop):
        for j in range(dim):
            r = np.random.random()>0.5
            if r0<0.5:
                R = np.cos(pi*(2*r*r0+4*(1-r)*r0*(1-r0)-0.5))
            else:
                R = np.cos(pi*(2*r*(1-r0)+4*(1-r)*r0*(1-r0)-0.5))
            X[i,j] = (ub[j]-lb[j])*R+lb[j]
            r0 = R
    return X
```

```python
'''Logistic-Sine-Cosine 混沌映射初始化函数'''
# pop: 种群数量
# dim: 单个粒子的维度
# ub: 粒子上边界，维度为[1,dim]
# lb: 粒子下边界，维度为[1,dim]
# X: 输出种群，维度为[pop,dim]
def initialization15(pop,ub,lb,dim):
    X = np.zeros([pop,dim])
    r0 = np.random.random()
    pi = np.pi
    for i in range(pop):
        for j in range(dim):
            r = np.random.random()>0.5
            R = np.cos(pi*(4*r*r0*(1-r0)+(1-r)*np.sin(pi*r0)-0.5))
            X[i,j] = (ub[j]-lb[j])*R+lb[j]
            r0 = R
    return X


'''Sine-Tent-Cosine 混沌映射初始化函数'''
# pop: 种群数量
# dim: 单个粒子的维度
# ub: 粒子上边界，维度为[1,dim]
# lb: 粒子下边界，维度为[1,dim]
# X: 输出种群，维度为[pop,dim]
def initialization16(pop,ub,lb,dim):
    X = np.zeros([pop,dim])
    r0 = np.random.random()
    pi = np.pi
    for i in range(pop):
        for j in range(dim):
            r = np.random.random()>0.5
            if r0<0.5:
                R = np.cos(pi*(r*np.sin(pi*r0)+2*(1-r)*r0-0.5))
            else:
                R = np.cos(pi*(r*np.sin(pi*r0)+2*(1-r)*(1-r0)-0.5))
            X[i,j] = (ub[j]-lb[j])*R+lb[j]
            r0 = R
    return X


'''Henon 混沌映射初始化函数'''
# pop: 种群数量
# dim: 单个粒子的维度
# ub: 粒子上边界，维度为[1,dim]
# lb: 粒子下边界，维度为[1,dim]
# X: 输出种群，维度为[pop,dim]
def initialization17(pop,ub,lb,dim):
    X = np.zeros([pop,dim])
    r0 = np.random.random()
    ry0 = np.random.random()
    a=1.4
    b=0.3
    for i in range(pop):
        for j in range(dim):
            R=1+ry0-a*r0**2
```

```
                Ry=b*r0
                X[i,j] = (ub[j]-lb[j])*R+lb[j]
                r0 = R
                ry0 = Ry
        return X


'''Cubic 混沌映射初始化函数'''
# pop: 种群数量
# dim: 单个粒子的维度
# ub: 粒子上边界，维度为[1,dim]
# lb: 粒子下边界，维度为[1,dim]
# X: 输出种群，维度为[pop,dim]
def initialization18(pop,ub,lb,dim):
    X = np.zeros([pop,dim])
    r0 = np.random.random()
    a=2.595
    for i in range(pop):
        for j in range(dim):
            R=a*r0*(1-r0**2)
            X[i,j] = (ub[j]-lb[j])*R+lb[j]
            r0 = R
    return X


'''Logistic-Tent 混沌映射初始化函数'''
# pop: 种群数量
# dim: 单个粒子的维度
# ub: 粒子上边界，维度为[1,dim]
# lb: 粒子下边界，维度为[1,dim]
# X: 输出种群，维度为[pop,dim]
def initialization19(pop,ub,lb,dim):
    X = np.zeros([pop,dim])
    r0 = np.random.random()
    r=2
    for i in range(pop):
        for j in range(dim):
            if r0<0.5:
                R = np.mod(r*r0*(1-r0)+(4-r)*r0/2,1)
            else:
                R = np.mod(r*r0*(1-r0)+(4-r)*(1-r0)/2,1)
            X[i,j] = (ub[j]-lb[j])*R+lb[j]
            r0 = R
    return X


'''Bernoulli 混沌映射初始化函数'''
# pop: 种群数量
# dim: 单个粒子的维度
# ub: 粒子上边界，维度为[1,dim]
# lb: 粒子下边界，维度为[1,dim]
# X: 输出种群，维度为[pop,dim]
def initialization20(pop,ub,lb,dim):
    X = np.zeros([pop,dim])
    r0 = np.random.random()
    a=0.7
    for i in range(pop):
```

```
        for j in range(dim):
            if r0<1-a:
                R = r0/(1-a)
            else:
                R = (r0-1+a)/a
            X[i,j] = (ub[j]-lb[j])*R+lb[j]
            r0 = R
    return X



''' 边界检查函数 '''
# dim: 数据维度
# x: 输入数据，维度为dim
# ub: 数据上边界，维度为dim
# lb: 数据下边界，维度为dim
def BoundaryCheck(x,ub,lb,dim):
    for i in range(dim):
        if x[i]>ub[i]:
            x[i]=ub[i]
        if x[i]<lb[i]:
            x[i]=lb[i]
    return x

''' 粒子群函数'''
## 输入：
#   pop: 种群数量
#   dim: 单个粒子的维度
#   ub: 粒子上边界信息，维度为[1,dim]
#   lb: 粒子下边界信息，维度为[1,dim]
#   fobj: 适应度函数接口
#   vmax: 速度的上边界信息，维度为[1,dim]
#   vmin: 速度的下边界信息，维度为[1,dim]
#   maxIter: 算法的最大迭代次数，用于控制算法的停止
#   Methodflag:用于控制选用哪种策略来改进粒子群算法[0-20]
## 输出：
#   Best_Pos: 粒子群找到的最优位置
#   Best_fitness: 最优位置对应的适应度值
#   IterCure: 用于记录每次迭代的最佳适应度，即后续用来绘制迭代曲线
def Ipso(pop,dim,ub,lb,fobj,vmax,vmin,maxIter,Methodflag):
    # 设置c1、c2参数
    c1 = 2.0
    c2 = 2.0
    # 初始化种群速度
    V = initialization(pop,vmax,vmin,dim)
    # 初始化种群位置
    if (Methodflag == 0):
        X = initialization(pop,ub,lb,dim) #原始初始化函数
    elif(Methodflag == 1):
        X = initialization1(pop,ub,lb,dim) #Chebyshev 混沌映射初始化函数
    elif(Methodflag == 2):
        X = initialization2(pop,ub,lb,dim) #Circle 混沌映射初始化函数
    elif(Methodflag == 3):
        X = initialization3(pop,ub,lb,dim) #Gauss 混沌映射初始化函数
    elif(Methodflag == 4):
        X = initialization4(pop,ub,lb,dim) #Iterative 混沌映射初始化函数
    elif(Methodflag == 5):
```

```
        X = initialization5(pop,ub,lb,dim) #Logistic 混沌映射初始化函数
    elif(Methodflag == 6):
        X = initialization6(pop,ub,lb,dim) #Piecewise 混沌映射初始化函数
    elif(Methodflag == 7):
        X = initialization7(pop,ub,lb,dim) #Sine 混沌映射初始化函数
    elif(Methodflag == 8):
        X = initialization8(pop,ub,lb,dim) #Singer 混沌映射初始化函数
    elif(Methodflag == 9):
        X = initialization9(pop,ub,lb,dim) #Sinusoidal 混沌映射初始化函数
    elif(Methodflag == 10):
        X = initialization10(pop,ub,lb,dim) #Tent 混沌映射初始化函数
    elif(Methodflag == 11):
        X = initialization11(pop,ub,lb,dim) #Fuch 混沌映射初始化函数
    elif(Methodflag == 12):
        X = initialization12(pop,ub,lb,dim) #SPM 混沌映射初始化函数
    elif(Methodflag == 13):
        X = initialization13(pop,ub,lb,dim) #ICMIC 混沌映射初始化函数
    elif(Methodflag == 14):
        X = initialization14(pop,ub,lb,dim) #Tent-Logistic-Cosine 混沌映射
初始化函数
    elif(Methodflag == 15):
        X = initialization15(pop,ub,lb,dim) #Logistic-Sine-Cosine 混沌映射
初始化函数
    elif(Methodflag == 16):
        X = initialization16(pop,ub,lb,dim) #Sine-Tent-Cosine 混沌映射初始化
函数
    elif(Methodflag == 17):
        X = initialization17(pop,ub,lb,dim) #Henon 混沌映射初始化函数
    elif(Methodflag == 18):
        X = initialization18(pop,ub,lb,dim) #Cubic 混沌映射初始化函数
    elif(Methodflag == 19):
        X = initialization19(pop,ub,lb,dim) #Logistic-Tent 混沌映射初始化
函数
    elif(Methodflag == 20):
        X = initialization20(pop,ub,lb,dim) #Bernoulli 混沌映射初始化函数
    else:
        print("wrong Methodflag!!")

    # 计算适应度值
    fitness = np.zeros(pop)
    for i in range(pop):
        fitness[i] = fobj(X[i,:])
    # 将初始种群作为历史最优
    pBest = copy.deepcopy(X)
    pBestFitness = copy.deepcopy(fitness)
    # 记录初始全局最优解，默认优化最小值
    # 寻找适应度最小的位置
    index = np.argmin(fitness)
    # 记录适应度值和位置
    gBestFitness = fitness[index]
    gBest = copy.deepcopy(X[index,:])
    IterCurve = np.zeros(maxIter)
    ## 开始迭代 ##
    for t in range(maxIter):
        # 对每个粒子进行更新
        for i in range(pop):
            # 速度更新
```

```
        r1 = np.random.random(dim)
        r2 = np.random.random(dim)
        V[i,:] = V[i,:] + c1*r1*(pBest[i,:]-X[i,:]) + c2*r2*(gBest-
X[i,:])
        # 边界检查
        V[i,:] = BoundaryCheck(V[i,:],vmax,vmin,dim)
        # 位置更新
        X[i,:] = X[i,:] + V[i,:]
        # 边界检查
        X[i,:] = BoundaryCheck(X[i,:],ub,lb,dim)
        # 计算新位置适应度值
        fitness[i] = fobj(X[i,:])
        # 更新历史最优值
        if fitness[i]<pBestFitness[i]:
            pBest[i,:] = copy.copy(X[i,:])
            pBestFitness[i] = fitness[i]
        # 更新全局最优值
        if fitness[i]<gBestFitness:
            gBestFitness = fitness[i]
            gBest = copy.copy(X[i,:])
    ## 记录当前迭代最优值和最优适应度值
    # 记录最优解
    Best_Pos = gBest
    # 记录最优解适应度值
    Best_fitness = gBestFitness
    # 记录当前迭代的最优解适应度值
    IterCurve[t] = gBestFitness
return Best_Pos,Best_fitness,IterCurve
```

5.1.2　基于混沌映射改进种群初始化的粒子群算法的寻优求解

本节以第 2 章的基准测试函数 F1 为例，同时应用不同的改进方法，并输出结果进行对比。F1 测试函数的信息如表 5.2 所示。

表 5.2　F1 测试函数

名称	函数表达式（function）	维度（dim）	变量范围值（range）	全局最优值（fmin）
F1	$f_1(x)=\sum_{i=1}^{n}x_i^2$	30	$[-100,100]$	0

设定粒子群函数种群数量为 30，迭代次数为 200，变量维度为 30，变量范围为 $[-100,100]$，速度范围为 $[-2,2]$。

基于混沌映射改进种群初始化的粒子群算法寻优求解对比案例 MATLAB 代码：

```
%% 粒子群算法求解基准测试函数集 F1
clc;clear all;close all;
%粒子群参数设定
pop = 30;%种群数量
dim = 30;%变量维度
ub = ones(1,30).*100;        %粒子上边界信息
lb =  ones(1,30).*-100;       %粒子下边界信息
vmax =  ones(1,30).*2;        %粒子的速度上边界
vmin = ones(1,30).*-2;        %粒子的速度下边界
```

```
maxIter = 200;                    %最大迭代次数
fobj = @(x) fun(x);               %设置适应度函数为 fun(x)
%粒子群求解问题
%0: 基础粒子群算法
[Best_Pos,Best_fitness,IterCurve,~,~]=Ipso(pop,dim,ub,lb,fobj,vmax,vmin,
maxIter,0);
%1: Chebyshev 混沌映射改进粒子群算法
[Best_Pos1,Best_fitness1,IterCurve1,~,~]=Ipso(pop,dim,ub,lb,fobj,vmax,
vmin,maxIter,1);
%2: Circle 混沌映射改进粒子群算法
[Best_Pos2,Best_fitness2,IterCurve2,~,~]=Ipso(pop,dim,ub,lb,fobj,vmax,
vmin,maxIter,2);
%3: Gauss 混沌映射改进粒子群算法
[Best_Pos3,Best_fitness3,IterCurve3,~,~]=Ipso(pop,dim,ub,lb,fobj,vmax,
vmin,maxIter,3);
%4: Iterative 混沌映射改进粒子群算法
[Best_Pos4,Best_fitness4,IterCurve4,~,~]=Ipso(pop,dim,ub,lb,fobj,vmax,
vmin,maxIter,4);
%5: Logistic 混沌映射改进粒子群算法
[Best_Pos5,Best_fitness5,IterCurve5,~,~]=Ipso(pop,dim,ub,lb,fobj,vmax,
vmin,maxIter,5);
%6: Piecewise 混沌映射改进粒子群算法
[Best_Pos6,Best_fitness6,IterCurve6,~,~]=Ipso(pop,dim,ub,lb,fobj,vmax,
vmin,maxIter,6);
%7: Sine 混沌映射改进粒子群算法
[Best_Pos7,Best_fitness7,IterCurve7,~,~]=Ipso(pop,dim,ub,lb,fobj,vmax,
vmin,maxIter,7);
%8: Singer 混沌映射改进粒子群算法
[Best_Pos8,Best_fitness8,IterCurve8,~,~]=Ipso(pop,dim,ub,lb,fobj,vmax,
vmin,maxIter,8);
%9: Sinusoidal 混沌映射改进粒子群算法
[Best_Pos9,Best_fitness9,IterCurve9,~,~]=Ipso(pop,dim,ub,lb,fobj,vmax,
vmin,maxIter,9);
%10: Tent 混沌映射改进粒子群算法
[Best_Pos10,Best_fitness10,IterCurve10,~,~]=Ipso(pop,dim,ub,lb,fobj,
vmax,vmin,maxIter,10);
%11: Fuch 混沌映射改进粒子群算法
[Best_Pos11,Best_fitness11,IterCurve11,~,~]=Ipso(pop,dim,ub,lb,fobj,
vmax,vmin,maxIter,11);
%12: SPM 混沌映射改进粒子群算法
[Best_Pos12,Best_fitness12,IterCurve12,~,~]=Ipso(pop,dim,ub,lb,fobj,
vmax,vmin,maxIter,12);
%13: ICMIC 混沌映射改进粒子群算法
[Best_Pos13,Best_fitness13,IterCurve13,~,~]=Ipso(pop,dim,ub,lb,fobj,
vmax,vmin,maxIter,13);
%14: Tent-Logistic-Cosine 混沌映射改进粒子群算法
[Best_Pos14,Best_fitness14,IterCurve14,~,~]=Ipso(pop,dim,ub,lb,fobj,
vmax,vmin,maxIter,14);
%15: Logistic-Sine-Cosine 混沌映射改进粒子群算法
[Best_Pos15,Best_fitness15,IterCurve15,~,~]=Ipso(pop,dim,ub,lb,fobj,
vmax,vmin,maxIter,15);
%16: Sine-Tent-Cosine 混沌映射改进粒子群算法
[Best_Pos16,Best_fitness16,IterCurve16,~,~]=Ipso(pop,dim,ub,lb,fobj,
vmax,vmin,maxIter,16);
%17: Henon 混沌映射改进粒子群算法
[Best_Pos17,Best_fitness17,IterCurve17,~,~]=Ipso(pop,dim,ub,lb,fobj,
vmax,vmin,maxIter,17);
```

```matlab
%18：Cubic 混沌映射改进粒子群算法
[Best_Pos18,Best_fitness18,IterCurve18,~,~]=Ipso(pop,dim,ub,lb,fobj,
vmax,vmin,maxIter,18);
%19：Logistic-Tent 混沌映射改进粒子群算法
[Best_Pos19,Best_fitness19,IterCurve19,~,~]=Ipso(pop,dim,ub,lb,fobj,
vmax,vmin,maxIter,19);
%20：Bernoulli 混沌映射改进粒子群算法
[Best_Pos20,Best_fitness20,IterCurve20,~,~]=Ipso(pop,dim,ub,lb,fobj,
vmax,vmin,maxIter,20);

%绘制迭代曲线
figure
plot(IterCurve,'linewidth',1.5);
hold on
plot(IterCurve1,'linewidth',1.5);
plot(IterCurve2,'linewidth',1.5);
plot(IterCurve3,'linewidth',1.5);
plot(IterCurve4,'linewidth',1.5);
plot(IterCurve5,'linewidth',1.5);
plot(IterCurve6,'linewidth',1.5);
plot(IterCurve7,'linewidth',1.5);
plot(IterCurve8,'linewidth',1.5);
plot(IterCurve9,'linewidth',1.5);
plot(IterCurve10,'linewidth',1.5);
plot(IterCurve11,'linewidth',1.5);
plot(IterCurve12,'linewidth',1.5);
plot(IterCurve13,'linewidth',1.5);
plot(IterCurve14,'linewidth',1.5);
plot(IterCurve15,'linewidth',1.5);
plot(IterCurve16,'linewidth',1.5);
plot(IterCurve17,'linewidth',1.5);
plot(IterCurve18,'linewidth',1.5);
plot(IterCurve19,'linewidth',1.5);
plot(IterCurve20,'linewidth',1.5);
grid on;%网格开
title('改进粒子群迭代曲线')
xlabel('迭代次数')
ylabel('适应度值')

disp(['基础粒子群算法最优位置：']); disp(Best_Pos); disp(['最优解对应的适应度值：
',num2str(Best_fitness)]);
disp(['Chebyshev 混沌映射改进粒子群算法：']); disp(Best_Pos1); disp(['最优解对
应的适应度值：',num2str(Best_fitness1)]);
disp(['Circle 混沌映射改进粒子群算法：']); disp(Best_Pos2); disp(['最优解对应
的适应度值：',num2str(Best_fitness2)]);
disp(['Gauss 混沌映射改进粒子群算法：']); disp(Best_Pos3); disp(['最优解对应的
适应度值：',num2str(Best_fitness3)]);
disp(['Iterative 混沌映射改进粒子群算法：']); disp(Best_Pos4); disp(['最优解对
应的适应度值：',num2str(Best_fitness4)]);
disp(['Logistic 混沌映射改进粒子群算法：']); disp(Best_Pos5); disp(['最优解对
应的适应度值：',num2str(Best_fitness5)]);
disp(['Piecewise 混沌映射改进粒子群算法：']); disp(Best_Pos6); disp(['最优解对
应的适应度值：',num2str(Best_fitness6)]);
disp(['Sine 混沌映射改进粒子群算法：']); disp(Best_Pos7); disp(['最优解对应的适
应度值：',num2str(Best_fitness7)]);
disp(['Singer 混沌映射改进粒子群算法：']); disp(Best_Pos8); disp(['最优解对应
的适应度值：',num2str(Best_fitness8)]);
```

```
disp(['Sinusoidal 混沌映射改进粒子群算法：']); disp(Best_Pos9); disp(['最优解
对应的适应度值：',num2str(Best_fitness9)]);
disp(['Tent 混沌映射改进粒子群算法：']); disp(Best_Pos10); disp(['最优解对应的
适应度值：',num2str(Best_fitness10)]);
disp(['Fuch 混沌映射改进粒子群算法：']); disp(Best_Pos11); disp(['最优解对应的
适应度值：',num2str(Best_fitness11)]);
disp(['SPM 混沌映射改进粒子群算法：']); disp(Best_Pos12); disp(['最优解对应的适
应度值：',num2str(Best_fitness12)]);
disp(['ICMIC 混沌映射改进粒子群算法：']); disp(Best_Pos13); disp(['最优解对应
的适应度值：',num2str(Best_fitness13)]);
disp(['Tent-Logistic-Cosine 混沌映射改进粒子群算法：']); disp(Best_Pos14);
disp(['最优解对应的适应度值：',num2str(Best_fitness14)]);
disp(['Logistic-Sine-Cosine 混沌映射改进粒子群算法：']); disp(Best_Pos15);
disp(['最优解对应的适应度值：',num2str(Best_fitness15)]);
disp(['Sine-Tent-Cosine 混沌映射改进粒子群算法：']); disp(Best_Pos16);
disp(['最优解对应的适应度值：',num2str(Best_fitness16)]);
disp(['Henon 混沌映射改进粒子群算法：']); disp(Best_Pos17); disp(['最优解对应
的适应度值：',num2str(Best_fitness17)]);
disp(['Cubic 混沌映射改进粒子群算法：']); disp(Best_Pos18); disp(['最优解对应
的适应度值：',num2str(Best_fitness18)]);
disp(['Logistic-Tent 混沌映射改进粒子群算法：']); disp(Best_Pos19); disp(['最
优解对应的适应度值：',num2str(Best_fitness19)]);
disp(['Bernoulli 混沌映射改进粒子群算法：']); disp(Best_Pos20); disp(['最优解
对应的适应度值：',num2str(Best_fitness20)]);
```

运行结果如下，如图 5.2 所示。

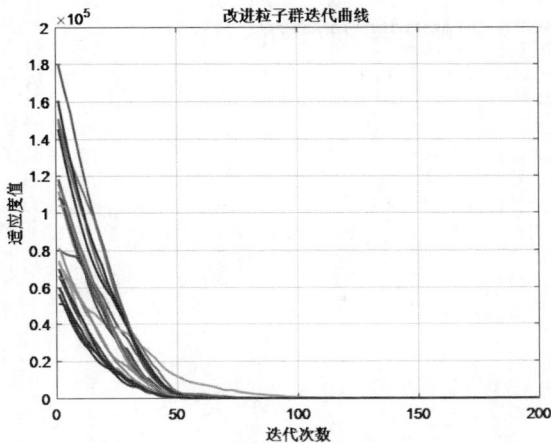

图 5.2　寻优结果迭代曲线（MATLAB）

```
基础粒子群算法最优位置：0.0140      0.3437      0.7141      0.7574      1.8018
1.5305   1.1629   -0.8891   0.8302   -0.4438   0.0095      0.9527  0.4827
-0.2707   -0.4218   -0.6259   0.6727   0.0809   -0.6822   -1.6653
-0.0502   -0.2555   1.0266   -0.1965 0.4183   -0.8810   -0.2596   1.7344
-0.0614   -0.2492
最优解对应的适应度值：20.5548
Chebyshev 混沌映射改进粒子群算法：      0.5775      0.2269   -0.3600      0.4486
-0.8309   0.6702   -1.3341   -0.8063   -0.7134   1.6170      0.4714
-1.5534
   -0.3288   0.0790   -0.6096   -0.6890   0.5500   -0.0661   0.9573
0.0737   -0.0595   -1.2760   0.9831   -0.6862   -0.6608   -0.4476
```

```
   0.7196    -0.9569    -0.8888    1.4269
最优解对应的适应度值: 20.1993
Circle 混沌映射改进粒子群算法:
   -0.5056     0.5507    -0.3588   -1.2328   -1.5508    0.4141    1.0320
0.9219    -0.4079    -0.0406    0.6164    -0.6785   -0.9827   -1.8673
0.1306    -0.0753    -0.4095    0.3946     0.5906    0.3713   -0.3337
0.1351     0.4231    -0.0656   -0.3603     0.0711    1.0226    0.0962   -1.3740
0.1662
最优解对应的适应度值: 16.4111
Gauss 混沌映射改进粒子群算法:
   -1.5425    -0.7572    -0.0320   -0.1063   -0.5110   -0.5620   -0.2876
1.3328    -0.2686    -1.1634    0.7855     0.5701    0.9613   -2.0156
0.0550     0.1914    -1.2353    0.1645    -0.1421   -0.8323   -0.0729
0.3751    -0.4298     0.2096   -0.4203     0.6014   -1.5777    0.5373
0.1681    -0.9755

最优解对应的适应度值: 19.7317
Iterative 混沌映射改进粒子群算法:        0.0264    1.2137    0.9158    1.1125
0.4012     0.9711     0.5589   -0.3713     0.1725   -0.7632   -0.6434
-0.2335    -1.0988    -0.4825   -0.0190   -0.0391   -0.8883   -0.9148
0.0466    -0.3239    -0.8833   -0.6986    -1.1528   -0.9893   -0.1433
2.2528    -0.1421    -0.1365    0.4077    -1.5291
最优解对应的适应度值: 20.5747
Logistic 混沌映射改进粒子群算法:        0.0812   -0.4997    0.3934    0.1029
-0.1267     0.1949     0.9068   -1.2200     0.0056    0.8302   -2.3020
-0.3151     0.3398    -0.9024    0.3424     1.1191    0.2991    1.2518
-0.2391    -0.0507    -0.6422   -0.0146     1.0564   -0.1206    0.4081
0.5407     1.7041    -0.0043   -0.3326    -0.1657
最优解对应的适应度值: 17.9341
Piecewise 混沌映射改进粒子群算法:        -0.2801    0.4248   -0.0649    0.0739
0.1743    -1.4551    -0.5807   -0.2112    -1.0835   -2.3326    0.2017
0.3093     0.1943     0.6279   -0.9857     0.9496   -2.0399    0.2953
0.5268    -0.9599     0.3829    0.5387     0.4943    0.5398   -1.1084
-0.8633    -0.4368     0.1511    0.9837     0.8432
最优解对应的适应度值: 22.1408
Sine 混沌映射改进粒子群算法:        0.7925   -0.2621   -0.1289    1.2125   -0.9899
0.4666    -0.4747     2.5362   -0.5886    -0.7206    0.2258    0.2590
0.9603     0.4738    -0.6595    0.1394     1.2615   -0.1237    0.5040
0.3211    -0.1177    -0.0837    0.7076     0.7276    1.2853    0.3074
-0.5358    -0.0821    -0.0498   -0.5934
最优解对应的适应度值: 18.0333
Singer 混沌映射改进粒子群算法:        0.1704    0.0889    1.4974    0.5342
-0.3905    -0.2131    -0.4474    0.2706    -1.9394   -0.1856    0.8566
-0.6527    -0.0400    -1.3364    0.9978     0.6804   -0.0586   -0.6928
0.2982    -0.1351    -0.7835    1.1383     1.5885    0.8014   -0.8051
1.6877    -0.3019    -1.1943    0.4152    -0.3669
最优解对应的适应度值: 22.224
Sinusoidal 混沌映射改进粒子群算法: -0.3530    0.3114   -0.3957    0.5869
0.8582    -0.5266    -0.9144    0.6135     0.1039    0.0049    0.1697
-0.2549    -0.2212     0.2843    0.7497    -0.3867   -0.9624   -0.3399
0.8636    -2.0560    -2.0059   -0.0857     0.1099   -0.5511   -0.1463
0.0947    -0.1566    -0.7763    0.3407    -1.2384
最优解对应的适应度值: 16.5635
Tent 混沌映射改进粒子群算法:        -0.3830   -0.6960    0.6855   -0.4575   -0.1246
-1.7206    -0.9363     0.0142   -0.2382     0.8677    0.7386    0.6229
0.2141     1.3384    -0.5009   -1.2662     0.2518    0.2914   -0.4655
0.2861    -1.1151     0.9459   -0.5581    -0.5579   -0.7090    0.7550
```

```
0.9561     0.1240    -0.6581    -1.0186
```
最优解对应的适应度值：17.2783

Fuch 混沌映射改进粒子群算法：　　　-0.6302   -0.7635   -0.8100   -0.0863   0.2617
```
-0.3452     0.2503     0.4498     1.5987    -0.5609    -0.5884    -0.6070
-0.3565    -0.8838     1.1937    -0.6412    -0.0527     0.3575     1.9906
-0.4258     1.0708     0.4796    -0.5450     0.5069     0.0733     0.6680
-0.3474    -0.6501    -0.8515    -1.4789
```
最优解对应的适应度值：18.5372

SPM 混沌映射改进粒子群算法：　　　　0.3393   -0.3631   0.1559   0.7545   -0.8738
```
0.3532     0.1732     2.0224    -0.9460     0.0210    -0.7714     0.4115
0.8853    -0.0169     1.9611     0.0243    -1.1307    -1.5216     0.8816
-0.2290     0.2596    -0.0446     0.9631    -1.6054    -0.1198    -1.3060
-0.6521    -0.1499    -0.6203     0.2731
```

最优解对应的适应度值：22.7643

ICMIC 混沌映射改进粒子群算法：
```
  0.1780     1.0466    -0.9361    -0.4511     0.5957    -0.1229    -0.2125
0.6055    -0.0328    -0.6961     0.0861    -1.8621     0.1172    -1.0076
0.3229     0.7751     1.0232     0.4970    -0.7761     1.7838    -1.6711
0.3381    -0.9249    -0.6101    -0.7234    -0.5162    -0.6657     0.2770
-0.8746     0.5001
```

最优解对应的适应度值：20.2205

Tent-Logistic-Cosine 混沌映射改进粒子群算法：　　　-1.2459   -1.2046   0.8778
```
-1.1570    -1.3955    -0.0908     0.1629     1.5398    -0.1157     0.4084
0.7273     0.5364    -0.3291    -0.5441     0.6430     0.4045    -0.7883
0.4689    -0.6517    -1.3444     0.8964    -0.8764     0.2162    -1.0986
0.7982    -0.6326     1.1567     0.2491     0.5457    -0.7192
```

最优解对应的适应度值：20.5956

Logistic-Sine-Cosine 混沌映射改进粒子群算法：　　　0.2775   0.3012   -0.8483
```
0.3804    -1.0785    -0.4764    -1.6544    -1.4426    -0.3808     0.1674
1.1157     1.1143    -0.8756     1.2504     0.5175     0.0006     0.2025
1.0008    -0.3524     0.0402     1.0161    -0.0337     0.7284     0.7788
-0.9774     0.1283    -0.7565     0.0741     0.9551     0.8389
```

最优解对应的适应度值：19.0023

Sine-Tent-Cosine 混沌映射改进粒子群算法：　　　-0.4464   0.0247   -0.0090
```
-0.5368    -0.3398     0.2486     0.2137     0.3489     0.6067    -1.3957
-1.0131     0.0870    -1.3144     2.7926    -0.2997     0.1914    -0.5967
-0.7520     1.0056    -0.8690    -0.7790     1.2611    -0.4488     1.2324
-0.3347     0.8490    -0.5518     0.4409    -0.1595     0.6455
```

最优解对应的适应度值：22.2145

Henon 混沌映射改进粒子群算法：　　　0.5266   -1.0201   -1.0496   -0.1298
```
-0.2742     0.1856     0.8590    -0.2068     0.9538     0.5883     1.1810
-1.2077     0.8063     1.3953     1.4674    -0.2494    -0.7734     0.4496
-0.2525     0.2554     0.9487     0.6924    -0.6694     0.2402     0.7154
0.0987     0.1191     1.5652    -0.2003     0.6410
```

最优解对应的适应度值：18.4993

Cubic 混沌映射改进粒子群算法：　　　-0.1895   0.6385   -0.2709   0.4091
```
0.1251     0.8331    -0.6578     0.2494     0.1449    -0.1802     0.8394
0.9590    -1.2875    -0.2211    -0.0615    -0.7811     0.7216    -1.1537
-0.7678     0.2439    -0.9995    -0.8908    -0.6594    -0.0791     1.5739
-0.4105    -0.7914    -0.5609    -0.5524     0.2267
```

最优解对应的适应值：14.5646

Logistic-Tent 混沌映射改进粒子群算法：　　　-0.4542　　-0.0098　　0.5650　　0.7573
-0.2505　　-0.4588　　0.5423　　0.6000　　0.5347　　-0.3010　　0.3437
1.2361　　-0.7562　　0.4382　　2.5485　　1.0524　　-0.2499　　1.5968
0.6702　　-0.4649　　0.3844　　0.7994　　0.3932　　-0.5398　　0.1412
0.8615　　-0.1392　　0.6513　　1.0823　　0.0394

最优解对应的适应度值：19.3041

Bernoulli 混沌映射改进粒子群算法：
　　0.6566　　0.8438　　0.8179　　0.0586　　-1.4499　　-0.1042　　-1.2970
-0.9416　　-0.4532　　-0.3077　　-1.0414　　0.5386　　-0.2625　　0.3644
-0.0627　　0.7402　　0.1208　　0.3568　　0.1598　　1.2000　　0.2343
-0.3674　　0.6899　　0.0503　　1.0985　　-0.1419　　0.4362　　0.9178
1.0003　　0.1012

最优解对应的适应度值：14.4714

基于混沌映射改进种群初始化的粒子群算法寻优求解对比案例 Python 代码：

```python
import numpy as np
import copy

'''粒子群初始化函数'''
# pop: 种群数量
# dim: 单个粒子的维度
# ub: 粒子上边界，维度为[1,dim]
# lb: 粒子下边界，维度为[1,dim]
# X: 输出种群，维度为[pop,dim]
def initialization(pop,ub,lb,dim):
    X = np.zeros([pop,dim])
    for i in range(pop):
        for j in range(dim):
            X[i,j] = (ub[j]-lb[j])*np.random.random()+lb[j]
    return X

'''Chebyshev 混沌映射初始化函数'''
# pop: 种群数量
# dim: 单个粒子的维度
# ub: 粒子上边界，维度为[1,dim]
# lb: 粒子下边界，维度为[1,dim]
# X: 输出种群，维度为[pop,dim]
def initialization1(pop,ub,lb,dim):
    X = np.zeros([pop,dim])
    r0 = np.random.random()
    a=4
    for i in range(pop):
        for j in range(dim):
            R = np.cos(a*np.arccos(r0))
            X[i,j] = (ub[j]-lb[j])*R+lb[j]
            r0 = R
    return X

'''Circle 混沌映射初始化函数'''
# pop: 种群数量
# dim: 单个粒子的维度
# ub: 粒子上边界，维度为[1,dim]
# lb: 粒子下边界，维度为[1,dim]
```

```python
# X: 输出种群，维度为[pop,dim]
def initialization2(pop,ub,lb,dim):
    X = np.zeros([pop,dim])
    r0 = np.random.random()
    a=0.5
    b=0.2
    for i in range(pop):
        for j in range(dim):
            R = np.mod(r0+b-(a/(2*np.pi))*np.sin(2*np.pi*r0),1)
            X[i,j] = (ub[j]-lb[j])*R+lb[j]
            r0 = R
    return X


'''Gauss 混沌映射初始化函数'''
# pop: 种群数量
# dim: 单个粒子的维度
# ub: 粒子上边界，维度为[1,dim]
# lb: 粒子下边界，维度为[1,dim]
# X: 输出种群，维度为[pop,dim]
def initialization3(pop,ub,lb,dim):
    X = np.zeros([pop,dim])
    r0 = np.random.random()
    for i in range(pop):
        for j in range(dim):
            if r0==0:
                R=1
            else:
                R=np.mod(1/r0,1)
            X[i,j] = (ub[j]-lb[j])*R+lb[j]
            r0 = R
    return X


'''Iterative 混沌映射初始化函数'''
# pop: 种群数量
# dim: 单个粒子的维度
# ub: 粒子上边界，维度为[1,dim]
# lb: 粒子下边界，维度为[1,dim]
# X: 输出种群，维度为[pop,dim]
def initialization4(pop,ub,lb,dim):
    X = np.zeros([pop,dim])
    r0 = np.random.random()
    a = 0.7
    for i in range(pop):
        for j in range(dim):
            R=np.sin(np.pi*a/r0)
            X[i,j] = (ub[j]-lb[j])*R+lb[j]
            r0 = R
    return X


'''Logistic 混沌映射初始化函数'''
# pop: 种群数量
# dim: 单个粒子的维度
# ub: 粒子上边界，维度为[1,dim]
# lb: 粒子下边界，维度为[1,dim]
```

```python
# X: 输出种群, 维度为[pop,dim]
def initialization5(pop,ub,lb,dim):
    X = np.zeros([pop,dim])
    r0 = np.random.random()
    a = 4
    for i in range(pop):
        for j in range(dim):
            R=a*r0*(1-r0)
            X[i,j] = (ub[j]-lb[j])*R+lb[j]
            r0 = R
    return X
```

```python
'''Piecewise 混沌映射初始化函数'''
# pop: 种群数量
# dim: 单个粒子的维度
# ub: 粒子上边界, 维度为[1,dim]
# lb: 粒子下边界, 维度为[1,dim]
# X: 输出种群, 维度为[pop,dim]
def initialization6(pop,ub,lb,dim):
    X = np.zeros([pop,dim])
    r0 = np.random.random()
    P = 0.4
    for i in range(pop):
        for j in range(dim):
            if r0>=0 and r0<P:
                R=r0/P
            elif r0>=P and r0<0.5:
                R=(r0-P)/(0.5-P)
            elif r0>=0.5 and r0<1-P:
                R=(1-P-r0)/(0.5-P)
            elif r0>=1-P and r0<1:
                R=(1-r0)/P
            X[i,j] = (ub[j]-lb[j])*R+lb[j]
            r0 = R
    return X
```

```python
'''Sine 混沌映射初始化函数'''
# pop: 种群数量
# dim: 单个粒子的维度
# ub: 粒子上边界, 维度为[1,dim]
# lb: 粒子下边界, 维度为[1,dim]
# X: 输出种群, 维度为[pop,dim]
def initialization7(pop,ub,lb,dim):
    X = np.zeros([pop,dim])
    r0 = np.random.random()
    a = 4
    for i in range(pop):
        for j in range(dim):
            R=(a/4)*np.sin(np.pi*r0)
            X[i,j] = (ub[j]-lb[j])*R+lb[j]
            r0 = R
    return X
```

```python
'''Singer 混沌映射初始化函数'''
```

```python
# pop: 种群数量
# dim: 单个粒子的维度
# ub: 粒子上边界，维度为[1,dim]
# lb: 粒子下边界，维度为[1,dim]
# X: 输出种群，维度为[pop,dim]
def initialization8(pop,ub,lb,dim):
    X = np.zeros([pop,dim])
    r0 = np.random.random()
    a = 1.07
    for i in range(pop):
        for j in range(dim):
            R=a*(7.86*r0-23.31*r0**2+28.75*r0**3-13.302875*r0**4)
            X[i,j] = (ub[j]-lb[j])*R+lb[j]
            r0 = R
    return X


'''Sinusoidal 混沌映射初始化函数'''
# pop: 种群数量
# dim: 单个粒子的维度
# ub: 粒子上边界，维度为[1,dim]
# lb: 粒子下边界，维度为[1,dim]
# X: 输出种群，维度为[pop,dim]
def initialization9(pop,ub,lb,dim):
    X = np.zeros([pop,dim])
    r0 = 0.7
    a = 2.3
    for i in range(pop):
        for j in range(dim):
            R=a*r0**2*np.sin(np.pi*r0)
            X[i,j] = (ub[j]-lb[j])*R+lb[j]
            r0 = R
    return X


'''Tent 混沌映射初始化函数'''
# pop: 种群数量
# dim: 单个粒子的维度
# ub: 粒子上边界，维度为[1,dim]
# lb: 粒子下边界，维度为[1,dim]
# X: 输出种群，维度为[pop,dim]
def initialization10(pop,ub,lb,dim):
    X = np.zeros([pop,dim])
    r0 = np.random.random()
    a = 0.7
    for i in range(pop):
        for j in range(dim):
            if r0<a:
                R=r0/a
            else:
                R=(1-r0)/(1-a)
            X[i,j] = (ub[j]-lb[j])*R+lb[j]
            r0 = R
    return X


'''Fuch 混沌映射初始化函数'''
```

```python
# pop: 种群数量
# dim: 单个粒子的维度
# ub: 粒子上边界，维度为[1,dim]
# lb: 粒子下边界，维度为[1,dim]
# X: 输出种群，维度为[pop,dim]
def initialization11(pop,ub,lb,dim):
    X = np.zeros([pop,dim])
    r0 = np.random.random()
    for i in range(pop):
        for j in range(dim):
            R=np.cos(1/r0**2)
            X[i,j] = (ub[j]-lb[j])*R+lb[j]
            r0 = R
    return X
```

```python
'''SPM 混沌映射初始化函数'''
# pop: 种群数量
# dim: 单个粒子的维度
# ub: 粒子上边界，维度为[1,dim]
# lb: 粒子下边界，维度为[1,dim]
# X: 输出种群，维度为[pop,dim]
def initialization12(pop,ub,lb,dim):
    X = np.zeros([pop,dim])
    r0 = np.random.random()
    eta = 0.4
    mu = 0.3
    pi = np.pi
    for i in range(pop):
        for j in range(dim):
            r = np.random.random()
            if r0>=0 and r0<eta:
                R=np.mod(r0/eta + mu*np.sin(pi*r0) + r,1)
            elif r0>=eta and r0<0.5:
                R=np.mod((r0/eta)/(0.5-eta) + mu*np.sin(pi*r0)+r, 1)
            elif r0>=0.5 and r0<1-eta:
                R=np.mod( (1-r0/eta)/(0.5-eta) + mu*np.sin(pi*(1-r0))+ r ,1)
            else:
                R=np.mod( (1-r0/eta)/(eta) + mu*np.sin(pi*(1-r0))+ r ,1)
            X[i,j] = (ub[j]-lb[j])*R+lb[j]
            r0 = R
    return X
```

```python
'''ICMIC 混沌映射初始化函数'''
# pop: 种群数量
# dim: 单个粒子的维度
# ub: 粒子上边界，维度为[1,dim]
# lb: 粒子下边界，维度为[1,dim]
# X: 输出种群，维度为[pop,dim]
def initialization13(pop,ub,lb,dim):
    X = np.zeros([pop,dim])
    r0 = np.random.random()
    a = 2
    for i in range(pop):
        for j in range(dim):
            R = np.sin(a/r0)
```

```
            X[i,j] = (ub[j]-lb[j])*R+lb[j]
            r0 = R
    return X
```

'''Tent-Logistic-Cosine 混沌映射初始化函数'''
pop: 种群数量
dim: 单个粒子的维度
ub: 粒子上边界, 维度为[1,dim]
lb: 粒子下边界, 维度为[1,dim]
X: 输出种群, 维度为[pop,dim]
```
def initialization14(pop,ub,lb,dim):
    X = np.zeros([pop,dim])
    r0 = np.random.random()
    pi = np.pi
    for i in range(pop):
        for j in range(dim):
            r = np.random.random()>0.5
            if r0<0.5:
                R = np.cos(pi*(2*r*r0+4*(1-r)*r0*(1-r0)-0.5))
            else:
                R = np.cos(pi*(2*r*(1-r0)+4*(1-r)*r0*(1-r0)-0.5))
            X[i,j] = (ub[j]-lb[j])*R+lb[j]
            r0 = R
    return X
```

'''Logistic-Sine-Cosine 混沌映射初始化函数'''
pop: 种群数量
dim: 单个粒子的维度
ub: 粒子上边界, 维度为[1,dim]
lb: 粒子下边界, 维度为[1,dim]
X: 输出种群, 维度为[pop,dim]
```
def initialization15(pop,ub,lb,dim):
    X = np.zeros([pop,dim])
    r0 = np.random.random()
    pi = np.pi
    for i in range(pop):
        for j in range(dim):
            r = np.random.random()>0.5
            R = np.cos(pi*(4*r*r0*(1-r0)+(1-r)*np.sin(pi*r0)-0.5))
            X[i,j] = (ub[j]-lb[j])*R+lb[j]
            r0 = R
    return X
```

'''Sine-Tent-Cosine 混沌映射初始化函数'''
pop: 种群数量
dim: 单个粒子的维度
ub: 粒子上边界, 维度为[1,dim]
lb: 粒子下边界, 维度为[1,dim]
X: 输出种群, 维度为[pop,dim]
```
def initialization16(pop,ub,lb,dim):
    X = np.zeros([pop,dim])
    r0 = np.random.random()
    pi = np.pi
    for i in range(pop):
```

```python
    for j in range(dim):
        r = np.random.random()>0.5
        if r0<0.5:
            R = np.cos(pi*(r*np.sin(pi*r0)+2*(1-r)*r0-0.5))
        else:
            R = np.cos(pi*(r*np.sin(pi*r0)+2*(1-r)*(1-r0)-0.5))
        X[i,j] = (ub[j]-lb[j])*R+lb[j]
        r0 = R
    return X
```

```python
'''Henon 混沌映射初始化函数'''
# pop: 种群数量
# dim: 单个粒子的维度
# ub: 粒子上边界，维度为[1,dim]
# lb: 粒子下边界，维度为[1,dim]
# X: 输出种群，维度为[pop,dim]
def initialization17(pop,ub,lb,dim):
    X = np.zeros([pop,dim])
    r0 = np.random.random()
    ry0 = np.random.random()
    a=1.4
    b=0.3
    for i in range(pop):
        for j in range(dim):
            R=1+ry0-a*r0**2
            Ry=b*r0
            X[i,j] = (ub[j]-lb[j])*R+lb[j]
            r0 = R
            ry0 = Ry
    return X
```

```python
'''Cubic 混沌映射初始化函数'''
# pop: 种群数量
# dim: 单个粒子的维度
# ub: 粒子上边界，维度为[1,dim]
# lb: 粒子下边界，维度为[1,dim]
# X: 输出种群，维度为[pop,dim]
def initialization18(pop,ub,lb,dim):
    X = np.zeros([pop,dim])
    r0 = np.random.random()
    a=2.595
    for i in range(pop):
        for j in range(dim):
            R=a*r0*(1-r0**2)
            X[i,j] = (ub[j]-lb[j])*R+lb[j]
            r0 = R
    return X
```

```python
'''Logistic-Tent 混沌映射初始化函数'''
# pop: 种群数量
# dim: 单个粒子的维度
# ub: 粒子上边界，维度为[1,dim]
# lb: 粒子下边界，维度为[1,dim]
# X: 输出种群，维度为[pop,dim]
```

```python
def initialization19(pop,ub,lb,dim):
    X = np.zeros([pop,dim])
    r0 = np.random.random()
    r=2
    for i in range(pop):
        for j in range(dim):
            if r0<0.5:
                R = np.mod(r*r0*(1-r0)+(4-r)*r0/2,1)
            else:
                R = np.mod(r*r0*(1-r0)+(4-r)*(1-r0)/2,1)
            X[i,j] = (ub[j]-lb[j])*R+lb[j]
            r0 = R
    return X


'''Bernoulli 混沌映射初始化函数'''
# pop: 种群数量
# dim: 单个粒子的维度
# ub: 粒子上边界, 维度为[1,dim]
# lb: 粒子下边界, 维度为[1,dim]
# X: 输出种群, 维度为[pop,dim]
def initialization20(pop,ub,lb,dim):
    X = np.zeros([pop,dim])
    r0 = np.random.random()
    a=0.7
    for i in range(pop):
        for j in range(dim):
            if r0<1-a:
                R = r0/(1-a)
            else:
                R = (r0-1+a)/a
            X[i,j] = (ub[j]-lb[j])*R+lb[j]
            r0 = R
    return X


''' 边界检查函数 '''
# dim: 数据维度
# x: 输入数据, 维度为 dim
# ub: 数据上边界, 维度为 dim
# lb: 数据下边界, 维度为 dim
def BoundaryCheck(x,ub,lb,dim):
    for i in range(dim):
        if x[i]>ub[i]:
            x[i]=ub[i]
        if x[i]<lb[i]:
            x[i]=lb[i]
    return x

''' 粒子群函数'''
## 输入:
#   pop: 种群数量
#   dim: 单个粒子的维度
#   ub: 粒子上边界信息, 维度为[1,dim]
#   lb: 粒子下边界信息, 维度为[1,dim]
#   fobj: 适应度函数接口
```

```python
#    vmax: 速度的上边界信息，维度为[1,dim]
#    vmin: 速度的下边界信息，维度为[1,dim]
#    maxIter: 算法的最大迭代次数，用于控制算法的停止
#    Methodflag:用于控制选用哪种策略来改进粒子群算法[0-20]
## 输出:
#    Best_Pos: 粒子群找到的最优位置
#    Best_fitness: 最优位置对应的适应度值
#    IterCure: 用于记录每次迭代的最佳适应度，即后续用来绘制迭代曲线
def Ipso(pop,dim,ub,lb,fobj,vmax,vmin,maxIter,Methodflag):
    # 设置c1、c2 参数
    c1 = 2.0
    c2 = 2.0
    # 初始化种群速度
    V = initialization(pop,vmax,vmin,dim)
    # 初始化种群位置
    if (Methodflag == 0):
        X = initialization(pop,ub,lb,dim)  #原始初始化函数
    elif(Methodflag == 1):
        X = initialization1(pop,ub,lb,dim)  #Chebyshev 混沌映射初始化函数
    elif(Methodflag == 2):
        X = initialization2(pop,ub,lb,dim)  #Circle 混沌映射初始化函数
    elif(Methodflag == 3):
        X = initialization3(pop,ub,lb,dim)  #Gauss 混沌映射初始化函数
    elif(Methodflag == 4):
        X = initialization4(pop,ub,lb,dim)  #Iterative 混沌映射初始化函数
    elif(Methodflag == 5):
        X = initialization5(pop,ub,lb,dim)  #Logistic 混沌映射初始化函数
    elif(Methodflag == 6):
        X = initialization6(pop,ub,lb,dim)  #Piecewise 混沌映射初始化函数
    elif(Methodflag == 7):
        X = initialization7(pop,ub,lb,dim)  #Sine 混沌映射初始化函数
    elif(Methodflag == 8):
        X = initialization8(pop,ub,lb,dim)  #Singer 混沌映射初始化函数
    elif(Methodflag == 9):
        X = initialization9(pop,ub,lb,dim)  #Sinusoidal 混沌映射初始化函数
    elif(Methodflag == 10):
        X = initialization10(pop,ub,lb,dim)  #Tent 混沌映射初始化函数
    elif(Methodflag == 11):
        X = initialization11(pop,ub,lb,dim)  #Fuch 混沌映射初始化函数
    elif(Methodflag == 12):
        X = initialization12(pop,ub,lb,dim)  #SPM 混沌映射初始化函数
    elif(Methodflag == 13):
        X = initialization13(pop,ub,lb,dim)  #ICMIC 混沌映射初始化函数
    elif(Methodflag == 14):
        X = initialization14(pop,ub,lb,dim)  #Tent-Logistic-Cosine 混沌映射
初始化函数
    elif(Methodflag == 15):
        X = initialization15(pop,ub,lb,dim)  #Logistic-Sine-Cosine 混沌映射
初始化函数
    elif(Methodflag == 16):
        X = initialization16(pop,ub,lb,dim)  #Sine-Tent-Cosine 混沌映射初始化
函数
    elif(Methodflag == 17):
        X = initialization17(pop,ub,lb,dim)  #Henon 混沌映射初始化函数
    elif(Methodflag == 18):
        X = initialization18(pop,ub,lb,dim)  #Cubic 混沌映射初始化函数
    elif(Methodflag == 19):
```

```
        X=initialization19(pop,ub,lb,dim)   #Logistic-Tent 混沌映射初始化函数
    elif(Methodflag == 20):
        X = initialization20(pop,ub,lb,dim) #Bernoulli 混沌映射初始化函数
    else:
        print("wrong Methodflag!!")


    # 计算适应度值
    fitness = np.zeros(pop)
    for i in range(pop):
        fitness[i] = fobj(X[i,:])
    # 将初始种群作为历史最优
    pBest = copy.deepcopy(X)
    pBestFitness = copy.deepcopy(fitness)
    # 记录初始全局最优解，默认优化最小值
    # 寻找适应度最小的位置
    index = np.argmin(fitness)
    # 记录适应度值和位置
    gBestFitness = fitness[index]
    gBest = copy.deepcopy(X[index,:])
    IterCurve = np.zeros(maxIter)
    ## 开始迭代 ##
    for t in range(maxIter):
        # 对每个粒子进行更新
        for i in range(pop):
            # 速度更新
            r1 = np.random.random(dim)
            r2 = np.random.random(dim)
            V[i,:]=V[i,:]+c1*r1*(pBest[i,:]-X[i,:])+c2*r2*(gBest-X[i,:])
            # 边界检查
            V[i,:] = BoundaryCheck(V[i,:],vmax,vmin,dim)
            # 位置更新
            X[i,:] = X[i,:] + V[i,:]
            # 边界检查
            X[i,:] = BoundaryCheck(X[i,:],ub,lb,dim)
            # 计算新位置适应度值
            fitness[i] = fobj(X[i,:])
            # 更新历史最优值
            if fitness[i]<pBestFitness[i]:
                pBest[i,:] = copy.copy(X[i,:])
                pBestFitness[i] = fitness[i]
            # 更新全局最优值
            if fitness[i]<gBestFitness:
                gBestFitness = fitness[i]
                gBest = copy.copy(X[i,:])
        ## 记录当前迭代最优值和最优适应度值
        # 记录最优解
        Best_Pos = gBest
        # 记录最优解适应度值
        Best_fitness = gBestFitness
        # 记录当前迭代的最优解适应度值
        IterCurve[t] = gBestFitness
    return Best_Pos,Best_fitness,IterCurve
```

运行结果如下，如图 5.3 所示。

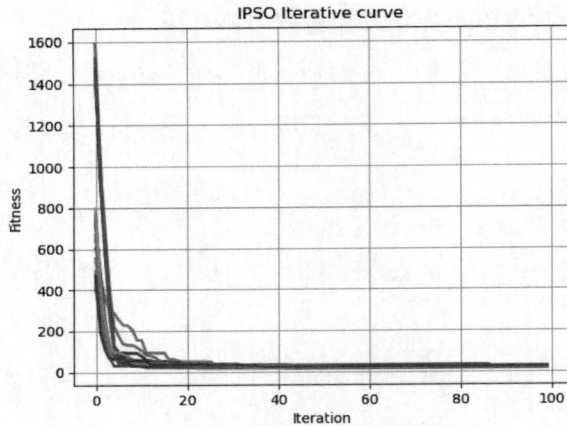

图 5.3　寻优结果迭代曲线（Python）

基础粒子群算法最优位置

```
[ 0.94016614  0.22307217 -0.8703164   0.98031827  0.56072402  2.03737435
  1.74555232 -0.38960657  0.81290187 -0.14746312 -0.11451794  1.06301718
  1.45736364 -1.15953096  0.7784174  -0.20617543 -0.21737139  0.61632749
  0.91914794 -1.14923111  0.03995555 -0.13780508 -0.31189231  0.69698366
  0.69923286 -0.62578623  0.83358781 -0.76572506 -1.09850077 -1.4849134]
```
最优解对应的适应度值：

25.028472347425744
Chebyshev 混沌映射改进粒子群算法：

```
[-0.55028884  0.25073999 -1.02195619 -0.74231144 -0.59901067 -0.80566713
  1.21750723  0.31754654 -1.35464641 -0.29506745  1.51525855  1.22189468
  0.9485472   0.3497159  -1.10537704 -0.52735758 -0.73792275 -0.56605771
 -0.99512346  0.23191749  0.36154413 -1.15868846 -0.90077466  1.00032065
 -0.65572596  0.24758732 -0.29768129  0.47133577 -0.51944869  0.62730965]
```
最优解对应的适应度值：

19.44506540111934
Circle 混沌映射改进粒子群算法：

```
[ 0.68637162 -0.28497036  0.0512144   2.15503872 -0.08810601  1.01612021
 -0.86634013  0.47730445  0.57329801  0.57105623 -1.08854046 -0.37781587
 -0.00381542  0.23340645 -0.22458285 -1.18530607 -0.98529723  1.70498636
  0.15355571 -0.1917656  -0.22656308  0.06723379 -1.40674429 -0.88954786
 -0.47226634  1.24553243 -0.23779696  0.24876884  0.21320992 -1.17996484]
```
最优解对应的适应度值：

20.804892677965917
Gauss 混沌映射改进粒子群算法：：

```
[-0.51911778 -0.76698797  0.42687518 -0.31139997 -0.41434908  0.63696049
 -1.25586037 -1.20640119 -0.68864391 -0.15201777  1.00402849 -0.15111768
 -0.45644559  1.09007777 -0.86382625  0.01455075  1.64624928  0.72212924
 -0.66714611 -0.61344053 -1.16645731  0.61989308 -0.60576734 -1.91055963
  0.70458267 -1.06722765 -0.13427877  0.17371994 -0.46766304  0.52871734]
```
最优解对应的适应度值：

20.415162874070127
Iterative 混沌映射改进粒子群算法:

[-0.14636273 -0.28802433 0.95062065 -0.17962658 0.99221256 0.11371018
 -1.88403477 -0.72510527 -0.78419648 0.58691838 -0.98889037 -0.04912049
  0.4306896   0.41929054 0.63072816 0.65453932 0.45750413 0.30972023
 -0.32885802 0.7153695   0.18604588 -0.93448622 -0.78124966 0.62602092
  0.24755873 2.73929389 0.45488389 0.34815114 -0.37237101 -1.5265459]
最优解对应的适应度值:

22.43781397852176
Logistic 混沌映射改进粒子群算法:

[-0.25154125 -0.40074053 -0.36213401 -0.06121732 -0.49812886 -1.2095921
 -0.44078039 1.26153677 -0.14182356 0.01403202 1.67781808 0.58385887
 -0.46306322 -1.41242034 -1.16612262 -0.67950057 -1.41913455 0.10874123
  0.53426272 0.2531375 -0.36445382 0.58845101 -1.24539744 1.32255787
 -0.77918419 -0.90096036 1.29167384 0.04222773 0.32298881 -0.69316536]
最优解对应的适应度值:

20.891379735588917
Piecewise 混沌映射改进粒子群算法:

[0.44132582 -0.43970207 0.64114168 1.42360541 1.57776074 -0.18729737
 -1.22745103 -0.37508488 0.75721368 0.79609363 0.12044415 0.43606815
 -0.32533852 -1.06353662 0.10062455 1.38559286 -0.61294768 -1.43747669
  1.32447623 0.36474783 -1.09873877 -0.00814784 -0.4473329 -0.01759495
  0.08940813 0.05588203 -0.49815254 -1.10337243 -0.00944358 1.08887512]
最优解对应的适应度值:

19.97577682556486
Sine 混沌映射改进粒子群算法:

[0.6984689 -0.42844194 -0.77081642 1.24780149 -0.01227044 -0.33579408
  0.71335132 1.09543731 0.45649465 -0.2334477   0.45286654 -2.35928969
  0.50943717 0.50275873 1.19359262 0.54668037 -0.703144   0.04479586
 -0.40962769 0.06994895 1.82183154 -1.13592852 -1.26034204 -1.18524163
  0.4146063 -0.84061329 -0.82061678 0.00413478 -0.15820441 1.64955591]
最优解对应的适应度值:

25.48417637163253
Singer 混沌映射改进粒子群算法:

[0.73028883 0.59717151 -1.15102523 0.5812445   0.65217135 -0.14126398
 -0.67626497 -1.03964153 0.2524576 -0.40476448 0.74922849 0.88053062
 -1.24269866 -1.16244084 -1.05493988 -0.05159652 0.28480813 -0.05396521
 -1.57487025 1.19224026 -1.36055722 -0.31193856 0.05665562 0.20883532
  0.54911869 -0.06129435 0.18707374 0.96245752 -0.89142496 -0.20978044]
最优解对应的适应度值:

18.197667685105227
Sinusoidal 混沌映射改进粒子群算法:

[0.3384833   0.61267703 0.13847083 -0.43878381 -1.27052082 -1.10929751
  1.54376778 -0.203375   -0.11438082 2.50609224 -1.13853448 -0.18042466
  0.11468973 -0.42296678 -0.15335705 -0.9823256   0.98964292 -1.02482499
  1.6463712   0.02952854 0.25048506 0.65237634 -0.65553894 -0.33996291

```
   -1.20064119  0.78218949  0.13665205 -0.16636447 -0.47247406 -1.38471764]
```
最优解对应的适应度值：

```
24.789024107865544
```
Tent 混沌映射改进粒子群算法：

```
[-0.64934703  0.90511229 -0.62533137 -0.70106514  0.36166774 -0.93692654
 -0.44033868  0.90182472  0.17149858 -0.07583467 -1.25777738 -1.07682758
  0.26692807  0.35587635 -0.5909532   0.60005317  0.40328679  0.42599654
 -0.97647335 -1.46174533  1.20925845 -0.68284553  0.30388318 -0.41628938
  0.13309658 -0.82196681  0.12640579  0.96063262  0.218319   -0.54401958]
```
最优解对应的适应度值：

```
15.427441486464307
```
Fuch 混沌映射改进粒子群算法：

```
[-1.63507733 -0.501425    0.68210457 -0.86935441 -0.48948132  0.09329363
 -0.42510332 -0.05341082 -1.42050529  0.14885213  0.07777448 -0.2813665
  0.99287521  0.16568784  0.29746422 -1.82337385  1.52589078  1.10080847
  0.41731114  1.05646783 -0.02999623  0.15340564  0.55398743  1.43564371
 -0.92513083  1.09865775 -0.11860013  0.45792904  0.3813387   0.07451759]
```
最优解对应的适应度值：

```
20.78990464560974
```
SPM 混沌映射改进粒子群算法：

```
[-0.71481189 -0.43675568  0.07924673 -0.9198683  -0.36667655  0.27568318
  1.17200735 -0.23426771 -0.02113032 -0.13848248 -0.72556974 -0.05259937
 -0.1121528   1.03847677 -0.92208454 -0.0337508  -0.66223177  1.57490504
  1.03475807  1.23536843  0.42605035  0.03964914  0.83587179  0.33245727
 -0.61824139 -0.22468423 -1.29871781  0.17074091  1.22897106 -1.59716836]
```
最优解对应的适应度值：

```
18.402197193289076
```
ICMIC 混沌映射改进粒子群算法：

```
[ 0.95549047  0.94947361  0.53115788 -0.7969349   2.25094155 -0.30177248
 -0.7028764  -0.51446038  1.45903312 -0.44225869 -0.22092357  0.36723195
 -0.07093091 -1.63178397 -1.27468856 -0.63543528  0.13744844  0.95331562
 -0.1190406   0.13804394  0.44218729 -0.23648349  0.36328739 -0.80123352
 -1.30850555 -1.35365363  1.02560828  0.04451219 -0.36226723 -1.07725906]
```
最优解对应的适应度值：

```
23.729080916746593
```
Tent-Logistic-Cosine　混沌映射改进粒子群算法：

```
[-0.68468328 -1.31077359 -0.35620851 -0.64666425 -1.10430028 -0.73462026
 -0.67196077  0.05064647 -0.46140073 -1.11722277  0.70549747 -0.43255829
 -0.41231824  1.1586818   0.43327228  1.33954775  0.54416672 -0.14053569
  1.03876125  0.99891606  0.9020245   1.3310245   0.34427372 -0.74678627
 -1.43121912  1.00389381 -0.71046446  0.65949622 -1.10427302 -0.03834659]
```
最优解对应的适应度值：

```
21.456783507099825
```
Logistic-Sine-Cosine　混沌映射改进粒子群算法：

```
[ 0.85582722 -0.70431352  1.15431212 -0.7679899   0.24260968 -0.2696663
```

```
 -0.04442228   0.3092122   -0.58552376   0.23037701  -0.68480047  -0.54943722
 -1.19663656  -0.08866964   0.79137761   1.30807376  -0.67219032  -0.38062487
  0.96410083   1.17546331  -0.65240796  -0.50542488   1.12151747  -0.02646796
 -1.00077957  -0.24607418   0.28956927   0.76728298  -0.17854806  -0.49879082]
```
最优解对应的适应度值:

15.18665847686603
Sine-Tent-Cosine 混沌映射改进粒子群算法:

```
[ 0.61399738   0.10201608   0.25467735   0.01266113  -0.1973419    0.07385272
  0.95807418   0.15819849   1.0502288    0.34162667   1.22184091   0.55883906
 -0.09880235  -0.54326899  -0.42377239   0.38550079   0.36871656   2.26640645
  0.08532567   0.42706084   0.3124799    0.13066088   0.06114845   0.74270539
  0.29047144  -0.90507405  -0.26705812  -0.17113997  -1.63684185   0.479299]
```
最优解对应的适应度值:

15.143132775479103
Henon 混沌映射改进粒子群算法:

```
[-1.43697113   0.81530983   1.78586293   0.27222495  -0.27606043  -0.29560569
 -1.23207401  -0.21527004  -0.35939677   0.99810965   0.7792585    1.00513115
  0.85110944   0.83501006  -0.59049023   0.07248227  -0.52785773  -1.14895187
 -0.45915964   0.57357012  -0.58724514   0.57628673   1.12952256  -1.51607025
  0.1921399   -0.15142258   0.15681348  -0.87365802   0.31157363   0.10505366]
```
最优解对应的适应度值:

19.58506907312592
Cubic 混沌映射改进粒子群算法:

```
[ 0.05826485   0.31596097  -0.08198637   0.34708823  -1.02929636   0.48719596
  0.09421477  -0.46276808   1.78611338  -0.00199211   0.38159291  -0.35006659
  0.66761801   0.43418597  -0.92149703   0.35214027   1.60021654  -1.58939733
  0.04959548  -1.45001363   1.40379696  -0.34342763   0.86487312  -0.62675598
 -0.24485693  -0.31511723   0.23824778  -0.97341174   0.4957489   -0.94312936]
```
最优解对应的适应度值:

19.53611450969405
Logistic-Tent 混沌映射改进粒子群算法:

```
[ 0.94746184  -1.23386827  -0.53483595   0.5725268    0.55588849  -0.67212361
 -0.59179653   0.07629358  -2.04682184  -0.28788818  -0.31248312  -1.31748629
 -1.76786008  -0.35713527   0.76599919   0.35469931  -1.15368712  -0.98959215
 -0.33784519   0.29787503  -1.41562109   1.34226102   0.49616494  -1.05096791
 -1.01293458   0.5762722    0.41066984   0.00927931   0.32372722  -0.12917733]
```
最优解对应的适应度值:

23.53983802306441
Bernoulli 混沌映射改进粒子群算法:

```
[ 0.43109984  -0.22745263   0.26924149  -0.65528641  -1.66488382  -0.71091446
  2.0700621   -0.14336455   0.28808682   0.99598421  -0.57011906   1.27091478
  0.83441363   0.48510707  -0.57429942  -0.03975127  -0.29037388   0.65544463
 -0.84885596   0.36145052  -0.93830279   1.06662795   1.55157615   0.3828109
 -1.38910176   0.40085519  -0.70951062   0.55739215  -0.64638207  -0.56479385]
```
最优解对应的适应度值:

22.17898410730085

5.2　种群内部扰动

种群内部扰动是指对生成的种群，利用随机数进行扰动，提高搜索范围，增大搜索到全局最优的概率。如图 5.4 所示，假设种群个体数量为 20，然后对每个个体利用随机数进行扰动，扰动公式如式（5.1）所示。

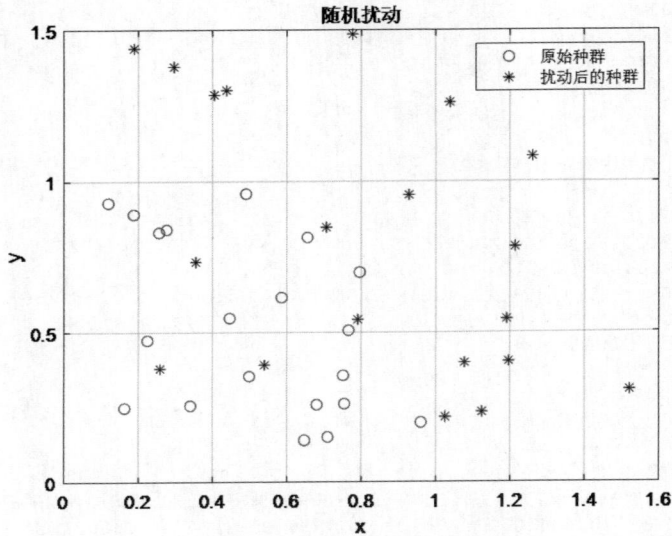

图 5.4　随机扰动示意图

一般情况下，扰动后对种群利用贪婪策略进行更新，保留优质个体。贪婪策略如下。

$$X_{\text{new}}[i] = \begin{cases} X_{\text{new}}[i] & \text{fitness}(X_{\text{new}}[i]) < \text{fitness}(X[i]) \\ X[i] & \text{其他} \end{cases} \quad (5.1)$$

式中 fitenss 代表适应度函数（默认值越小越优）。

相比原始算法，种群内部随机扰动，会额外引入随机扰动的计算量。当改进时，如果对算法速度要求不高，可以考虑全体随机扰动，如果想平衡速度，可以只对最优个体进行随机扰动，减少增加的计算量。

5.2.1　基于混沌映射改进的粒子群算法

本节将混沌种群映射引入粒子群算法的种群内部。将 20 种混沌映射封装成种群扰动函数以方便调用。混沌种群扰动函数信息如表 5.3 所示。

表 5.3　混沌种群扰动函数信息

Index	混沌映射名称	MATLAB 函数名称	Python 函数名称
1	Chebyshev 混沌映射	chaosChange1	chaosChange1
2	Circle 混沌映射	chaosChange2	chaosChange2
3	Gauss 混沌映射	chaosChange3	chaosChange3
4	Iterative 混沌映射	chaosChange4	chaosChange4
5	Logistic 混沌映射	chaosChange5	chaosChange5
6	Piecewise 混沌映射	chaosChange6	chaosChange6
7	Sine 混沌映射	chaosChange7	chaosChange7
8	Singer 混沌映射	chaosChange8	chaosChange8
9	Sinusoidal 混沌映射	chaosChange9	chaosChange9
10	Tent 混沌映射	chaosChange10	chaosChange10
11	Fuch 混沌映射	chaosChange11	chaosChange11
12	SPM 混沌映射	chaosChange12	chaosChange12
13	ICMIC 混沌映射	chaosChange13	chaosChange13
14	Tent-Logistic-Cosine 混沌映射	chaosChange14	chaosChange14
15	Logistic-Sine-Cosine 混沌映射	chaosChange15	chaosChange15
16	Sine-Tent-Cosine 混沌映射	chaosChange16	chaosChange16
17	Henon 混沌映射	chaosChange17	chaosChange17
18	Cubic 混沌映射	chaosChange18	chaosChange18
19	Logistic-Tent 混沌映射	chaosChange19	chaosChange19
20	Bernoulli 混沌映射	chaosChange20	chaosChange20

1. Chebyshev 混沌映射种群扰动函数

Chebyshev 混沌映射扰动函数（MATLAB）：

```
%% Chebyshev 混沌映射扰动函数
function X = chaosChange1(X,pop,dim)
    %pop: 种群数量
    %dim: 每个粒子群的维度
    %X: 输出的种群，维度[pop,dim]
r0=rand;
a=4;
    for i = 1:pop
      for j = 1:dim
        R = cos(a.*acos(r0));%Chebyshev
        X(i,j) = X(i,j)*(1+R);   %扰动
      r0=R;
      end
    end
end
```

Chebyshev 混沌映射扰动函数（Python）：

```
'''Chebyshev 混沌映射扰动函数'''
# pop: 种群数量
```

```
# dim: 单个粒子的维度
# X: 输出种群，维度为[pop,dim]
def chaosChange1(X,pop,dim):
Xnew = np.zeros([pop,dim])
a = 4
r0 = np.random.random()
    for i in range(pop):
        for j in range(dim):
            R = np.cos(a*np.arccos(r0))
            Xnew[i,j] = X[i,j]*(1+R)
            r0 = R
    return Xnew
```

2. Circle 混沌映射种群扰动函数

Circle 混沌映射扰动函数（MATLAB）：

```
%% Circle 混沌映射扰动函数
function X = chaosChange2(X,pop,dim)
    %pop: 种群数量
    %dim: 每个粒子群的维度
    %X: 输出的种群，维度[pop,dim]
r0=rand;
a=0.5;
b=0.2;
    for i = 1:pop
        for j = 1:dim
         R = mod(r0+b-(a/(2*pi))*sin(2*pi*r0),1);%circle 混沌映射
            X(i,j) = X(i,j)*(1+R);   %扰动
         r0=R;
        end
    end
end
```

Circle 混沌映射扰动函数（Python）：

```
'''Circle 混沌映射扰动函数'''
# pop: 种群数量
# dim: 单个粒子的维度
# X: 输出种群，维度为[pop,dim]
def chaosChange2(X,pop,dim):
    Xnew = np.zeros([pop,dim])
    r0 = np.random.random()
    a=0.5
    b=0.2
    for i in range(pop):
        for j in range(dim):
            R = np.mod(r0+b-(a/(2*np.pi))*np.sin(2*np.pi*r0),1)
            Xnew[i,j] = X[i,j]*(1+R)
            r0 = R
    return Xnew
```

3. Gauss 混沌映射种群扰动函数

Gauss 混沌映射扰动函数（MATLAB）：

```
%% Gauss 混沌映射扰动函数
function X = chaosChange3(X,pop,dim)
    %pop: 种群数量
```

```matlab
    %dim: 每个粒子群的维度
    %X: 输出的种群，维度[pop,dim]
    r0=rand;
    for i = 1:pop
      for j = 1:dim
        if r0==0
              R =1;
          else
              R =mod(1/r0,1);
          end
          X(i,j) = X(i,j)*(1+R);   %扰动
        r0=R;
      end
    end
end
```

Gauss 混沌映射扰动函数（Python）：

```python
'''Gauss 混沌映射扰动函数'''
# pop: 种群数量
# dim: 单个粒子的维度
# X: 输出种群，维度为[pop,dim]
def chaosChange3(X,pop,dim):
    Xnew = np.zeros([pop,dim])
    r0 = np.random.random()
    for i in range(pop):
        for j in range(dim):
                if r0==0:
                    R=1
                else:
                    R=np.mod(1/r0,1)
            Xnew[i,j] = X[i,j]*(1+R)
            r0 = R
    return Xnew
```

4. Iterative 混沌映射种群扰动函数

Iterative 混沌映射扰动函数（MATLAB）：

```matlab
%% Iterative 混沌映射扰动函数
function X = chaosChange4(X,pop,dim)
    %pop: 种群数量
    %dim: 每个粒子群的维度
    %X: 输出的种群，维度[pop,dim]
r0=rand;
a=0.7;
    for i = 1:pop
      for j = 1:dim
        R=sin(a*pi/r0);
          X(i,j) = X(i,j)*(1+R);   %扰动
        r0=R;
      end
    end
end
```

Iterative 混沌映射扰动函数（Python）：

```python
'''Iterative 混沌映射扰动函数'''
# pop: 种群数量
```

```python
# dim: 单个粒子的维度
# X: 输出种群, 维度为[pop,dim]
def chaosChange4(X,pop,dim):
    Xnew = np.zeros([pop,dim])
    r0 = np.random.random()
    a = 0.7
    for i in range(pop):
        for j in range(dim):
            R=np.sin(np.pi*a/r0)
            Xnew[i,j] = X[i,j]*(1+R)
            r0 = R
    return Xnew
```

5. Logistic 混沌映射种群扰动函数

Logistic 混沌映射扰动函数（MATLAB）：

```matlab
%% Logistic 混沌映射扰动函数
function X = chaosChange5(X,pop,dim)
    %pop: 种群数量
    %dim: 每个粒子群的维度
    %X: 输出的种群, 维度[pop,dim]
r0=rand;
a=4;
    for i = 1:pop
        for j = 1:dim
        R =a*r0*(1-r0);
            X(i,j) = X(i,j)*(1+R);   %扰动
        r0=R;
        end
    end
end
```

Logistic 混沌映射扰动函数（Python）：

```python
'''Logistic 混沌映射扰动函数'''
# pop: 种群数量
# dim: 单个粒子的维度
# X: 输出种群, 维度为[pop,dim]
def chaosChange5(X,pop,dim):
    Xnew = np.zeros([pop,dim])
    r0 = np.random.random()
    a = 4
    for i in range(pop):
        for j in range(dim):
            R=a*r0*(1-r0)
            Xnew[i,j] = X[i,j]*(1+R)
            r0 = R
    return Xnew
```

6. Piecewise 混沌映射种群扰动函数

Piecewise 混沌映射扰动函数（MATLAB）：

```matlab
%% Piecewise 混沌映射扰动函数
function X = chaosChange6(X,pop,dim)
    %pop: 种群数量
    %dim: 每个粒子群的维度
    %X: 输出的种群, 维度[pop,dim]
```

```
r0=rand;
P=0.4;
   for i = 1:pop
     for j = 1:dim
         if r0>=0 && r0<P
             R=r0/P;
         elseif r0>=P && r0<0.5
             R=(r0-P)/(0.5-P);
         elseif r0>=0.5 && r0<1-P
             R=(1-P-r0)/(0.5-P);
         elseif r0>=1-P && r0<1
             R=(1-r0)/P;
         end
         X(i,j) = X(i,j)*(1+R);   %扰动
       r0=R;
     end
   end
end
```

Piecewise 混沌映射扰动函数（Python）：

```python
'''Piecewise 混沌映射扰动函数'''
# pop: 种群数量
# dim: 单个粒子的维度
# X: 输出种群，维度为[pop,dim]
def chaosChange6(X,pop,dim):
    Xnew = np.zeros([pop,dim])
    r0 = np.random.random()
    P = 0.4
    for i in range(pop):
        for j in range(dim):
            if r0>=0 and r0<P:
                R=r0/P
            elif r0>=P and r0<0.5:
                R=(r0-P)/(0.5-P)
            elif r0>=0.5 and r0<1-P:
                R=(1-P-r0)/(0.5-P)
            elif r0>=1-P and r0<1:
                R=(1-r0)/P
            Xnew[i,j] = X[i,j]*(1+R)
            r0 = R
    return Xnew
```

7. Sine 混沌映射种群扰动函数

Sine 混沌映射扰动函数（MATLAB）：

```
%% Sine 混沌映射扰动函数
function X = chaosChange7(X,pop,dim)
    %pop: 种群数量
    %dim: 每个粒子群的维度
    %X: 输出的种群，维度[pop,dim]
r0=rand;
a=4;
    for i = 1:pop
      for j = 1:dim
          R=(a/4)*sin(pi*r0);
           X(i,j) = X(i,j)*(1+R);   %扰动
```

```
        r0=R;
        end
    end
end
```

Sine 混沌映射扰动函数（Python）：

```python
'''Sine 混沌映射扰动函数'''
# pop: 种群数量
# dim: 单个粒子的维度
# X: 输出种群，维度为[pop,dim]
def chaosChange7(X,pop,dim):
    Xnew = np.zeros([pop,dim])
    r0 = np.random.random()
    a = 4
    for i in range(pop):
        for j in range(dim):
            R=(a/4)*np.sin(np.pi*r0)
            Xnew[i,j] = X[i,j]*(1+R)
            r0 = R
    return Xnew
```

8. Singer 混沌映射种群扰动函数

Singer 混沌映射扰动函数（MATLAB）：

```matlab
%% Singer 混沌映射扰动函数
function X = chaosChange8(X,pop,dim)
    %pop: 种群数量
    %dim: 每个粒子群的维度
    %X: 输出的种群，维度[pop,dim]

r0=rand;
a=1.07;
    for i = 1:pop
        for j = 1:dim
        R=a*(7.86*r0-23.31*r0^2+28.75*r0^3-13.302875*r0^4);
            X(i,j) = X(i,j)*(1+R);   %扰动
        r0=R;
        end
    end
end
```

Singer 混沌映射扰动函数（Python）：

```python
'''Singer 混沌映射扰动函数'''
# pop: 种群数量
# dim: 单个粒子的维度
# X: 输出种群，维度为[pop,dim]
def chaosChange8(X,pop,dim):
    Xnew = np.zeros([pop,dim])
    r0 = np.random.random()
    a = 1.07
    for i in range(pop):
        for j in range(dim):
            R=a*(7.86*r0-23.31*r0**2+28.75*r0**3-13.302875*r0**4)
            Xnew[i,j] = X[i,j]*(1+R)
            r0 = R
    return Xnew
```

9. Sinusoidal 混沌映射种群扰动函数

Sinusoidal 混沌映射扰动函数（MATLAB）：

```matlab
%% Sinusoidal 混沌映射扰动函数
function X = chaosChange9(X,pop,dim)
    %pop：种群数量
    %dim：每个粒子群的维度
    %X：输出的种群，维度[pop,dim]
r0=0.7;
a=2.3;
    for i = 1:pop
      for j = 1:dim
       R=a*r0^2*sin(pi*r0);
          X(i,j) = X(i,j)*(1+R);   %扰动
       r0=R;
      end
    end
end
```

Sinusoidal 混沌映射扰动函数（Python）：

```python
'''Sinusoidal 混沌映射扰动函数'''
# pop：种群数量
# dim：单个粒子的维度
# X：输出种群，维度为[pop,dim]
def chaosChange9(X,pop,dim):
    Xnew = np.zeros([pop,dim])
    r0 = 0.7
    a = 2.3
    for i in range(pop):
        for j in range(dim):
            R=a*r0**2*np.sin(np.pi*r0)
            Xnew[i,j] = X[i,j]*(1+R)
            r0 = R
    return Xnew
```

10. Tent 混沌映射种群扰动函数

Tent 混沌映射扰动函数（MATLAB）：

```matlab
%% Tent 混沌映射扰动函数
function X = chaosChange10(X,pop,dim)
    %pop：种群数量
    %dim：每个粒子群的维度
    %X：输出的种群，维度[pop,dim]
r0=rand;
a=0.7;
    for i = 1:pop
      for j = 1:dim
        if r0<a
            R=r0/a;
          else
            R=(1-r0)/(1-a);
          end
         X(i,j) = X(i,j)*(1+R);   %扰动
       r0=R;
      end
```

```
        end
end
```

Tent 混沌映射扰动函数（Python）：

```python
'''Tent 混沌映射扰动函数'''
# pop: 种群数量
# dim: 单个粒子的维度
# X: 输出种群，维度为[pop,dim]
def chaosChange10(X,pop,dim):
    Xnew = np.zeros([pop,dim])
    r0 = np.random.random()
    a = 0.7
    for i in range(pop):
        for j in range(dim):
            if r0<a:
                R=r0/a
            else:
                R=(1-r0)/(1-a)
            Xnew[i,j] = X[i,j]*(1+R)
            r0 = R
    return Xnew
```

11. Fuch 混沌映射种群扰动函数

Fuch 混沌映射扰动函数（MATLAB）：

```matlab
%% Fuch 混沌映射扰动函数
function X = chaosChange11(X,pop,dim)
    %pop: 种群数量
    %dim: 每个粒子群的维度
    %X: 输出的种群，维度[pop,dim]
r0=rand;
    for i = 1:pop
        for j = 1:dim
          R=cos(1/r0^2);
            X(i,j) = X(i,j)*(1+R);   %扰动
          r0=R;
        end
    end
end
```

Fuch 混沌映射扰动函数（Python）：

```python
'''Fuch 混沌映射扰动函数'''
# pop: 种群数量
# dim: 单个粒子的维度
# X: 输出种群，维度为[pop,dim]
def chaosChange11(X,pop,dim):
    Xnew = np.zeros([pop,dim])
    r0 = np.random.random()
    for i in range(pop):
        for j in range(dim):
            R=np.cos(1/r0**2)
            Xnew[i,j] = X[i,j]*(1+R)
            r0 = R
    return Xnew
```

12. SPM 混沌映射种群扰动函数

SPM 混沌映射扰动函数（MATLAB）：

```matlab
%% SPM 混沌映射扰动函数
function X = chaosChange12(X,pop,dim)
    %pop: 种群数量
    %dim: 每个粒子群的维度
    %X: 输出的种群，维度[pop,dim]
r0=rand;
eta = 0.4;
mu = 0.3;
    for i = 1:pop
        for j = 1:dim
        r=rand;
          if r0>=0 && r0<eta
                R=mod(r0/eta + mu*sin(pi*r0) + r,1);
            elseif r0>=eta && r0<0.5
                R=mod((r0/eta)/(0.5-eta) + mu*sin(pi*r0)+r, 1);
            elseif r0>=0.5 && r0<1-eta
                R=mod( (1-r0/eta)/(0.5-eta) + mu*sin(pi*(1-r0))+ r ,1);
            else
                R=mod( (1-r0/eta)/(eta) + mu*sin(pi*(1-r0))+ r ,1);
            end
            X(i,j) = X(i,j)*(1+R);  %扰动
        r0=R;
        end
    end
end
```

SPM 混沌映射扰动函数（Python）：

```python
'''SPM 混沌映射扰动函数'''
# pop: 种群数量
# dim: 单个粒子的维度
# X: 输出种群，维度为[pop,dim]
def chaosChange12(X,pop,dim):
    Xnew = np.zeros([pop,dim])
    r0 = np.random.random()
    eta = 0.4
    mu = 0.3
    pi = np.pi
    for i in range(pop):
        for j in range(dim):
            r = np.random.random()
            if r0>=0 and r0<eta:
                R=np.mod(r0/eta + mu*np.sin(pi*r0) + r,1)
            elif r0>=eta and r0<0.5:
                R=np.mod((r0/eta)/(0.5-eta) + nu*np.sin(pi*r0)+r, 1)
            elif r0>=0.5 and r0<1-eta:
                R=np.mod( (1-r0/eta)/(0.5-eta) + mu*np.sin(pi*(1-r0))+ r ,1)
            else:
                R=np.mod( (1-r0/eta)/(eta) + mu*np.sin(pi*(1-r0))+ r ,1)
            Xnew[i,j] = X[i,j]*(1+R)
            r0 = R
    return Xnew
```

13. ICMIC 混沌映射种群扰动函数

ICMIC 混沌映射扰动函数（MATLAB）：

```matlab
%% ICMIC 混沌映射扰动函数
function X = chaosChange13(X,pop,dim)
    %pop: 种群数量
    %dim: 每个粒子群的维度
    %X: 输出的种群，维度[pop,dim]
    r0=rand;
    a = 2;
    for i = 1:pop
       for j = 1:dim
         R = sin(a/r0);
            X(i,j) = X(i,j)*(1+R);    %扰动
         r0=R;
         end
      end
end
```

ICMIC 混沌映射扰动函数（Python）：

```python
'''ICMIC 混沌映射扰动函数'''
# pop: 种群数量
# dim: 单个粒子的维度
# X: 输出种群，维度为[pop,dim]
def chaosChange13(X,pop,dim):
    Xnew = np.zeros([pop,dim])
    r0 = np.random.random()
    a = 2
    for i in range(pop):
        for j in range(dim):
            R = np.sin(a/r0)
            Xnew[i,j] = X[i,j]*(1+R)
            r0 = R
    return Xnew
```

14. Tent-Logistic-Cosine 混沌映射种群扰动函数

Tent-Logistic-Cosine 混沌映射扰动函数（MATLAB）：

```matlab
%% Tent-Logistic-Cosine 混沌映射扰动函数
function X = chaosChange14(X,pop,dim)
    %pop: 种群数量
    %dim: 每个粒子群的维度
    %X: 输出的种群，维度[pop,dim]
    r0=rand;
    for i = 1:pop
       for j = 1:dim
         r = rand>0.5;
         if r0<0.5
             R = cos(pi*(2*r*r0+4*(1-r)*r0*(1-r0)-0.5));
         else
             R = cos(pi*(2*r*(1-r0)+4*(1-r)*r0*(1-r0)-0.5)) ;
         end
          X(i,j) = X(i,j)*(1+R);    %扰动
        r0=R;
       end
```

```
        end
end
```

Tent-Logistic-Cosine 混沌映射扰动函数（Python）：

```python
'''Tent-Logistic-Cosine 混沌映射扰动函数'''
# pop: 种群数量
# dim: 单个粒子的维度
# X: 输出种群，维度为[pop,dim]
def chaosChange14(X,pop,dim):
    Xnew = np.zeros([pop,dim])
    r0 = np.random.random()
    pi = np.pi
    for i in range(pop):
        for j in range(dim):
            r = np.random.random()>0.5
            if r0<0.5:
                R = np.cos(pi*(2*r*r0+4*(1-r)*r0*(1-r0)-0.5))
            else:
                R = np.cos(pi*(2*r*(1-r0)+4*(1-r)*r0*(1-r0)-0.5))
            Xnew[i,j] = X[i,j]*(1+R)
            r0 = R
    return Xnew
```

15. Logistic-Sine-Cosine 混沌映射种群扰动函数

Logistic-Sine-Cosine 混沌映射扰动函数（MATLAB）：

```matlab
%% Logistic-Sine-Cosine 混沌映射扰动函数
function X = chaosChange15(X,pop,dim)
    %pop: 种群数量
    %dim: 每个粒子群的维度
    %X: 输出的种群，维度[pop,dim]
    r0=rand;
    for i = 1:pop
      for j = 1:dim
        r = rand>0.5;
        R = cos(pi*(4*r*r0*(1-r0)+(1-r)*sin(pi*r0)-0.5));
          X(i,j) = X(i,j)*(1+R);  %扰动
        r0=R;
      end
    end
end
```

Logistic-Sine-Cosine 混沌映射扰动函数（Python）：

```python
'''Logistic-Sine-Cosine 混沌映射扰动函数'''
# pop: 种群数量
# dim: 单个粒子的维度
# X: 输出种群，维度为[pop,dim]
def chaosChange15(X,pop,dim):
    Xnew = np.zeros([pop,dim])
    r0 = np.random.random()
    pi = np.pi
    for i in range(pop):
        for j in range(dim):
            r = np.random.random()>0.5
            R = np.cos(pi*(4*r*r0*(1-r0)+(1-r)*np.sin(pi*r0)-0.5))
            Xnew[i,j] = X[i,j]*(1+R)
```

```
        r0 = R
    return Xnew
```

16. Sine-Tent-Cosine 混沌映射种群扰动函数

Sine-Tent-Cosine 混沌映射扰动函数（MATLAB）：

```matlab
%% Sine-Tent-Cosine 混沌映射扰动函数
function X = chaosChange16(X,pop,dim)
    %pop: 种群数量
    %dim: 每个粒子群的维度
    %X: 输出的种群，维度[pop,dim]
    r0=rand;
    for i = 1:pop
      for j = 1:dim
        r = rand>0.5;
        if r0<0.5
                R = cos(pi*(r*sin(pi*r0)+2*(1-r)*r0-0.5));
            else
                R = cos(pi*(r*sin(pi*r0)+2*(1-r)*(1-r0)-0.5));
            end
            X(i,j) = X(i,j)*(1+R);    %扰动
          r0=R;
        end
    end
end
```

Sine-Tent-Cosine 混沌映射扰动函数（Python）：

```python
'''Sine-Tent-Cosine 混沌映射扰动函数'''
# pop: 种群数量
# dim: 单个粒子的维度
# X: 输出种群，维度为[pop,dim]
def chaosChange16(X,pop,dim):
pi = np.pi
    r0 = np.random.random()
    for i in range(pop):
        for j in range(dim):
            r = np.random.random()>0.5
            if r0<0.5:
                R = np.cos(pi*(r*np.sin(pi*r0)+2*(1-r)*r0-0.5))
            else:
                R = np.cos(pi*(r*np.sin(pi*r0)+2*(1-r)*(1-r0)-0.5))
            Xnew[i,j] = X[i,j]*(1+R)
            r0 = R
    return Xnew
```

17. Henon 混沌映射种群扰动函数

Henon 混沌映射扰动函数（MATLAB）：

```matlab
%% Henon 混沌映射扰动函数
function X = chaosChange17(X,pop,dim)
    %pop: 种群数量
    %dim: 每个粒子群的维度
    %X: 输出的种群，维度[pop,dim]
    r0=rand;
    a=1.4;
    b=0.3;
```

```
ry0=rand
    for i = 1:pop
      for j = 1:dim
        R=1+ry0-a*r0^2;
        Ry=b*r0;
          X(i,j) = X(i,j)*(1+R);   %扰动
        if abs(R)>1
          R=1
          end
        r0=R;
        ry0=Ry;
      end
    end
end
```

Henon 混沌映射扰动函数（Python）：

```
'''Henon 混沌映射扰动函数'''
# pop: 种群数量
# dim: 单个粒子的维度
# X: 输出种群，维度为[pop,dim]
def chaosChange17(X,pop,dim):
    Xnew = np.zeros([pop,dim])
    r0 = np.random.random()
    ry0 = np.random.random()
    a=1.4
    b=0.3
    for i in range(pop):
        for j in range(dim):
            R=1+ry0-a*r0**2
            Ry=b*r0
            Xnew[i,j] = X[i,j]*(1+R)
            if abs(R)>1:
                R=1
            r0 = R
            ry0 = Ry
    return Xnew
```

18. Cubic 混沌映射种群扰动函数

Cubic 混沌映射扰动函数（MATLAB）：

```
%% Cubic 混沌映射扰动函数
function X = chaosChange18(X,pop,dim)
    %pop: 种群数量
    %dim: 每个粒子群的维度
    %X: 输出的种群，维度[pop,dim]
    r0=rand;
    a=2.595;
    for i = 1:pop
      for j = 1:dim
        R=a*r0*(1-r0^2);
          X(i,j) = X(i,j)*(1+R);   %扰动
        r0=R;
      end
    end
end
```

Cubic 混沌映射扰动函数（Python）：

```python
'''Cubic 混沌映射扰动函数'''
# pop: 种群数量
# dim: 单个粒子的维度
# X: 输出种群，维度为[pop,dim]
def chaosChange18(X,pop,dim):
    Xnew = np.zeros([pop,dim])
    r0 = np.random.random()
    a=2.595
    for i in range(pop):
        for j in range(dim):
            R=a*r0*(1-r0**2)
            Xnew[i,j] = X[i,j]*(1+R)
            r0 = R
    return Xnew
```

19. Logistic-Tent 混沌映射种群扰动函数

Logistic-Tent 混沌映射扰动函数（MATLAB）：

```matlab
%% Logistic-Tent 混沌映射扰动函数
function X = chaosChange19(X,pop,dim)
    %pop: 种群数量
    %dim: 每个粒子群的维度
    %X: 输出的种群，维度[pop,dim]
    r0=rand;
    r = 2;
    for i = 1:pop
        for j = 1:dim
          if r0<0.5
            R=mod(r*r0*(1-r0)+(4-r)*r0/2,1);
          else
            R=mod(r*r0*(1-r0)+(4-r)*(1-r0)/2,1);
          end
            X(i,j) = X(i,j)*(1+R);   %扰动
          r0=R;
        end
    end
end
```

Logistic-Tent 混沌映射扰动函数（Python）：

```python
'''Logistic-Tent 混沌映射扰动函数'''
# pop: 种群数量
# dim: 单个粒子的维度
# X: 输出种群，维度为[pop,dim]
def chaosChange19(X,pop,dim):
    Xnew = np.zeros([pop,dim])
    r0 = np.random.random()
    r=2
    for i in range(pop):
        for j in range(dim):
            if r0<0.5:
                R = np.mod(r*r0*(1-r0)+(4-r)*r0/2,1)
            else:
                R = np.mod(r*r0*(1-r0)+(4-r)*(1-r0)/2,1)
            Xnew[i,j] = X[i,j]*(1+R)
```

```
        r0 = R
    return Xnew
```

20. Bernoulli 混沌映射种群扰动函数

Bernoulli 混沌映射扰动函数（MATLAB）：

```matlab
%% Bernoulli 混沌映射扰动函数
function X = chaosChange20(X,pop,dim)
    %pop: 种群数量
    %dim: 每个粒子群的维度
    %X: 输出的种群，维度[pop,dim]
    r0=rand;
    a = 0.77;
    for i = 1:pop
      for j = 1:dim
        if r0<1-a
          R=r0/(1-a);
        else
            R=(r0-1+a)/a;
        end
          X(i,j) = X(i,j)*(1+R);  %扰动
        r0=R;
        end
    end
end
```

Bernoulli 混沌映射扰动函数（Python）：

```python
'''Bernoulli 混沌映射扰动函数'''
# pop: 种群数量
# dim: 单个粒子的维度
# X: 输出种群，维度为[pop,dim]
def chaosChange20(X,pop,dim):
    Xnew = np.zeros([pop,dim])
    r0 = np.random.random()
    a=0.7
    for i in range(pop):
        for j in range(dim):
            if r0<1-a:
                R = r0/(1-a)
            else:
                R = (r0-1+a)/a
            Xnew[i,j] = X[i,j]*(1+R)
            r0 = R
    return Xnew
```

21. 基于混沌映射改进种群初始化的粒子群算法的完整代码实现

为了方便调用，将 20 种改进算法封装成一个函数，设置可选项，用户可以通过设置不同的选项来设定具体某个改进算法。

MATLAB 完整代码实现如下。

```matlab
%%--------------基于混沌映射改进的粒子群算法-----------------------%%
%% 输入：
%   pop: 种群数量
%   dim: 单个粒子的维度
```

```
%    ub: 粒子上边界信息，维度为[1,dim]
%    lb: 粒子下边界信息，维度为[1,dim]
%    fobj: 适应度函数接口
%    vmax: 速度的上边界信息，维度为[1,dim]
%    vmin: 速度的下边界信息，维度为[1,dim]
%    maxIter: 算法的最大迭代次数，用于控制算法的停止
%    Methodflag: 用于控制选用哪种策略来改进粒子群算法[0-20]
%% 输出:
%    Best_Pos: 粒子群找到的最优位置
%    Best_fitness: 最优位置对应的适应度值
%    IterCure: 用于记录每次迭代的最佳适应度，即后续用来绘制迭代曲线
%    HistoryPosition: 用于记录每代粒子群的位置
%    HistoryBest: 用于记录每代粒子群的最佳位置
function [Best_Pos,Best_fitness,IterCurve,HistoryPosition,HistoryBest] =
Ipso(pop,dim,ub,lb,fobj,vmax,vmin,maxIter,Methodflag)
    %% 设置c1、c2参数
    c1 = 2.0;
    c2 = 2.0;
    %% 初始化种群
    X = initialization(pop,ub,lb,dim);
    %% 初始化种群速度
    V = initialization(pop,vmax,vmin,dim);
    %% 计算适应度值
    fitness = zeros(1,pop);
    for i = 1:pop
        fitness(i) = fobj(X(i,:));
    end
    %% 将初始种群作为历史最优
    pBest = X;
    pBestFitness = fitness;
    %% 记录初始全局最优解，默认优化最小值
    %寻找适应度最小的位置
    [~,index] = min(fitness);
    %记录适应度值和位置
    gBestFitness = fitness(index);
    gBest = X(index,:);

    Xnew = X; %新位置
    fitnessNew = fitness;%新位置适应度值

    IterCurve = zeros(1,maxIter);
    %% 开始迭代
    for t = 1:maxIter
        %对每个粒子进行更新
        for i = 1:pop
            %速度更新
            r1 = rand(1,dim);
            r2 = rand(1,dim);
            V(i,:) = V(i,:) + c1.*r1.*(pBest(i,:) - X(i,:)) + c2.*r2.*(gBest
- X(i,:));
            %速度边界检查及约束
            V(i,:) = BoundaryCheck(V(i,:),vmax,vmin,dim);
            %位置更新
            Xnew(i,:) = X(i,:) + V(i,:);
            %位置边界检查及约束
            Xnew(i,:) = BoundaryCheck(Xnew(i,:),ub,lb,dim);
            %计算新位置适应度值
```

```
        fitnessNew(i) = fobj(Xnew(i,:));
        %更新历史最优值
        if fitnessNew(i) < pBestFitness(i)
            pBest(i,:) = Xnew(i,:);
            pBestFitness(i) = fitnessNew(i);
        end
        %更新全局最优值
        if fitnessNew(i)<gBestFitness
            gBestFitness = fitnessNew(i);
            gBest = Xnew(i,:);
        end
    end
    X = Xnew;
    fitness = fitnessNew;
%% 种群扰动
  switch Methodflag
      case 0
          Xnew = X;
      case 1
          Xnew = chaosChange1(X,pop,dim);   %Chebyshev 混沌映射扰动函数
      case 2
          Xnew = chaosChange2(X,pop,dim);   %Circle 混沌映射扰动函数
      case 3
          Xnew = chaosChange3(X,pop,dim);   %Gauss 混沌映射扰动函数
      case 4
          Xnew = chaosChange4(X,pop,dim);   %Iterative 混沌映射扰动函数
      case 5
          Xnew = chaosChange5(X,pop,dim);   %Logistic 混沌映射扰动函数
      case 6
          Xnew = chaosChange6(X,pop,dim);   %Piecewise 混沌映射扰动函数
      case 7
          Xnew = chaosChange7(X,pop,dim);   %Sine 混沌映射扰动函数
      case 8
          Xnew = chaosChange8(X,pop,dim);   %Singer 混沌映射扰动函数
      case 9
          Xnew = chaosChange9(X,pop,dim);   %Sinusoidal 混沌映射扰动函数
      case 10
          Xnew = chaosChange10(X,pop,dim);   %Tent 混沌映射扰动函数
      case 11
          Xnew = chaosChange11(X,pop,dim);   %Fuch 混沌映射扰动函数
      case 12
          Xnew = chaosChange12(X,pop,dim);   %SPM 混沌映射扰动函数
      case 13
          Xnew = chaosChange13(X,pop,dim);   %ICMIC 混沌映射扰动函数
      case 14
          Xnew = chaosChange14(X,pop,dim);   %Tent-Logistic-Cosine 混沌
映射扰动函数
      case 15
          Xnew = chaosChange15(X,pop,dim);   %Logistic-Sine-Cosine 混沌
映射扰动函数
      case 16
          Xnew = chaosChange16(X,pop,dim);   %Sine-Tent-Cosine 混沌映射扰
动函数
      case 17
          Xnew = chaosChange17(X,pop,dim);   %Henon 混沌映射扰动函数
      case 18
          Xnew = chaosChange18(X,pop,dim);   %Cubic 混沌映射扰动函数
```

```matlab
        case 19
            Xnew=chaosChange19(X,pop,dim);%Logistic-Tent 混沌映射扰动函数
        case 20
            Xnew = chaosChange20(X,pop,dim); %Bernoulli 混沌映射扰动函数
        otherwise
            disp(["wrong Methodflag!!"])
    end
    %% 贪婪策略
    for i = 1:pop
        Xnew(i,:) = BoundaryCheck(Xnew(i,:),ub,lb,dim);
        %计算新位置适应度值
        fitnessNew(i) = fobj(Xnew(i,:));
        if fitnessNew(i)<fitness(i)
            X(i,:)=Xnew(i,:);
            fitness(i)=fitnessNew(i);
        end
        %更新历史最优值
        if fitnessNew(i) < pBestFitness(i)
            pBest(i,:) = Xnew(i,:);
            pBestFitness(i) = fitnessNew(i);
        end
        %更新全局最优值
        if fitnessNew(i)<gBestFitness
            gBestFitness = fitnessNew(i);
            gBest = Xnew(i,:);
        end
    end
    %% 记录当前迭代最优值和最优适应度值
    %记录最优解
    Best_Pos = gBest;
    %记录最优解的适应度值
    Best_fitness = gBestFitness;
    %记录当前迭代的最优解适应度值
    IterCurve(t) = gBestFitness;
    HistoryBest{t} = Best_Pos;
    %记录当前代粒子群的位置
    HistoryPosition{t} = X;

    end
end


%% 粒子群原始初始化函数
function X = initialization(pop,ub,lb,dim)
    %pop: 种群数量
    %dim: 每个粒子群的维度
    %ub: 每个维度的变量上边界，维度为[1,dim]
    %lb: 每个维度的变量下边界，维度为[1,dim]
    %X: 输出的种群，维度[pop,dim]
    X = zeros(pop,dim); %X 事先分配空间
    for i = 1:pop
        for j = 1:dim
            X(i,j)=(ub(j)-lb(j))*rand()+lb(j);   %生成[lb,ub]之间的随机数
        end
    end
end
```

```matlab
%% Chebyshev 混沌映射扰动函数
function X = chaosChange1(X,pop,dim)
    %pop: 种群数量
    %dim: 每个粒子群的维度
    %X: 输出的种群, 维度[pop,dim]
    r0=rand;
    a=4;
    for i = 1:pop
        for j = 1:dim
            R = cos(a.*acos(r0));%Chebyshev
            X(i,j) = X(i,j)*(1+R);   %扰动
          r0=R;
        end
    end
end


%% Circle 混沌映射扰动函数
function X = chaosChange2(X,pop,dim)
    %pop: 种群数量
    %dim: 每个粒子群的维度
    %X: 输出的种群, 维度[pop,dim]
    r0=rand;
    a=0.5;
    b=0.2;
    for i = 1:pop
        for j = 1:dim
          R = mod(r0+b-(a/(2*pi))*sin(2*pi*r0),1);%circle 混沌映射
            X(i,j) = X(i,j)*(1+R);   %扰动
          r0=R;
        end
    end
end


%% Gauss 混沌映射扰动函数
function X = chaosChange3(X,pop,dim)
    %pop: 种群数量
    %dim: 每个粒子群的维度
    %X: 输出的种群, 维度[pop,dim]
    r0=rand;
    for i = 1:pop
        for j = 1:dim
          if r0==0
                R =1;
            else
                R =mod(1/r0,1);
            end
            X(i,j) = X(i,j)*(1+R);   %扰动
          r0=R;
        end
    end
end

%% Iterative 混沌映射扰动函数
function X = chaosChange4(X,pop,dim)
    %pop: 种群数量
```

```matlab
    %dim: 每个粒子群的维度
    %X: 输出的种群，维度[pop,dim]
    r0=rand;
    a=0.7;
    for i = 1:pop
        for j = 1:dim
          R=sin(a*pi/r0);
            X(i,j) = X(i,j)*(1+R);    %扰动
          r0=R;
        end
    end
end


%% Logistic 混沌映射扰动函数
function X = chaosChange5(X,pop,dim)
    %pop: 种群数量
    %dim: 每个粒子群的维度
    %X: 输出的种群，维度[pop,dim]
    r0=rand;
    a=4;
    for i = 1:pop
        for j = 1:dim
          R =a*r0*(1-r0);
            X(i,j) = X(i,j)*(1+R);    %扰动
          r0=R;
        end
    end
end

%% Piecewise 混沌映射扰动函数
function X = chaosChange6(X,pop,dim)
    %pop: 种群数量
    %dim: 每个粒子群的维度
    %X: 输出的种群，维度[pop,dim]
    r0=rand;
    P=0.4;
    for i = 1:pop
        for j = 1:dim
            if r0>=0 && r0<P
                R=r0/P;
            elseif r0>=P && r0<0.5
                R=(r0-P)/(0.5-P);
            elseif r0>=0.5 && r0<1-P
                R=(1-P-r0)/(0.5-P);
            elseif r0>=1-P && r0<1
                R=(1-r0)/P;
            end
            X(i,j) = X(i,j)*(1+R);    %扰动
          r0=R;
        end
    end
end

%% Sine 混沌映射扰动函数
function X = chaosChange7(X,pop,dim)
    %pop: 种群数量
```

```
    %dim: 每个粒子群的维度
    %X: 输出的种群，维度[pop,dim]
    r0=rand;
    a=4;
    for i = 1:pop
       for j = 1:dim
          R=(a/4)*sin(pi*r0);
            X(i,j) = X(i,j)*(1+R);   %扰动
          r0=R;
         end
      end
end

%% Singer 混沌映射扰动函数
function X = chaosChange8(X,pop,dim)
    %pop: 种群数量
    %dim: 每个粒子群的维度
    %X: 输出的种群，维度[pop,dim]
    r0=rand;
    a=1.07;
    for i = 1:pop
       for j = 1:dim
       R=a*(7.86*r0-23.31*r0^2+28.75*r0^3-13.302875*r0^4);
            X(i,j) = X(i,j)*(1+R);   %扰动
          r0=R;
         end
      end
end


%% Sinusoidal 混沌映射扰动函数
function X = chaosChange9(X,pop,dim)
    %pop: 种群数量
    %dim: 每个粒子群的维度
    %X: 输出的种群，维度[pop,dim]
    r0=0.7;
    a=2.3;
    for i = 1:pop
       for j = 1:dim
       R=a*r0^2*sin(pi*r0);
            X(i,j) = X(i,j)*(1+R);   %扰动
          r0=R;
         end
      end
end

%% Tent 混沌映射扰动函数
function X = chaosChange10(X,pop,dim)
    %pop: 种群数量
    %dim: 每个粒子群的维度
    %X: 输出的种群，维度[pop,dim]
    r0=rand;
    a=0.7;
    for i = 1:pop
       for j = 1:dim
          if r0<a
             R=r0/a;
```

```
            else
                R=(1-r0)/(1-a);
            end
            X(i,j) = X(i,j)*(1+R);   %扰动
        r0=R;
        end
    end
end

%% Fuch 混沌映射扰动函数
function X = chaosChange11(X,pop,dim)
    %pop: 种群数量
    %dim: 每个粒子群的维度
    %X: 输出的种群，维度[pop,dim]
    r0=rand;
    for i = 1:pop
        for j = 1:dim
        R=cos(1/r0^2);
            X(i,j) = X(i,j)*(1+R);   %扰动
        r0=R;
        end
    end
end


%% SPM 混沌映射扰动函数
function X = chaosChange12(X,pop,dim)
    %pop: 种群数量
    %dim: 每个粒子群的维度
    %X: 输出的种群，维度[pop,dim]
    r0=rand;
    eta = 0.4;
    mu = 0.3;
    for i = 1:pop
        for j = 1:dim
        r=rand;
            if r0>=0 && r0<eta
                R=mod(r0/eta + mu*sin(pi*r0) + r,1);
            elseif r0>=eta && r0<0.5
                R=mod((r0/eta)/(0.5-eta) + mu*sin(pi*r0)+r, 1);
            elseif r0>=0.5 && r0<1-eta
                R=mod( (1-r0/eta)/(0.5-eta) + mu*sin(pi*(1-r0))+ r ,1);
            else
                R=mod( (1-r0/eta)/(eta) + mu*sin(pi*(1-r0))+ r ,1);
            end
            X(i,j) = X(i,j)*(1+R);   %扰动
        r0=R;
        end
    end
end

%% ICMIC 混沌映射扰动函数
function X = chaosChange13(X,pop,dim)
    %pop: 种群数量
    %dim: 每个粒子群的维度
    %X: 输出的种群，维度[pop,dim]
    r0=rand;
```

```
      a = 2;
      for i = 1:pop
        for j = 1:dim
          R = sin(a/r0);
            X(i,j) = X(i,j)*(1+R);  %扰动
          r0=R;
          end
        end
end


%% Tent-Logistic-Cosine 混沌映射扰动函数
function X = chaosChange14(X,pop,dim)
      %pop: 种群数量
      %dim: 每个粒子群的维度
      %X: 输出的种群，维度[pop,dim]
      r0=rand;
      for i = 1:pop
        for j = 1:dim
        r = rand>0.5;
          if r0<0.5
              R = cos(pi*(2*r*r0+4*(1-r)*r0*(1-r0)-0.5));
          else
              R = cos(pi*(2*r*(1-r0)+4*(1-r)*r0*(1-r0)-0.5)) ;
          end
            X(i,j) = X(i,j)*(1+R);  %扰动
        r0=R;
        end
      end
end

%% Logistic-Sine-Cosine 混沌映射扰动函数
function X = chaosChange15(X,pop,dim)
      %pop: 种群数量
      %dim: 每个粒子群的维度
      %X: 输出的种群，维度[pop,dim]
      r0=rand;
      for i = 1:pop
        for j = 1:dim
        r = rand>0.5;
        R = cos(pi*(4*r*r0*(1-r0)+(1-r)*sin(pi*r0)-0.5));
            X(i,j) = X(i,j)*(1+R);  %扰动
        r0=R;
        end
      end
end

%% Sine-Tent-Cosine 混沌映射扰动函数
function X = chaosChange16(X,pop,dim)
      %pop: 种群数量
      %dim: 每个粒子群的维度
      %X: 输出的种群，维度[pop,dim]
      r0=rand;
      for i = 1:pop
        for j = 1:dim
        r = rand>0.5;
          if r0<0.5
```

```matlab
                R = cos(pi*(r*sin(pi*r0)+2*(1-r)*r0-0.5));
            else
                R = cos(pi*(r*sin(pi*r0)+2*(1-r)*(1-r0)-0.5));
            end
            X(i,j) = X(i,j)*(1+R);    %扰动
            r0=R;
        end
    end
end

%% Henon 混沌映射扰动函数
function X = chaosChange17(X,pop,dim)
    %pop: 种群数量
    %dim: 每个粒子群的维度
    %X: 输出的种群，维度[pop,dim]
    r0=rand;
    a=1.4;
    b=0.3;
    ry0=rand;
    for i = 1:pop
        for j = 1:dim
            R=1+ry0-a*r0^2;
            Ry=b*r0;
            X(i,j) = X(i,j)*(1+R);    %扰动
            if abs(R)>1
            R=1
            end
            r0=R;
            ry0=Ry;
        end
    end
end

%% Cubic 混沌映射扰动函数
function X = chaosChange18(X,pop,dim)
    %pop: 种群数量
    %dim: 每个粒子群的维度
    %X: 输出的种群，维度[pop,dim]
    r0=rand;
    a=2.595;
    for i = 1:pop
        for j = 1:dim
            R=a*r0*(1-r0^2);
            X(i,j) = X(i,j)*(1+R);    %扰动
            r0=R;
        end
    end
end

%% Logistic-Tent 混沌映射扰动函数
function X = chaosChange19(X,pop,dim)
    %pop: 种群数量
    %dim: 每个粒子群的维度
    %X: 输出的种群，维度[pop,dim]
    r0=rand;
    r = 2;
    for i = 1:pop
```

```matlab
        for j = 1:dim
          if r0<0.5
            R=mod(r*r0*(1-r0)+(4-r)*r0/2,1);
          else
            R=mod(r*r0*(1-r0)+(4-r)*(1-r0)/2,1);
          end
            X(i,j) = X(i,j)*(1+R);   %扰动
          r0=R;
          end
      end
end

%% Bernoulli 混沌映射扰动函数
function X = chaosChange20(X,pop,dim)
    %pop: 种群数量
    %dim: 每个粒子群的维度
    %X: 输出的种群，维度[pop,dim]
    r0=rand;
    a = 0.77;
    for i = 1:pop
      for j = 1:dim
        if r0<1-a
          R=r0/(1-a);
        else
          R=(r0-1+a)/a;
        end
          X(i,j) = X(i,j)*(1+R);   %扰动
        r0=R;
        end
    end
end
```

Python 完整代码实现如下。

```python
import numpy as np
import copy
'''Chebyshev 混沌映射扰动函数'''
# pop: 种群数量
# dim: 单个粒子的维度
# X: 输出种群，维度为[pop,dim]
def chaosChange1(X,pop,dim):
    a = 4
    r0 = np.random.random()
    for i in range(pop):
        for j in range(dim):
            R = np.cos(a*np.arccos(r0))
            X[i,j] = X[i,j]*(1+R)
            r0 = R
    return X


'''Circle 混沌映射扰动函数'''
# pop: 种群数量
# dim: 单个粒子的维度
# X: 输出种群，维度为[pop,dim]
def chaosChange2(X,pop,dim):
    r0 = np.random.random()
    a=0.5
```

```
        b=0.2
        for i in range(pop):
            for j in range(dim):
                R = np.mod(r0+b-(a/(2*np.pi))*np.sin(2*np.pi*r0),1)
                X[i,j] = X[i,j]*(1+R)
                r0 = R
        return X


'''Gauss 混沌映射扰动函数'''
# pop: 种群数量
# dim: 单个粒子的维度
# X: 输出种群，维度为[pop,dim]
def chaosChange3(X,pop,dim):
    r0 = np.random.random()
    for i in range(pop):
        for j in range(dim):
            if r0==0:
                R=1
            else:
                R=np.mod(1/r0,1)
            X[i,j] = X[i,j]*(1+R)
            r0 = R
    return X


'''Iterative 混沌映射扰动函数'''
# pop: 种群数量
# dim: 单个粒子的维度
# X: 输出种群，维度为[pop,dim]
def chaosChange4(X,pop,dim):
    r0 = np.random.random()
    a = 0.7
    for i in range(pop):
        for j in range(dim):
            R=np.sin(np.pi*a/r0)
            X[i,j] = X[i,j]*(1+R)
            r0 = R
    return X


'''Logistic 混沌映射扰动函数'''
# pop: 种群数量
# dim: 单个粒子的维度
# X: 输出种群，维度为[pop,dim]
def chaosChange5(X,pop,dim):
    r0 = np.random.random()
    a = 4
    for i in range(pop):
        for j in range(dim):
            R=a*r0*(1-r0)
            X[i,j] = X[i,j]*(1+R)
            r0 = R
    return X


'''Piecewise 混沌映射扰动函数'''
```

```python
# pop: 种群数量
# dim: 单个粒子的维度
# X: 输出种群，维度为[pop,dim]
def chaosChange6(X,pop,dim):
    r0 = np.random.random()
    P = 0.4
    for i in range(pop):
        for j in range(dim):
            if r0>=0 and r0<P:
                R=r0/P
            elif r0>=P and r0<0.5:
                R=(r0-P)/(0.5-P)
            elif r0>=0.5 and r0<1-P:
                R=(1-P-r0)/(0.5-P)
            elif r0>=1-P and r0<1:
                R=(1-r0)/P
            X[i,j] = X[i,j]*(1+R)
            r0 = R
    return X


'''Sine 混沌映射扰动函数'''
# pop: 种群数量
# dim: 单个粒子的维度
# X: 输出种群，维度为[pop,dim]
def chaosChange7(X,pop,dim):
    r0 = np.random.random()
    a = 4
    for i in range(pop):
        for j in range(dim):
            R=(a/4)*np.sin(np.pi*r0)
            X[i,j] = X[i,j]*(1+R)
            r0 = R
    return X


'''Singer 混沌映射扰动函数'''
# pop: 种群数量
# dim: 单个粒子的维度
# X: 输出种群，维度为[pop,dim]
def chaosChange8(X,pop,dim):
    r0 = np.random.random()
    a = 1.07
    for i in range(pop):
        for j in range(dim):
            R=a*(7.86*r0-23.31*r0**2+28.75*r0**3-13.302875*r0**4)
            X[i,j] = X[i,j]*(1+R)
            r0 = R
    return X


'''Sinusoidal 混沌映射扰动函数'''
# pop: 种群数量
# dim: 单个粒子的维度
# X: 输出种群，维度为[pop,dim]
def chaosChange9(X,pop,dim):
    r0 = 0.7
```

```
        a = 2.3
        for i in range(pop):
            for j in range(dim):
                R=a*r0**2*np.sin(np.pi*r0)
                X[i,j] = X[i,j]*(1+R)
                r0 = R
        return X


'''Tent 混沌映射扰动函数'''
# pop: 种群数量
# dim: 单个粒子的维度
# X: 输出种群，维度为[pop,dim]
def chaosChange10(X,pop,dim):
    r0 = np.random.random()
    a = 0.7
    for i in range(pop):
        for j in range(dim):
            if r0<a:
                R=r0/a
            else:
                R=(1-r0)/(1-a)
            X[i,j] = X[i,j]*(1+R)
            r0 = R
    return X


'''Fuch 混沌映射扰动函数'''
# pop: 种群数量
# dim: 单个粒子的维度
# X: 输出种群，维度为[pop,dim]
def chaosChange11(X,pop,dim):
    r0 = np.random.random()
    for i in range(pop):
        for j in range(dim):
            R=np.cos(1/r0**2)
            X[i,j] = X[i,j]*(1+R)
            r0 = R
    return X


'''SPM 混沌映射扰动函数'''
# pop: 种群数量
# dim: 单个粒子的维度
# X: 输出种群，维度为[pop,dim]
def chaosChange12(X,pop,dim):
    r0 = np.random.random()
    eta = 0.4
    mu = 0.3
    pi = np.pi
    for i in range(pop):
        for j in range(dim):
            r = np.random.random()
            if r0>=0 and r0<eta:
                R=np.mod(r0/eta + mu*np.sin(pi*r0) + r,1)
            elif r0>=eta and r0<0.5:
                R=np.mod((r0/eta)/(0.5-eta) + mu*np.sin(pi*r0)+r, 1)
```

```
            elif r0>=0.5 and r0<1-eta:
                R=np.mod( (1-r0/eta)/(0.5-eta) + mu*np.sin(pi*(1-r0))+ r ,1)
            else:
                R=np.mod( (1-r0/eta)/(eta) + mu*np.sin(pi*(1-r0))+ r ,1)
            X[i,j] = X[i,j]*(1+R)
            r0 = R
    return X


'''ICMIC 混沌映射扰动函数'''
# pop: 种群数量
# dim: 单个粒子的维度
# X: 输出种群，维度为[pop,dim]
def chaosChange13(X,pop,dim):
    r0 = np.random.random()
    a = 2
    for i in range(pop):
        for j in range(dim):
            R = np.sin(a/r0)
            X[i,j] = X[i,j]*(1+R)
            r0 = R
    return X


'''Tent-Logistic-Cosine 混沌映射扰动函数'''
# pop: 种群数量
# dim: 单个粒子的维度
# X: 输出种群，维度为[pop,dim]
def chaosChange14(X,pop,dim):
    r0 = np.random.random()
    pi = np.pi
    for i in range(pop):
        for j in range(dim):
            r = np.random.random()>0.5
            if r0<0.5:
                R = np.cos(pi*(2*r*r0+4*(1-r)*r0*(1-r0)-0.5))
            else:
                R = np.cos(pi*(2*r*(1-r0)+4*(1-r)*r0*(1-r0)-0.5))
            X[i,j] = X[i,j]*(1+R)
            r0 = R
    return X


'''Logistic-Sine-Cosine 混沌映射扰动函数'''
# pop: 种群数量
# dim: 单个粒子的维度
# X: 输出种群，维度为[pop,dim]
def chaosChange15(X,pop,dim):
    r0 = np.random.random()
    pi = np.pi
    for i in range(pop):
        for j in range(dim):
            r = np.random.random()>0.5
            R = np.cos(pi*(4*r*r0*(1-r0)+(1-r)*np.sin(pi*r0)-0.5))
            X[i,j] = X[i,j]*(1+R)
            r0 = R
    return X
```

```python
'''Sine-Tent-Cosine 混沌映射扰动函数'''
# pop：种群数量
# dim：单个粒子的维度
# X：输出种群，维度为[pop,dim]
def chaosChange16(X,pop,dim):
    r0 = np.random.random()
    pi = np.pi
    for i in range(pop):
        for j in range(dim):
            r = np.random.random()>0.5
            if r0<0.5:
                R = np.cos(pi*(r*np.sin(pi*r0)+2*(1-r)*r0-0.5))
            else:
                R = np.cos(pi*(r*np.sin(pi*r0)+2*(1-r)*(1-r0)-0.5))
            X[i,j] = X[i,j]*(1+R)
            r0 = R
    return X


'''Henon 混沌映射扰动函数'''
# pop：种群数量
# dim：单个粒子的维度
# X：输出种群，维度为[pop,dim]
def chaosChange17(X,pop,dim):
    r0 = np.random.random()
    ry0 = np.random.random()
    a=1.4
    b=0.3
    for i in range(pop):
        for j in range(dim):
            R=1+ry0-a*r0**2
            Ry=b*r0
            X[i,j] = X[i,j]*(1+R)
            if abs(R)>1:
                R=1
            r0 = R
            ry0 = Ry
    return X


'''Cubic 混沌映射扰动函数'''
# pop：种群数量
# dim：单个粒子的维度
# X：输出种群，维度为[pop,dim]
def chaosChange18(X,pop,dim):
    r0 = np.random.random()
    a=2.595
    for i in range(pop):
        for j in range(dim):
            R=a*r0*(1-r0**2)
            X[i,j] = X[i,j]*(1+R)
            r0 = R
    return X
```

```
'''Logistic-Tent 混沌映射扰动函数'''
# pop: 种群数量
# dim: 单个粒子的维度
# X: 输出种群，维度为[pop,dim]
def chaosChange19(X,pop,dim):
    r0 = np.random.random()
    r=2
    for i in range(pop):
        for j in range(dim):
            if r0<0.5:
                R = np.mod(r*r0*(1-r0)+(4-r)*r0/2,1)
            else:
                R = np.mod(r*r0*(1-r0)+(4-r)*(1-r0)/2,1)
            X[i,j] = X[i,j]*(1+R)
            r0 = R
    return X


'''Bernoulli 混沌映射扰动函数'''
# pop: 种群数量
# dim: 单个粒子的维度
# X: 输出种群，维度为[pop,dim]
def chaosChange20(X,pop,dim):
    r0 = np.random.random()
    a=0.7
    for i in range(pop):
        for j in range(dim):
            if r0<1-a:
                R = r0/(1-a)
            else:
                R = (r0-1+a)/a
            X[i,j] = X[i,j]*(1+R)
            r0 = R
    return X

'''粒子群初始化函数'''
# pop: 种群数量
# dim: 单个粒子的维度
# ub: 粒子上边界，维度为[1,dim]
# lb: 粒子下边界，维度为[1,dim]
# X: 输出种群，维度为[pop,dim]
def initialization(pop,ub,lb,dim):
    X = np.zeros([pop,dim])
    for i in range(pop):
        for j in range(dim):
            X[i,j] = (ub[j]-lb[j])*np.random.random()+lb[j]
    return X

''' 边界检查函数 '''
# dim: 数据维度
# x: 输入数据，维度为dim
# ub 数据上边界，维度为dim
# lb 数据下边界，维度为dim
def BoundaryCheck(x,ub,lb,dim):
    for i in range(dim):
        if x[i]>ub[i]:
            x[i]=ub[i]
```

```
        if x[i]<lb[i]:
            x[i]=lb[i]
    return x

''' 粒子群函数'''
## 输入:
#   pop: 种群数量
#   dim: 单个粒子的维度
#   ub: 粒子上边界信息，维度为[1,dim]
#   lb: 粒子下边界信息，维度为[1,dim]
#   fobj: 适应度函数接口
#   vmax: 速度的上边界信息，维度为[1,dim]
#   vmin: 速度的下边界信息，维度为[1,dim]
#   maxIter: 算法的最大迭代次数，用于控制算法的停止
#   Methodflag:用于控制选用哪种策略来改进粒子群算法[0-20]
## 输出:
#   Best_Pos: 粒子群找到的最优位置
#   Best_fitness: 最优位置对应的适应度值
#   IterCure: 用于记录每次迭代的最佳适应度，即后续用来绘制迭代曲线
def Ipso(pop,dim,ub,lb,fobj,vmax,vmin,maxIter,Methodflag):
    # 设置c1、c2参数
    c1 = 2.0
    c2 = 2.0
    # 初始化种群位置
    X = initialization(pop,ub,lb,dim)
    # 初始化种群速度
    V = initialization(pop,vmax,vmin,dim)
    # 计算适应度值
    fitness = np.zeros(pop)
    XNew = copy.deepcopy(X)
    fitnessNew = np.zeros(pop)
    for i in range(pop):
        fitness[i] = fobj(X[i,:])
    # 将初始种群作为历史最优
    pBest = copy.deepcopy(X)
    pBestFitness = copy.deepcopy(fitness)
    # 记录初始全局最优解，默认优化最小值
    # 寻找适应度最小的位置
    index = np.argmin(fitness)
    # 记录适应度值和位置
    gBestFitness = fitness[index]
    gBest = copy.deepcopy(X[index,:])
    IterCurve = np.zeros(maxIter)
    ## 开始迭代 ##
    for t in range(maxIter):
        # 对每个粒子进行更新
        for i in range(pop):
            # 速度更新
            r1 = np.random.random(dim)
            r2 = np.random.random(dim)
            V[i,:] = V[i,:] + c1*r1*(pBest[i,:]-X[i,:]) + c2*r2*(gBest-
X[i,:])
            # 边界检查
            V[i,:] = BoundaryCheck(V[i,:],vmax,vmin,dim)
            # 位置更新
            X[i,:] = X[i,:] + V[i,:]
            # 边界检查
```

```
            X[i,:] = BoundaryCheck(X[i,:],ub,lb,dim)
            # 计算新位置适应度值
            fitness[i] = fobj(X[i,:])
            # 更新历史最优值
            if fitness[i]<pBestFitness[i]:
                pBest[i,:] = copy.copy(X[i,:])
                pBestFitness[i] = fitness[i]
            # 更新全局最优值
            if fitness[i]<gBestFitness:
                gBestFitness = fitness[i]
                gBest = copy.copy(X[i,:])
# 初始化种群位置
    if (Methodflag == 0):
        XNew =XNew    #原始初始化函数
    elif(Methodflag == 1):
        XNew = chaosChange1(X,pop,dim)  #Chebyshev 混沌映射扰动函数
    elif(Methodflag == 2):
        XNew = chaosChange2(X,pop,dim)  #Circle 混沌映射扰动函数
    elif(Methodflag == 3):
        XNew = chaosChange3(X,pop,dim)  #Gauss 混沌映射扰动函数
    elif(Methodflag == 4):
        XNew = chaosChange4(X,pop,dim)  #Iterative 混沌映射扰动函数
    elif(Methodflag == 5):
        XNew = chaosChange5(X,pop,dim)  #Logistic 混沌映射扰动函数
    elif(Methodflag == 6):
        XNew = chaosChange6(X,pop,dim)  #Piecewise 混沌映射扰动函数
    elif(Methodflag == 7):
        XNew = chaosChange7(X,pop,dim)  #Sine 混沌映射扰动函数
    elif(Methodflag == 8):
        XNew = chaosChange8(X,pop,dim)  #Singer 混沌映射扰动函数
    elif(Methodflag == 9):
        XNew = chaosChange9(X,pop,dim)  #Sinusoidal 混沌映射扰动函数
    elif(Methodflag == 10):
        XNew = chaosChange10(X,pop,dim)  #Tent 混沌映射扰动函数
    elif(Methodflag == 11):
        XNew = chaosChange11(X,pop,dim)  #Fuch 混沌映射扰动函数
    elif(Methodflag == 12):
        XNew = chaosChange12(X,pop,dim)  #SPM 混沌映射扰动函数
    elif(Methodflag == 13):
        XNew = chaosChange13(X,pop,dim)  #ICMIC 混沌映射扰动函数
    elif(Methodflag == 14):
        XNew=chaosChange14(X,pop,dim)#Tent-Logistic-Cosine 混沌映射扰动
函数
    elif(Methodflag == 15):
        XNew=chaosChange15(X,pop,dim)#Logistic-Sine-Cosine 混沌映射扰动
函数
    elif(Methodflag == 16):
        XNew=chaosChange16(X,pop,dim)  #Sine-Tent-Cosine 混沌映射扰动函数
    elif(Methodflag == 17):
        XNew = chaosChange17(X,pop,dim)  #Henon 混沌映射扰动函数
    elif(Methodflag == 18):
        XNew = chaosChange18(X,pop,dim)  #Cubic 混沌映射扰动函数
    elif(Methodflag == 19):
        XNew = chaosChange19(X,pop,dim)  #Logistic-Tent 混沌映射扰动函数
    elif(Methodflag == 20):
        XNew = chaosChange20(X,pop,dim)  #Bernoulli 混沌映射扰动函数
    else:
```

```
            print("wrong Methodflag!!")
        for i in range(pop):
            XNew[i,:] = BoundaryCheck(XNew[i,:],ub,lb,dim)
            fitnessNew[i] = fobj(XNew[i,:])
            if fitnessNew[i]<fitness[i]:
                X[i,:] = XNew[i,:]
                fitness[i]=fitnessNew[i]
            # 更新历史最优值
            if fitness[i]<pBestFitness[i]:
                pBest[i,:] = copy.copy(X[i,:])
                pBestFitness[i] = fitness[i]
            # 更新全局最优值
            if fitness[i]<gBestFitness:
                gBestFitness = fitness[i]
                gBest = copy.copy(X[i,:])
    ## 记录当前迭代最优值和最优适应度值
    # 记录最优解
    Best_Pos = gBest
    # 记录最优解适应度值
    Best_fitness = gBestFitness
    # 记录当前迭代的最优解适应度值
    IterCurve[t] = gBestFitness
    return Best_Pos,Best_fitness,IterCurve
```

5.2.2　基于混沌映射改进的粒子群算法的寻优求解

本节以第 2 章的基准测试函数 F1 为例，同时运行不同的改进方法，并输出结果进行对比。F1 测试函数的信息如表 5.4 所示。

表 5.4　F1 测试函数信息

名称	函数表达式（function）	维度（dim）	变量范围值（range）	全局最优值（fmin）
F1	$f_1(x) = \sum_{i=1}^{n} x_i^2$	30	$[-100,100]$	0

设定粒子群函数种群数量为 30，迭代次数为 500，变量维度为 30，变量范围为 $[-100,100]$，速度范围为 $[-2,2]$。

基于混沌映射改进的粒子群算法寻优求解对比案例 MATLAB 代码：

```
%% 粒子群算法求解基准测试函数集 F1
clc;clear all;close all;
%粒子群参数设定
pop = 30;%种群数量
dim = 30;%变量维度
ub = ones(1,30).*100;%粒子上边界信息
lb =  ones(1,30).*-100;%粒子下边界信息
vmax =  ones(1,30).*2;%粒子的速度上边界
vmin = ones(1,30).*-2;%粒子的速度下边界
maxIter = 500;%最大迭代次数
fobj = @(x) fun(x);%设置适应度函数为 fun(x);
%粒子群求解问题
%0: 基础粒子群算法
[Best_Pos,Best_fitness,IterCurve,~,~]=Ipso(pop,dim,ub,lb,fobj,vmax,vmin,
```

```
maxIter,0);
%1: Chebyshev 混沌映射改进粒子群算法
[Best_Pos1,Best_fitness1,IterCurve1,~,~]=Ipso(pop,dim,ub,lb,fobj,vmax,
vmin,maxIter,1);
%2: Circle 混沌映射改进粒子群算法
[Best_Pos2,Best_fitness2,IterCurve2,~,~]=Ipso(pop,dim,ub,lb,fobj,vmax,
vmin,maxIter,2);
%3: Gauss 混沌映射改进粒子群算法
[Best_Pos3,Best_fitness3,IterCurve3,~,~]=Ipso(pop,dim,ub,lb,fobj,vmax,
vmin,maxIter,3);
%4: Iterative 混沌映射改进粒子群算法
[Best_Pos4,Best_fitness4,IterCurve4,~,~]=Ipso(pop,dim,ub,lb,fobj,vmax,
vmin,maxIter,4);
%5: Logistic 混沌映射改进粒子群算法
[Best_Pos5,Best_fitness5,IterCurve5,~,~]=Ipso(pop,dim,ub,lb,fobj,vmax  ,
vmin,maxIter,5);
%6: Piecewise 混沌映射改进粒子群算法
[Best_Pos6,Best_fitness6,IterCurve6,~,~]=Ipso(pop,dim,ub,lb,fobj,vmax,
vmin,maxIter,6);
%7: Sine 混沌映射改进粒子群算法
[Best_Pos7,Best_fitness7,IterCurve7,~,~]=Ipso(pop,dim,ub,lb,fobj,vmax,
vmin,maxIter,7);
%8: Singer 混沌映射改进粒子群算法
[Best_Pos8,Best_fitness8,IterCurve8,~,~]=Ipso(pop,dim,ub,lb,fobj,vmax,
vmin,maxIter,8);
%9: Sinusoidal 混沌映射改进粒子群算法
[Best_Pos9,Best_fitness9,IterCurve9,~,~]=Ipso(pop,dim,ub,lb,fobj,vmax,
vmin,maxIter,9);
%10: Tent 混沌映射改进粒子群算法
[Best_Pos10,Best_fitness10,IterCurve10,~,~]=Ipso(pop,dim,ub,lb,fobj,
vmax,vmin,maxIter,10);
%11: Fuch 混沌映射改进粒子群算法
[Best_Pos11,Best_fitness11,IterCurve11,~,~]=Ipso(pop,dim,ub,lb,fobj,
vmax,vmin,maxIter,11);
%12: SPM 混沌映射改进粒子群算法
[Best_Pos12,Best_fitness12,IterCurve12,~,~]=Ipso(pop,dim,ub,lb,fobj,
vmax,vmin,maxIter,12);
%13: ICMIC 混沌映射改进粒子群算法
[Best_Pos13,Best_fitness13,IterCurve13,~,~]=Ipso(pop,dim,ub,lb,fobj,
vmax,vmin,maxIter,13);
%14: Tent-Logistic-Cosine 混沌映射改进粒子群算法
[Best_Pos14,Best_fitness14,IterCurve14,~,~]=Ipso(pop,dim,ub,lb,fobj,
vmax,vmin,maxIter,14);
%15: Logistic-Sine-Cosine 混沌映射改进粒子群算法
[Best_Pos15,Best_fitness15,IterCurve15,~,~]=Ipso(pop,dim,ub,lb,fobj,
vmax,vmin,maxIter,15);
%16: Sine-Tent-Cosine 混沌映射改进粒子群算法
[Best_Pos16,Best_fitness16,IterCurve16,~,~]=Ipso(pop,dim,ub,lb,fobj,
vmax,vmin,maxIter,16);
%17: Henon 混沌映射改进粒子群算法
[Best_Pos17,Best_fitness17,IterCurve17,~,~]=Ipso(pop,dim,ub,lb,fobj,
vmax,vmin,maxIter,17);
%18: Cubic 混沌映射改进粒子群算法
[Best_Pos18,Best_fitness18,IterCurve18,~,~]=Ipso(pop,dim,ub,lb,fobj,
vmax,vmin,maxIter,18);
%19: Logistic-Tent 混沌映射改进粒子群算法
[Best_Pos19,Best_fitness19,IterCurve19,~,~]=Ipso(pop,dim,ub,lb,fobj,
```

```
vmax,vmin,maxIter,19);
%20：Bernoulli 混沌映射改进粒子群算法
[Best_Pos20,Best_fitness20,IterCurve20,~,~]=Ipso(pop,dim,ub,lb,fobj,
vmax,vmin,maxIter,20);
%绘制迭代曲线
figure
semilogy(IterCurve,'linewidth',1.5);
hold on
semilogy(IterCurve1,'linewidth',1.5);
semilogy(IterCurve2,'linewidth',1.5);
semilogy(IterCurve3,'linewidth',1.5);
semilogy(IterCurve4,'linewidth',1.5);
semilogy(IterCurve5,'linewidth',1.5);
semilogy(IterCurve6,'linewidth',1.5);
semilogy(IterCurve7,'linewidth',1.5);
semilogy(IterCurve8,'linewidth',1.5);
semilogy(IterCurve9,'linewidth',1.5);
semilogy(IterCurve10,'linewidth',1.5);
semilogy(IterCurve11,'linewidth',1.5);
semilogy(IterCurve12,'linewidth',1.5);
semilogy(IterCurve13,'linewidth',1.5);
semilogy(IterCurve14,'linewidth',1.5);
semilogy(IterCurve15,'linewidth',1.5);
semilogy(IterCurve16,'linewidth',1.5);
semilogy(IterCurve17,'linewidth',1.5);
semilogy(IterCurve18,'linewidth',1.5);
semilogy(IterCurve19,'linewidth',1.5);
semilogy(IterCurve20,'linewidth',1.5);
grid on;%网格开
title('改进粒子群迭代曲线')
xlabel('迭代次数')
ylabel('适应度值')
disp(['基础粒子群算法最优位置：']); disp(Best_Pos); disp(['最优解对应的适应度值：
',num2str(Best_fitness)]);
disp(['Chebyshev 混沌映射改进粒子群算法：']); disp(Best_Pos1); disp(['最优解对
应的适应度值：',num2str(Best_fitness1)]);
disp(['Circle 混沌映射改进粒子群算法：']); disp(Best_Pos2); disp(['最优解对应
的适应度值：',num2str(Best_fitness2)]);
disp(['Gauss 混沌映射改进粒子群算法：']); disp(Best_Pos3); disp(['最优解对应的
适应度值：',num2str(Best_fitness3)]);
disp(['Iterative 混沌映射改进粒子群算法：']); disp(Best_Pos4); disp(['最优解对
应的适应度值：',num2str(Best_fitness4)]);
disp(['Logistic 混沌映射改进粒子群算法：']); disp(Best_Pos5); disp(['最优解对
应的适应度值：',num2str(Best_fitness5)]);
disp(['Piecewise 混沌映射改进粒子群算法：']); disp(Best_Pos6); disp(['最优解对
应的适应度值：',num2str(Best_fitness6)]);
disp(['Sine 混沌映射改进粒子群算法：']); disp(Best_Pos7); disp(['最优解对应的适
应度值：',num2str(Best_fitness7)]);
disp(['Singer 混沌映射改进粒子群算法：']); disp(Best_Pos8); disp(['最优解对应
的适应度值：',num2str(Best_fitness8)]);
disp(['Sinusoidal 混沌映射改进粒子群算法：']); disp(Best_Pos9); disp(['最优解
对应的适应度值：',num2str(Best_fitness9)]);
disp(['Tent 混沌映射改进粒子群算法：']); disp(Best_Pos10); disp(['最优解对应的
适应度值：',num2str(Best_fitness10)]);
disp(['Fuch 混沌映射改进粒子群算法：']); disp(Best_Pos11); disp(['最优解对应的
适应度值：',num2str(Best_fitness11)]);
disp(['SPM 混沌映射改进粒子群算法：']); disp(Best_Pos12); disp(['最优解对应的适
```

```
应度值: ',num2str(Best_fitness12)]);
disp(['ICMIC 混沌映射改进粒子群算法: ']); disp(Best_Pos13); disp(['最优解对应
的适应度值: ',num2str(Best_fitness13)]);
disp(['Tent-Logistic-Cosine 混沌映射改进粒子群算法: ']); disp(Best_Pos14);
disp(['最优解对应的适应度值: ',num2str(Best_fitness14)]);
disp(['Logistic-Sine-Cosine 混沌映射改进粒子群算法: ']); disp(Best_Pos15);
disp(['最优解对应的适应度值: ',num2str(Best_fitness15)]);
disp(['Sine-Tent-Cosine 混沌映射改进粒子群算法: ']); disp(Best_Pos16);
disp(['最优解对应的适应度值: ',num2str(Best_fitness16)]);
disp(['Henon 混沌映射改进粒子群算法: ']); disp(Best_Pos17); disp(['最优解对应
的适应度值: ',num2str(Best_fitness17)]);
disp(['Cubic 混沌映射改进粒子群算法: ']); disp(Best_Pos18); disp(['最优解对应
的适应度值: ',num2str(Best_fitness18)]);
disp(['Logistic-Tent 混沌映射改进粒子群算法: ']); disp(Best_Pos19); disp(['最
优解对应的适应度值: ',num2str(Best_fitness19)]);
disp(['Bernoulli 混沌映射改进粒子群算法: ']); disp(Best_Pos20); disp(['最优解
对应的适应度值: ',num2str(Best_fitness20)]);
```

运行结果如下，如图 5.5 所示。

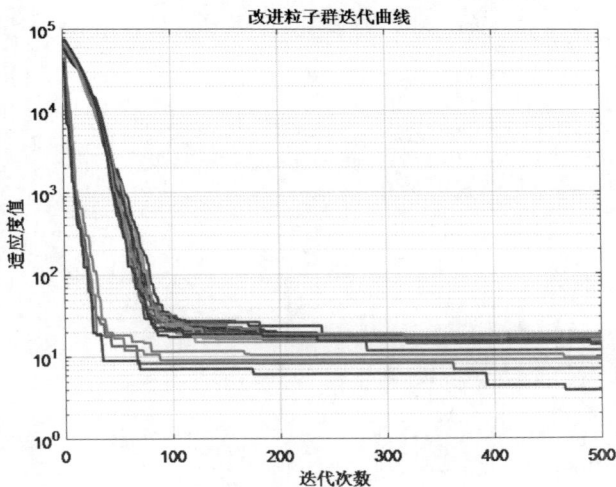

图 5.5　寻优结果图（MATLAB）

```
基础粒子群算法最优位置:
   -0.7901    -0.1151    -0.2676    -1.9801    -0.3797    -0.2880     0.9120
  -0.2148    -0.0319    -1.4643    -0.0792    -0.0488    -0.4249     0.8659
  -0.7010    -0.9802    -0.1811     0.7529    -0.8460     0.3164    -0.3165
  -0.1410    -0.1900     0.7419     0.7772    -0.8376    -0.1330     1.3135
   1.1886     1.2268
最优解对应的适应度值: 18.3592
Chebyshev 混沌映射改进粒子群算法:
   -1.0105     0.1171     0.1192     0.0281     0.1227     0.0215    -0.2359
   0.2855    -0.0012     1.1129     0.2557    -1.2167     0.2726     0.3817
  -0.2085    -0.4237     0.1957    -0.0006    -0.2139    -0.8745    -0.4070
   0.0497    -0.0007    -0.2725    -1.0700    -0.3995    -0.0132    -0.1561
  -0.0487     0.3175
最优解对应的适应度值: 6.9534
Circle 混沌映射改进粒子群算法:
    0.0613     0.6091     0.4944    -0.0485     1.1254    -0.2109    -1.0014
    0.2581    -1.9380    -0.0412     1.0090    -0.5948    -0.2138     1.2592     0.2244
```

```
 -0.2941      0.6580       0.2169       0.3094      -0.0147      -0.4613      -0.5091
-0.6591      0.7195      -1.1184       1.0898      -0.2365      -0.7576      -0.1689
 0.2810
```
最优解对应的适应度值：15.075
Gauss 混沌映射改进粒子群算法：
```
 -0.5471      0.4907      -0.5916      -0.0562       0.5881       0.0791      -1.0622
-0.9333      0.2751      -0.8436       0.5102      -0.6571       1.4639       1.3842
-0.1512      0.2581      -1.2514       1.5946      -1.1397      -0.0371      -0.0580
-0.7089      0.3107      -0.4676      -0.1678      -0.5263       1.2529      -0.3822
-0.4992      0.3503
```
最优解对应的适应度值：17.4958
Iterative 混沌映射改进粒子群算法：
```
 -0.6658      0.0831      -0.0537      -0.1210      -0.6642       0.5226      -0.4221
-0.2898     -0.0849       0.1015      -0.9141       0.3120       0.0187      -1.5845
-0.0206      0.2212      -0.4124      -0.2322      -1.4094       0.0716      -0.2373
 0.0972     -0.0298      -0.2396       0.1181       0.2672      -0.0002       0.1207
 0.0428     -1.3000
```

最优解对应的适应度值：9.0861
Logistic 混沌映射改进粒子群算法：
```
 -1.1102      0.2128      -0.1659      -0.1170      -0.6315       0.2970      -0.2271
-2.0198      0.4009      -0.0140       0.2781      -0.0469       0.4996       1.6230
 1.0910     -0.2938      -0.3417       0.1540      -0.2924      -1.0612       0.5112
-0.0411     -0.2686       0.1350       1.2705       0.5696      -0.4113       0.7478
-0.4729     -0.3147
```
最优解对应的适应度值：15.0332
Piecewise 混沌映射改进粒子群算法：
```
 -0.6045     -1.2473       0.7795      -0.3014       0.6116      -0.1171       0.9002
-0.0878      1.1880      -0.0693       1.1867      -0.4888      -0.0931      -0.4300
 0.0562      0.0662      -0.3456       0.0863      -0.0164       1.8366       0.6307
 0.5685      0.7898      -0.1790      -0.2232       0.2259      -0.4967      -1.2807
 0.1098     -0.9568
```
最优解对应的适应度值：14.8824
Sine 混沌映射改进粒子群算法：
```
 -0.6977      0.1518      -0.0466       1.0972      -0.9503      -0.6238       0.5623
 0.0011     -0.3282       0.6248       0.1297      -0.0783       0.1997       0.1501
 0.5267     -0.3001       0.8489      -0.5144       0.6162      -0.3600       1.5386
 0.2064     -0.4078       0.6711      -0.9890       0.8887       2.3946       0.5795
 0.0337     -0.6087
```
最优解对应的适应度值：17.0057
Singer 混沌映射改进粒子群算法：
```
 -0.8080     -0.4550       0.5663      -0.3944       0.0005      -0.0508      -0.9094
-0.1128      0.3328       0.5111      -0.4945       0.0610       2.0089      -0.3992
-0.4368     -0.6805       0.1624       0.3503       0.2093       0.2183      -0.1426
 0.2520      0.4973      -0.3975       0.8900       0.5626       2.0024      -0.1783
 1.5018      0.2958
```
最优解对应的适应度值：15.8702
Sinusoidal 混沌映射改进粒子群算法：
```
  0.8177     -0.7821      -0.4369       0.9573      -0.9611       0.4244       0.4058
 1.5502      0.5244       0.8785       0.2371      -0.9767      -0.2439       0.3054
 0.5224      0.6445       0.8496      -0.4747      -0.6614      -0.1166      -0.3913
-0.4070     -0.7751       0.4387       1.5182       0.8066      -0.4849      -0.6550
-1.4486      0.6239
```
最优解对应的适应度值：17.5748
Tent 混沌映射改进粒子群算法：
```
 -0.0953      0.3889       1.6865      -0.0174      -0.1501       0.3214      -0.1000
 0.1865     -1.3368      -0.5892       0.8575       0.9180       0.2376       0.6187
```

```
-0.0717      0.5855     -0.0085      1.0458     -0.5054      0.7911      1.0424
-0.1114      0.7688      0.1930      1.2409      0.4210      0.1246      0.8070
-0.1886      0.8154
```
最优解对应的适应度值：14.4614

Fuch 混沌映射改进粒子群算法：
```
  -0.2701     0.0918      0.9364      0.7558      0.2834     -0.1346     -0.0480
-0.3253     -0.0462     -0.0478      0.2294     -0.0493      0.6311      0.0825
-0.2538     -0.0088      0.8059     -0.0025      0.0009     -1.3663     -0.0223
-0.4736      1.0585      0.1156      1.2762      0.1296     -0.8643      0.0007
-0.9725      0.1918
```
最优解对应的适应度值：9.515

SPM 混沌映射改进粒子群算法：
```
   0.4152    -1.3419      1.2203     -0.7747     -0.2853     -1.4897     -1.5936
 1.1734      0.4238      0.6040      0.2598     -0.0323     -0.3695      0.3683
 0.0984     -0.9654     -0.1393     -0.3346      0.5200     -0.1483      0.1324
-0.2817     -0.1574     -0.5309     -0.4767      0.7707     -1.1916      0.6204
-0.4607     -0.0574
```
最优解对应的适应度值：15.7752

ICMIC 混沌映射改进粒子群算法：
```
  -0.9926     0.0840     -0.4254      0.0001     -0.0138      0.0346      0.3973
-0.0526     -0.2919      0.2162      0.7262      0.0000     -0.0319      0.2896
-0.3532     -0.3545      0.0142     -0.0248     -0.1056      0.3645      0.6432
-0.6035     -0.0893      0.1532      0.3155     -0.0834     -0.6142      0.0181
 0.0137     -0.2525
```
最优解对应的适应度值：3.832

Tent-Logistic-Cosine 混沌映射改进粒子群算法：
```
  -1.4852     1.5542     -0.5264     -0.0986      0.8937     -0.1003      0.1527
-0.4036      0.0084     -0.0348     -0.4952      0.0687     -0.2728      0.9395
-0.0597     -0.2753     -0.1497     -0.8381     -0.0078      1.2090     -0.5758
 0.0792      0.4218      0.2769      0.3533     -0.4505      0.2716      0.0283
 0.1052      1.2089
```
最优解对应的适应度值：11.8445

Logistic-Sine-Cosine 混沌映射改进粒子群算法：
```
  -0.7837    -0.4730      0.3089     -0.1597      1.4095     -0.0229      0.1069
-0.3520      0.6666      1.4100      0.6443      0.8995      0.0574     -0.3747
 0.2150     -1.3609     -0.2481     -0.1019      1.8597     -0.1269      0.6709
-0.3525     -0.3477      0.6194      0.2348      0.6569     -0.4932      0.3232
 0.4862     -0.2759
```
最优解对应的适应度值：14.5521

Sine-Tent-Cosine 混沌映射改进粒子群算法：
```
   0.1916     0.0762     -0.8730      0.4007     -0.3172      0.1494     -0.2142
 0.4959     -0.6616     -0.7891     -0.1926      1.3751      0.7783     -1.0723
 0.9258     -1.0214      0.4403      1.8232      0.6724     -0.4316     -0.5059
-0.4944      0.4530      1.1302      0.0826     -1.2306     -0.3792      1.0502
-1.0438     -0.0834
```
最优解对应的适应度值：18.0278

Henon 混沌映射改进粒子群算法：
```
  -0.1553     0.4018      1.2937      0.6020     -1.2409     -0.4911      0.2436
-0.0392     -0.9163      0.7319      0.1994      0.4115      0.5026      0.3193
-0.2544     -0.1774      0.2647     -1.4172     -0.0609      0.5001      0.5672
-0.6679     -2.1510     -1.5990      0.0414      1.1383      0.6771      0.2662
-0.3731      0.1119
```
最优解对应的适应度值：18.3605

Cubic 混沌映射改进粒子群算法：
```
  -1.0986     0.6460     -0.2007     -0.3868     -0.4699      0.0824     -0.7525
 1.5467      0.6713     -0.8870     -0.6181     -0.6294     -0.2921     -1.0403
-0.4175      1.5288      0.3861     -0.8020     -0.0052     -0.2931     -0.6701
```

```
 1.0914     -1.1204      0.2872     -1.5060     -0.4760     -0.4532      0.3579
-0.7754     -0.2057
```
最优解对应的适应度值：18.0232
Logistic-Tent 混沌映射改进粒子群算法：
```
-0.3244     -0.3313      0.0013      0.1921     -0.6628     -0.4587      0.5254
 0.6721      1.1290      0.5821     -0.4432      1.4555      0.3731      0.4718
 1.0135     -1.0974     -0.5646      1.1708      0.3327     -1.2085     -0.6888
 0.7131     -0.0488      0.4592     -0.6598      0.4604      0.9391      0.3861
 1.2250     -0.2832
```
最优解对应的适应度值：15.8669
Bernoulli 混沌映射改进粒子群算法：
```
-0.1213      0.2069      0.8718     -1.6217     -0.0918      0.7087     -0.4434
 0.2172      0.2008     -1.8742      0.1210      0.5594     -0.4169      0.6132
-0.4674      0.0393     -0.0323      0.4203     -0.2833      0.4011     -0.5098
 0.2143     -1.5505     -0.9579      0.4951     -0.7297     -0.4538     -0.1138
-0.2772     -0.0487
```
最优解对应的适应度值：13.9743

基于混沌映射改进的粒子群算法寻优求解对比案例 Python 代码：

```python
import numpy as np
import Ipso as Ipso
from matplotlib import pyplot as plt

'''适应度函数'''
def fun(x):
    fitness = np.sum(x**2)
    return fitness

'''粒子群算法求解基准测试函数集 F1'''
# 粒子群参数设定
pop = 30                        #种群数量
dim = 30                        #变量维度
ub = np.ones(pop)*10            #粒子上边界信息
lb = np.ones(pop)*-10           #粒子下边界信息
fobj = fun                      #适应度函数
vmax = np.ones(pop)*2           #粒子的速度上边界
vmin = np.ones(pop)*-2          #粒子的速度下边界
maxIter = 500                   #最大迭代次数
# 粒子群求解问题
#0：基础粒子算法
Best_Pos,Best_fitness,IterCurve=Ipso.Ipso(pop,dim,ub,lb,fobj,vmax,vmin,
maxIter,0)
#1：Chebyshev 混沌映射改进粒子群算法
Best_Pos1,Best_fitness1,IterCurve1=Ipso.Ipso(pop,dim,ub,lb,fobj,vmax,
vmin,maxIter,1)
#2：Circle 混沌映射改进粒子群算法
Best_Pos2,Best_fitness2,IterCurve2=Ipso.Ipso(pop,dim,ub,lb,fobj,vmax,
vmin,maxIter,2)
#3：Gauss 混沌映射改进粒子群算法
Best_Pos3,Best_fitness3,IterCurve3=Ipso.Ipso(pop,dim,ub,lb,fobj,vmax,
vmin,maxIter,3)
#4：Iterative 混沌映射改进粒子群算法
Best_Pos4,Best_fitness4,IterCurve4=Ipso.Ipso(pop,dim,ub,lb,fobj,vmax,
vmin,maxIter,4)
#5：Logistic 混沌映射改进粒子群算法
Best_Pos5,Best_fitness5,IterCurve5=Ipso.Ipso(pop,dim,ub,lb,fobj,vmax,
vmin,maxIter,5)
```

```
#6: Piecewise 混沌映射改进粒子群算法
Best_Pos6,Best_fitness6,IterCurve6=Ipso.Ipso(pop,dim,ub,lb,fobj,vmax,
vmin,maxIter,6)
#7: Sine 混沌映射改进粒子群算法
Best_Pos7,Best_fitness7,IterCurve7=Ipso.Ipso(pop,dim,ub,lb,fobj,vmax,
vmin,maxIter,7)
#8: Singer 混沌映射改进粒子群算法
Best_Pos8,Best_fitness8,IterCurve8=Ipso.Ipso(pop,dim,ub,lb,fobj,vmax,
vmin,maxIter,8)
#9: Sinusoidal 混沌映射改进粒子群算法
Best_Pos9,Best_fitness9,IterCurve9=Ipso.Ipso(pop,dim,ub,lb,fobj,vmax,
vmin,maxIter,9)
#10: Tent 混沌映射改进粒子群算法
Best_Pos10,Best_fitness10,IterCurve10=Ipso.Ipso(pop,dim,ub,lb,fobj,vmax,
vmin,maxIter,10)
#11: Fuch 混沌映射改进粒子群算法
Best_Pos11,Best_fitness11,IterCurve11=Ipso.Ipso(pop,dim,ub,lb,fobj,vmax,
vmin,maxIter,11)
#12: SPM 混沌映射改进粒子群算法
Best_Pos12,Best_fitness12,IterCurve12=Ipso.Ipso(pop,dim,ub,lb,fobj,vmax,
vmin,maxIter,12)
#13: ICMIC 混沌映射改进粒子群算法
Best_Pos13,Best_fitness13,IterCurve13=Ipso.Ipso(pop,dim,ub,lb,fobj,vmax,
vmin,maxIter,13)
#14: Tent-Logistic-Cosine 混沌映射改进粒子群算法
Best_Pos14,Best_fitness14,IterCurve14=Ipso.Ipso(pop,dim,ub,lb,fobj,vmax,
vmin,maxIter,14)
#15: Logistic-Sine-Cosine 混沌映射改进粒子群算法
Best_Pos15,Best_fitness15,IterCurve15=Ipso.Ipso(pop,dim,ub,lb,fobj,vmax,
vmin,maxIter,15)
#16: Sine-Tent-Cosine 混沌映射改进粒子群算法
Best_Pos16,Best_fitness16,IterCurve16=Ipso.Ipso(pop,dim,ub,lb,fobj,vmax,
vmin,maxIter,16)
#17: Henon 混沌映射改进粒子群算法
Best_Pos17,Best_fitness17,IterCurve17=Ipso.Ipso(pop,dim,ub,lb,fobj,vmax,
vmin,maxIter,17)
#18: Cubic 混沌映射改进粒子群算法
Best_Pos18,Best_fitness18,IterCurve18=Ipso.Ipso(pop,dim,ub,lb,fobj,vmax,
vmin,maxIter,18)
#19: Logistic-Tent 混沌映射改进粒子群算法
Best_Pos19,Best_fitness19,IterCurve19=Ipso.Ipso(pop,dim,ub,lb,fobj,vmax,
vmin,maxIter,19)
#20: Bernoulli 混沌映射改进粒子群算法
Best_Pos20,Best_fitness20,IterCurve20=Ipso.Ipso(pop,dim,ub,lb,fobj,vmax,
vmin,maxIter,20)

# 绘制迭代曲线
plt.figure(1)
plt.semilogy(IterCurve, linewidth=2, linestyle='-')
plt.semilogy(IterCurve1, linewidth=2, linestyle='-')
plt.semilogy(IterCurve2, linewidth=2, linestyle='-')
plt.semilogy(IterCurve3, linewidth=2, linestyle='-')
plt.semilogy(IterCurve4, linewidth=2, linestyle='-')
plt.semilogy(IterCurve5, linewidth=2, linestyle='-')
plt.semilogy(IterCurve6, linewidth=2, linestyle='-')
plt.semilogy(IterCurve7, linewidth=2, linestyle='-')
plt.semilogy(IterCurve8, linewidth=2, linestyle='-')
plt.semilogy(IterCurve9, linewidth=2, linestyle='-')
plt.semilogy(IterCurve10, linewidth=2, linestyle='-')
plt.semilogy(IterCurve11, linewidth=2, linestyle='-')
plt.semilogy(IterCurve12, linewidth=2, linestyle='-')
```

```python
plt.semilogy(IterCurve13, linewidth=2, linestyle='-')
plt.semilogy(IterCurve14, linewidth=2, linestyle='-')
plt.semilogy(IterCurve15, linewidth=2, linestyle='-')
plt.semilogy(IterCurve16, linewidth=2, linestyle='-')
plt.semilogy(IterCurve17, linewidth=2, linestyle='-')
plt.semilogy(IterCurve18, linewidth=2, linestyle='-')
plt.semilogy(IterCurve19, linewidth=2, linestyle='-')
plt.semilogy(IterCurve20, linewidth=2, linestyle='-')
plt.xlabel('Iteration', fontsize='medium')
plt.ylabel("Fitness", fontsize='medium')
plt.grid()
plt.title('IPSO Iterative curve', fontsize='large')
plt.show()

print("基础粒子群算法最优位置\n")
print(Best_Pos)
print("最优解对应的适应度值:\n")
print(Best_fitness)
print("Chebyshev 混沌映射改进粒子群算法：\n")
print(Best_Pos1)
print("最优解对应的适应度值:\n")
print(Best_fitness1)
print("Circle 混沌映射改进粒子群算法：\n")
print(Best_Pos2)
print("最优解对应的适应度值:\n")
print(Best_fitness2)
print("Gauss 混沌映射改进粒子群算法：：\n")
print(Best_Pos3)
print("最优解对应的适应度值:\n")
print(Best_fitness3)
print("Iterative 混沌映射改进粒子群算法：\n")
print(Best_Pos4)
print("最优解对应的适应度值:\n")
print(Best_fitness4)
print("Logistic 混沌映射改进粒子群算法：\n")
print(Best_Pos5)
print("最优解对应的适应度值:\n")
print(Best_fitness5)
print("Piecewise 混沌映射改进粒子群算法：\n")
print(Best_Pos6)
print("最优解对应的适应度值:\n")
print(Best_fitness6)
print("Sine 混沌映射改进粒子群算法：\n")
print(Best_Pos7)
print("最优解对应的适应度值:\n")
print(Best_fitness7)
print("Singer 混沌映射改进粒子群算法：\n")
print(Best_Pos8)
print("最优解对应的适应度值:\n")
print(Best_fitness8)
print("Sinusoidal 混沌映射改进粒子群算法：\n")
print(Best_Pos9)
print("最优解对应的适应度值:\n")
print(Best_fitness9)
print("Tent 混沌映射改进粒子群算法：\n")
print(Best_Pos10)
print("最优解对应的适应度值:\n")
print(Best_fitness10)
print("Fuch 混沌映射改进粒子群算法：\n")
print(Best_Pos11)
print("最优解对应的适应度值:\n")
```

```
print(Best_fitness11)
print("SPM 混沌映射改进粒子群算法：\n")
print(Best_Pos12)
print("最优解对应的适应度值:\n")
print(Best_fitness12)
print("ICMIC 混沌映射改进粒子群算法：\n")
print(Best_Pos13)
print("最优解对应的适应度值:\n")
print(Best_fitness13)
print("Tent-Logistic-Cosine  混沌映射改进粒子群算法：\n")
print(Best_Pos14)
print("最优解对应的适应度值:\n")
print(Best_fitness14)
print("Logistic-Sine-Cosine  混沌映射改进粒子群算法：\n")
print(Best_Pos15)
print("最优解对应的适应度值:\n")
print(Best_fitness15)
print("Sine-Tent-Cosine 混沌映射改进粒子群算法：\n")
print(Best_Pos16)
print("最优解对应的适应度值:\n")
print(Best_fitness16)
print("Henon 混沌映射改进粒子群算法：\n")
print(Best_Pos17)
print("最优解对应的适应度值:\n")
print(Best_fitness17)
print("Cubic 混沌映射改进粒子群算法：\n")
print(Best_Pos18)
print("最优解对应的适应度值:\n")
print(Best_fitness18)
print("Logistic-Tent 混沌映射改进粒子群算法：\n")
print(Best_Pos19)
print("最优解对应的适应度值:\n")
print(Best_fitness19)
print("Bernoulli 混沌映射改进粒子群算法：\n")
print(Best_Pos20)
print("最优解对应的适应度值:\n")
print(Best_fitness20)
```

运行结果如下，如图 5.6 所示。

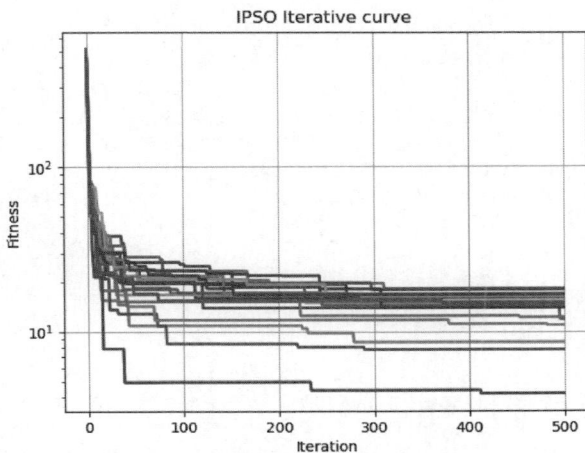

图 5.6　寻优结果图（Python）

基础粒子群算法最优位置

```
[ 0.20803435  0.22081399  0.70723063 -0.44205749 -0.13669495  0.47396006
 -0.61331053  0.28042125 -0.02475613 -0.85808076  0.54803785  0.67762213
  1.96090583  0.47931567  0.22044741 -0.44481991  0.74075347 -0.9712327
  0.49531358 -0.28304171 -0.1317784   1.38783985  1.34557176 -0.48508692
 -0.88700121  0.85557661 -0.71669137 -0.09385832 -0.21149952 -1.17715411]
```
最优解对应的适应度值：

16.581983057688188
Chebyshev 混沌映射改进粒子群算法：

```
[-0.64958334 -0.00876867  0.00338318 -1.11440084  0.08139775 -0.21129368
  1.16424802 -0.30047979  0.48581262 -0.00308824 -1.32967914  0.04989867
  0.3921765   0.15169966  0.49986009 -0.79970683  0.25609644 -0.60556348
 -0.02478063  0.00321155 -0.63128622  0.12393968 -0.13919949 -0.02555537
  0.01595113 -0.0078939   0.92681412 -0.74372148 -0.17913456 -0.23321634]
```
最优解对应的适应度值：

8.599466170762524
Circle 混沌映射改进粒子群算法：

```
[-0.68512624 -0.30249431  0.38879141  0.22554251 -0.63176276  0.05085804
 -0.30370465  0.89254616  0.30025883  0.62553499 -0.31717099  0.50147855
  0.63250523 -0.05471814  0.83266456 -0.61087592 -0.06893988 -1.21577217
  0.29677695 -0.09379389  1.39082667  0.38879179  0.81831277 -0.41041683
 -0.27418999  0.4216407  -1.56333903  0.46192552 -0.25134452  0.16988666]
```
最优解对应的适应度值：

11.862363873859161
Gauss 混沌映射改进粒子群算法：：

```
[-0.5180298  -0.34558536 -0.03744695 -0.16001278  0.13759754  0.44917231
 -0.83289105  1.03247139  0.58789263 -0.47235225 -1.54148975 -0.28737568
 -1.07285374 -1.11455348 -0.76747324 -0.30542153 -0.06336149 -0.08081413
  0.24724228  0.66723856  1.06281474  1.74481365 -0.2588426   1.19742155
  0.40468226  0.18489916 -0.27722026  0.1017061   0.87908098 -0.511261]
```
最优解对应的适应度值：

16.009207031008252
Iterative 混沌映射改进粒子群算法：

```
[ 0.79607352 -0.90540282 -0.42377774 -0.14758369  0.35801329  0.68042029
  0.15176687  0.1537981  -0.94331266  0.90997198  0.14717775  0.42707781
  0.037165    0.06048886  0.46362003  0.00561154  0.19786206 -1.22920243
  0.87625921 -0.06766095  0.37690384 -0.17740522 -0.08214309  0.34033934
  0.0083042  -0.48401827  0.00502079 -0.2988206  -0.3595963   0.47038565]
```
最优解对应的适应度值：

7.7274852854085
Logistic 混沌映射改进粒子群算法：

```
[-0.04888861 -1.34815529 -0.90460077  0.33948624 -0.51247951  0.52926428
  0.27123704 -0.87782553 -0.2581274   0.27658632  0.19305438  0.33017766
 -0.74893907 -1.88016842  0.45549965 -1.33958636 -0.1689587  -0.55073202
  0.15619957 -0.5357177   1.76516756  0.11975504 -0.76707681  0.66987773
 -0.54203107 -0.11212916 -0.67959497 -0.31915937 -0.11449568  0.3453967]
```
最优解对应的适应度值：

16.340737084085234
Piecewise 混沌映射改进粒子群算法：

```
[ 8.58733801e-02 -2.14935177e+00 -4.80470622e-01 -4.87354003e-01
 -4.11959433e-01  3.76490086e-01  7.30203370e-01  6.60896648e-04
  5.73381843e-01 -2.07051180e-01 -5.31681444e-01 -5.32705851e-01
 -5.90585813e-01 -4.68822380e-01  7.87973404e-02  1.71465124e+00
  6.26078236e-01 -5.36982019e-02  4.76395151e-01 -1.03614480e+00
 -5.22509097e-01  4.66681006e-01  1.23707069e-02 -1.26378768e+00
  9.39255668e-01  8.93973272e-01 -8.01279047e-04 -1.46264545e+00
  1.55460179e-01  5.03504069e-01]
```
最优解对应的适应度值：

18.274958559122524
Sine 混沌映射改进粒子群算法：

```
[-0.52291834  0.6624025  -0.56220523  0.19628629  0.59415757 -0.4128669
  0.93251751  1.08958183 -0.991027    1.58249201  0.07776681  0.01428336
  0.587286    0.7118609  -0.34986403  0.55220038 -0.69400036  0.2206345
  1.04905706 -1.03095607 -0.86623355 -0.97525481 -1.03792393  0.1542517
 -0.69910012 -0.82139815  0.20064712  0.90931564 -0.04090603 -0.17392377]
```
最优解对应的适应度值：

15.977473795170795
Singer 混沌映射改进粒子群算法：

```
[-1.29529116 -0.70343903  0.51050585 -0.62181976  0.15541865  0.16634029
  0.87473809 -0.88366231 -0.7064552   0.75997772 -1.0470478   0.53343686
 -0.35877174 -1.21038248 -0.63793327  0.01975515 -1.02558616 -0.0547362
  0.99178049 -0.19393089  0.57542082  0.20038468  1.22634008  0.66165769
  0.68184982 -0.90147763 -0.70111267 -1.23202347 -0.33398059 -0.2607497 ]
```
最优解对应的适应度值：

16.731912770998264
Sinusoidal 混沌映射改进粒子群算法：

```
[-0.27733197 -0.48523078  1.47551021 -0.38470137 -0.5960111  -0.23173573
  0.38497113  0.46755682 -0.95521414 -0.39649969  0.39702556  1.30384248
 -0.10080569 -0.37653817  1.08433451 -0.56581593  0.86017809  0.40870302
 -0.97064113 -0.322943   -0.04647842 -0.4849417  -1.3119969  -0.79891944
 -0.29268513 -0.65155039 -0.77445599  0.89029267 -0.28076343 -0.82540474]
```
最优解对应的适应度值：

15.201407076988573
Tent 混沌映射改进粒子群算法：

```
[ 1.07005095 -0.49233221  0.44304249 -0.22165246 -0.38264817 -0.31769154
 -0.15791601  0.10499484 -1.03993561 -0.82485659 -0.59526238  0.47954589
 -0.80527055 -0.17884447 -0.59036372  0.11740313 -1.50312602  0.78432589
  0.86220823  0.1432403   0.08987881 -0.31298876  1.00286451 -0.93988459
  1.07087283  1.1278202  -0.34460466 -0.52621575  0.33953421 -0.17674195]
```
最优解对应的适应度值：

13.899600054393257
Fuch 混沌映射改进粒子群算法：

```
[ 0.15722425   0.00204457   0.2106134    0.14257516  -0.19121841  -0.8759205
  0.98591425  -0.21643672  -0.43554916   0.50396227   0.15008242  -0.43331851
  0.95766478  -1.85147418  -0.6232402    0.67398204   0.12737783   0.07321759
 -1.0499849   -0.2460299    0.27479251   0.16202538  -0.15549491   0.60676325
  0.98379867  -0.16809363  -0.40740469  -0.13115492  -0.48306637   0.26315591]
```
最优解对应的适应度值：

10.914399631245347
SPM 混沌映射改进粒子群算法：

```
[-0.29001411  -0.1438886   -0.29383398  -0.22057311  -0.38823456   0.07295481
 -0.12643374   1.24536283   1.74833755   0.44447085   0.51935847   0.37772355
 -0.7281529   -0.91842779   1.0848519    0.57975125  -0.30860508   0.09849163
 -0.02802435   1.0153947    0.17619197  -0.71405026   1.33187657  -0.09089044
 -0.35769207  -0.55431005   0.23962041   0.11670766  -0.73902775   1.18003539]
```
最优解对应的适应度值：

14.42084830473218
ICMIC 混沌映射改进粒子群算法：

```
[-1.18796800e+00  -3.42677260e-01   1.47459096e-01   4.98353519e-06
 -2.38205415e-02   2.39194951e-01   3.82880543e-02   4.55583104e-01
 -4.19576728e-02   1.93477862e-01   2.77923650e-01   2.26935674e-01
 -2.96511983e-02   2.88220560e-01   3.81289669e-01  -3.97586805e-01
  9.55399592e-01   1.25093259e-01  -1.16379458e-01  -3.27002471e-01
 -3.04245734e-01   2.04048549e-01  -4.41024584e-01  -3.06502301e-01
  1.44682400e-01  -1.94266173e-01  -1.73165993e-01   3.61352500e-01
 -2.62947007e-02  -3.42310190e-01]
```
最优解对应的适应度值：

4.181247514129401
Tent-Logistic-Cosine　混沌映射改进粒子群算法：

```
[ 1.0835252   -1.37382507   0.83445208   0.5688275   -0.29605831   1.50213448
  0.94777783   0.94444041   0.46210342  -1.49476174  -0.37195832  -0.39851705
 -0.52176674  -0.54839369  -0.98281702  -0.41720619   1.22461567  -0.04103432
 -0.98725429   0.82287231   0.33065492   0.20537997  -0.64191845  -0.20792523
 -0.24034105   0.299115     0.31695535   0.14222133  -1.08173803   0.32585767]
```
最优解对应的适应度值：

17.977818368612233
Logistic-Sine-Cosine　混沌映射改进粒子群算法：

```
[-0.70858618  -0.25370264   0.93363333  -0.27041381   0.3451668   -0.68384568
  1.77203972  -0.65421375  -0.07954902   0.23542951   0.16978869  -0.23954882
 -0.42589523  -0.22732477   0.73015638   0.49808253  -0.40687234  -0.75968067
  0.05288305   0.26060836  -0.53588212   0.1180838    0.9180621    1.17323044
 -0.06352405   1.15644287  -0.67315347  -0.1437929   -0.81019534   1.14545505]
```
最优解对应的适应度值：

13.945889877483442
Sine-Tent-Cosine 混沌映射改进粒子群算法：

```
[ 0.48375617   0.03280164  -1.38227946   1.1935414   -0.05556571   0.01041915
 -0.57037278   0.23792026  -0.03365486   0.14841079   0.00924706   0.32045824
  0.49272855   0.72958545  -0.83637353  -0.40896621  -0.84909382   0.8628425
  0.82309676  -0.91502359   0.33025378   0.03371449   0.73912497   0.08122886
```

  0.02449466 -1.24873142 -0.76012361 0.5891646 -0.08343245 0.57917625]
最优解对应的适应度值：

12.19380974043343
Henon 混沌映射改进粒子群算法：

[0.16094867 0.19953491 -0.0051904   0.14809812 1.00590752 0.21144131
 -1.03622757 0.15879306 0.74602355 0.1394847 -0.7309517   0.73842525
  0.63636711 1.40048342 1.21847104 -0.12630362 0.23025466 -0.74341139
  0.41255986 -0.73059068 -0.01315913 1.00076593 -1.39096522 -0.49543324
  0.93875111 0.792183   -0.57506186 -0.26790787 -0.37054478 -0.79696138]
最优解对应的适应度值：

14.941048595943787
Cubic 混沌映射改进粒子群算法：

[-0.04023176 0.36392779 -0.48615026 -0.1227218 -0.71461006 -0.15063229
 -0.28792371 0.97122165 -1.16186526 -0.03872076 0.64080331 -0.32002966
 -1.46186636 -0.22323512 -0.21190215 0.59199089 -0.99373967 -1.24378349
  0.27843459 1.44846097 0.55629127 -1.05691417 0.59451008 1.38164106
 -0.4443122 -0.01230527 -0.62948913 0.58324191 -0.19651034 -0.7847137]
最优解对应的适应度值：

16.37908188961209
Logistic-Tent 混沌映射改进粒子群算法：

[0.78787064 0.33576004 0.24565641 1.06856503 -0.38346284 -0.24744661
  0.40437292 -0.76811391 0.58917016 -0.80098334 0.74314582 0.26910615
 -0.4003951 -0.23549179 0.58498252 -0.12267655 -0.12642339 1.71112786
  1.25247551 0.25580051 0.04122748 1.37712878 -0.44477208 -0.0985882
  0.18800689 -0.15712897 0.07196882 -1.13088923 1.46152196 -1.2977413]
最优解对应的适应度值：

16.931949977589042
Bernoulli 混沌映射改进粒子群算法：

[1.19424261 0.31268023 -0.80532569 0.78019622 0.10377811 1.00223046
 -1.43290889 -0.10801564 -0.98203214 -1.00143516 -0.2770835   0.68714088
  0.40501256 0.09504139 -0.05092317 -1.57170866 0.30141908 0.18737117
  0.14482765 0.03987852 -0.28011386 -0.30644442 -1.03502588 -1.59769556
 -0.18326213 -0.21106071 0.37315933 -0.76421327 -0.67675447 -0.73484029]
最优解对应的适应度值：

16.767694340116574

第6章　基于随机变异改进的粒子群算法

本章主要介绍常见的用于智能优化算法的随机变异改进策略，主要包括高斯变异、柯西变异、t 分布变异、反向学习、透镜反向学习、Levy 飞行、随机变异。并且利用这些改进策略对粒子群算法进行改进。

6.1　基于高斯变异改进的粒子群算法

6.1.1　高斯变异

高斯（Gaussian）分布是一种常用的分布，Gaussian 变异就是对原有的极值产生一个服从高斯分布的随机扰动项。Gaussian 分布的概念密度函数为

$$f(x) = \frac{1}{\sqrt{2\pi}\sigma} e^{-\frac{(x-\mu)^2}{2\sigma^2}} \tag{6.1}$$

其中，σ 为高斯分布的方差，μ 为期望。σ 越小，分布越集中在轴线附近，反之会越分散。当 $\sigma=1$，$\mu=0$ 时，对应区间 $[-5,5]$ 的函数曲线如图 6.1 所示。

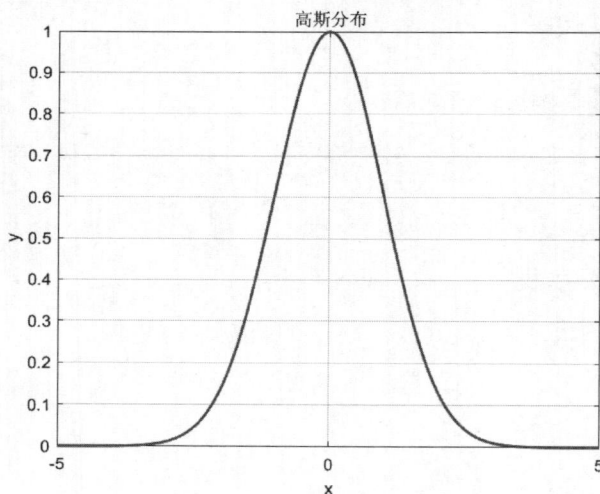

图 6.1　高斯分布函数图

通常将高斯变异引入智能优化算法中，针对种群最优位置，利用高斯随机数进行变异，提高种群的搜索能力，如式（6.2）所示。

$$X_{new} = X * (1 + Gaussian(0,1)) \tag{6.2}$$

其中 X_{new} 是变异后的新个体，X 是变异前的个体，Gaussian(0,1)代表均值为 0 且方差为 1 的高斯随机数。

6.1.2　基于高斯变异改进的粒子群算法代码实现

由 6.1.1 节可知，利用高斯变异可以对每次种群更新后的全局最优值进行变异，提高种群的全局搜索能力。在 MATLAB/Python 中高斯随机函数为 randn()。

基于高斯变异改进的粒子群算法 MATLAB 代码如下。

```
%%--------------基于高斯变异的粒子群函数--------------------%%
%% 输入:
%   pop: 种群数量
%   dim: 单个粒子的维度
%   ub: 粒子上边界信息, 维度为[1,dim]
%   lb: 粒子下边界信息, 维度为[1,dim]
%   fobj: 适应度函数接口
%   vmax: 速度的上边界信息, 维度为[1,dim]
%   vmin: 速度的下边界信息, 维度为[1,dim]
%   maxIter: 算法的最大迭代次数, 用于控制算法的停止
%% 输出:
%   Best_Pos: 粒子群找到的最优位置
%   Best_fitness: 最优位置对应的适应度值
%   IterCure: 用于记录每次迭代的最佳适应度, 即后续用来绘制迭代曲线
%   HistoryPosition: 用于记录每代粒子群的位置
%   HistoryBest: 用于记录每代粒子群的最佳位置
function [Best_Pos,Best_fitness,IterCurve,HistoryPosition,HistoryBest] =
Ipso(pop,dim,ub,lb,fobj,vmax,vmin,maxIter)
    %%设置c1、c2 参数
    c1 = 2.0;
    c2 = 2.0;
    %% 初始化种群速度
    V = initialization(pop,vmax,vmin,dim);
    %% 初始化种群位置
    X = initialization(pop,ub,lb,dim);

    %% 计算适应度值
    fitness = zeros(1,pop);
    for i = 1:pop
        fitness(i) = fobj(X(i,:));
    end
    %% 将初始种群作为历史最优
    pBest = X;
    pBestFitness = fitness;
    %% 记录初始全局最优解, 默认优化最小值
    %寻找适应度最小的位置
    [~,index] = min(fitness);
    %记录适应度值和位置
    gBestFitness = fitness(index);
    gBest = X(index,:);

    Xnew = X; %新位置
    fitnessNew = fitness;%新位置适应度值

    IterCurve = zeros(1,maxIter);
```

```matlab
    Index = index;
%% 开始迭代
for t = 1:maxIter
    %对每个粒子进行更新
    for i = 1:pop
        %速度更新
        r1 = rand(1,dim);
        r2 = rand(1,dim);
        V(i,:) = V(i,:) + c1.*r1.*(pBest(i,:) - X(i,:)) + c2.*r2.*(gBest
- X(i,:));
        %速度边界检查及约束
        V(i,:) = BoundaryCheck(V(i,:),vmax,vmin,dim);
        %位置更新
        Xnew(i,:) = X(i,:) + V(i,:);
        %位置边界检查及约束
        Xnew(i,:) = BoundaryCheck(Xnew(i,:),ub,lb,dim);
        %计算新位置适应度值
        fitnessNew(i) = fobj(Xnew(i,:));
        %更新历史最优值
        if fitnessNew(i) < pBestFitness(i)
            pBest(i,:) = Xnew(i,:);
            pBestFitness(i) = fitnessNew(i);
        end
        %更新全局最优值
        if fitnessNew(i)<gBestFitness
            gBestFitness = fitnessNew(i);
            gBest = Xnew(i,:);
            Index = i; %记录最优位置索引
        end
    end
    %% ----对最优位置，引入高斯变异----------%%
    Temp = gBest;
    Temp = Temp.*(1+randn);
    %位置边界检查及约束
    Temp= BoundaryCheck(Temp,ub,lb,dim);
    fitTemp = fobj(Temp);
    %贪婪策略
    if fitTemp<gBestFitness
        fitness(Index) = fitTemp;
        gBest = Temp;
        gBestFitness = fitTemp;
        Xnew(Index,:)=Temp;
        fitnessNew(Index)=fitTemp;
    end
    %% ----对最优位置，引入高斯变异----------%%
    X = Xnew;
    fitness = fitnessNew;
    %% 记录当前迭代最优值和最优适应度值
    %记录最优解
    Best_Pos = gBest;
    %记录最优解的适应度值
    Best_fitness = gBestFitness;
    %记录当前迭代的最优解适应度值
    IterCurve(t) = gBestFitness;
    HistoryBest{t} = Best_Pos;
    %记录当前代粒子群的位置
    HistoryPosition{t} = X;
```

```
        end
end
```

基于高斯变异改进的粒子群算法 Python 代码如下。

```python
import numpy as np
import copy

'''粒子群初始化函数'''
# pop: 种群数量
# dim: 单个粒子的维度
# ub: 粒子上边界, 维度为[1,dim]
# lb: 粒子下边界, 维度为[1,dim]
# X: 输出种群, 维度为[pop,dim]
def initialization(pop,ub,lb,dim):
    X = np.zeros([pop,dim])
    for i in range(pop):
        for j in range(dim):
            X[i,j] = (ub[j]-lb[j])*np.random.random()+lb[j]
    return X


''' 边界检查函数 '''
# dim: 数据维度
# x: 输入数据, 维度为dim
# ub: 数据上边界, 维度为dim
# lb: 数据下边界, 维度为dim
def BoundaryCheck(x,ub,lb,dim):
    for i in range(dim):
        if x[i]>ub[i]:
            x[i]=ub[i]
        if x[i]<lb[i]:
            x[i]=lb[i]
    return x

''' 基于高斯变异改进的粒子群函数'''
## 输入:
#   pop: 种群数量
#   dim: 单个粒子的维度
#   ub: 粒子上边界信息, 维度为[1,dim]
#   lb: 粒子下边界信息, 维度为[1,dim]
#   fobj: 适应度函数接口
#   vmax: 速度的上边界信息, 维度为[1,dim]
#   vmin: 速度的下边界信息, 维度为[1,dim]
#   maxIter: 算法的最大迭代次数, 用于控制算法的停止
## 输出:
#   Best_Pos: 粒子群找到的最优位置
#   Best_fitness: 最优位置对应的适应度值
#   IterCure: 用于记录每次迭代的最佳适应度, 即后续用来绘制迭代曲线
def Ipso(pop,dim,ub,lb,fobj,vmax,vmin,maxIter):
    # 设置c1、c2参数
    c1 = 2.0
    c2 = 2.0
    # 初始化种群速度
    V = initialization(pop,vmax,vmin,dim)
    # 初始化种群位置
    X = initialization(pop,ub,lb,dim)
    # 计算适应度值
```

```python
fitness = np.zeros(pop)
for i in range(pop):
    fitness[i] = fobj(X[i,:])
# 将初始种群作为历史最优
pBest = copy.deepcopy(X)
pBestFitness = copy.deepcopy(fitness)
# 记录初始全局最优解，默认优化最小值
# 寻找适应度最小的位置
index = np.argmin(fitness)
# 记录适应度值和位置
gBestFitness = fitness[index]
gBest = copy.deepcopy(X[index,:])
IterCurve = np.zeros(maxIter)
## 开始迭代 ##
for t in range(maxIter):
    # 对每个粒子进行更新
    for i in range(pop):
        # 速度更新
        r1 = np.random.random(dim)
        r2 = np.random.random(dim)
        V[i,:] = V[i,:] + c1*r1*(pBest[i,:]-X[i,:]) + c2*r2*(gBest-X[i,:])
        # 边界检查
        V[i,:] = BoundaryCheck(V[i,:],vmax,vmin,dim)
        # 位置更新
        X[i,:] = X[i,:] + V[i,:]
        # 边界检查
        X[i,:] = BoundaryCheck(X[i,:],ub,lb,dim)
        # 计算新位置适应度值
        fitness[i] = fobj(X[i,:])
        # 更新历史最优值
        if fitness[i]<pBestFitness[i]:
            pBest[i,:] = copy.copy(X[i,:])
            pBestFitness[i] = fitness[i]
        # 更新全局最优值
        if fitness[i]<gBestFitness:
            gBestFitness = fitness[i]
            gBest = copy.copy(X[i,:])
            index = i
    ## ----对最优位置，引入高斯变异----------##
    Temp = np.zeros([1,dim])
    Temp[0,:]=gBest
    Temp[0,:]=Temp[0,:]*(1+np.random.randn())
    # 边界检查
    Temp[0,:] = BoundaryCheck(Temp[0,:],ub,lb,dim)
    fTemp = fobj(Temp[0,:])
    #贪婪策略
    if fTemp<gBestFitness:
        gBestFitness=fTemp;
        gBest = copy.copy(Temp[0,:])
        X[index,:]=copy.copy(Temp[0,:])
        fitness[index]=fTemp
    ## ----对最优位置，引入高斯变异----------##
    ## 记录当前迭代最优值和最优适应度值
    # 记录最优解
    Best_Pos = gBest
    # 记录最优解适应度值
```

```
        Best_fitness = gBestFitness
        # 记录当前迭代的最优解适应度值
        IterCurve[t] = gBestFitness
    return Best_Pos,Best_fitness,IterCurve
```

6.2　基于柯西变异改进的粒子群算法

6.2.1　柯西变异

　　针对智能优化算法易陷入局部最优的特点，利用柯西变异来增加种群的多样性，提高算法的全局搜索能力，增加搜索空间。柯西分布函数在原点处的峰值较小，但在两端的分布比较长，利用柯西变异能够在当前变异的个体附近生成更大的扰动，从而使得柯西分布函数的范围比较广，采用柯西变异两端分布更容易跳出局部最优值。本文融入柯西算子，充分利用柯西分布函数两端变异的效果来优化全局最优个体，使得算法能够更好地达到全局最优。标准柯西分布函数公式如下。

$$f(x) = \frac{1}{\pi}\left(\frac{1}{x^2+1}\right) \tag{6.3}$$

对应区间 $[-5,5]$ 的函数曲线如图 6.2 所示。

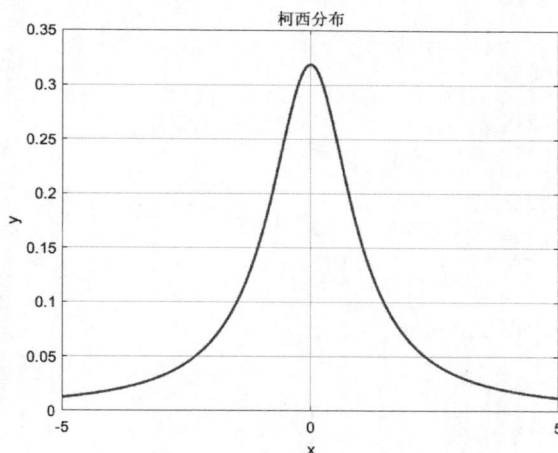

图 6.2　柯西分布函数图

针对种群最优位置，利用柯西随机数进行变异，提高种群的搜索能力。

$$X_{\text{new}} = X * (1 + \text{Cauchy}(0,1)) \tag{6.4}$$

　　其中，X_{new} 是变异后的新个体，X 是变异前的个体，$\text{Cauchy}(0,1)$ 代表标准柯西随机数。柯西随机函数可以利用下述表达式生成。

$$r_{\text{Cauchy}} = \tan((\text{rand} - 0.5) * \text{pi}) \tag{6.5}$$

　　其中，r_{Cauchy} 为生成的柯西分布随机数，rand 为 $[0,1]$ 的随机数。

6.2.2　基于柯西变异改进的粒子群算法代码实现

由 6.2.1 节可知，利用柯西变异可以对每次种群更新后的全局最优值进行变异，提高种群的全局搜索能力。

基于柯西变异改进的粒子群算法 MATLAB 代码：

```
%%-------------基于柯西变异的粒子群函数-----------------------%%
%% 输入:
%   pop: 种群数量
%   dim: 单个粒子的维度
%   ub: 粒子上边界信息，维度为[1,dim]
%   lb: 粒子下边界信息，维度为[1,dim]
%   fobj: 为适应度函数接口
%   vmax: 速度的上边界信息，维度为[1,dim]
%   vmin: 速度的下边界信息，维度为[1,dim]
%   maxIter: 算法的最大迭代次数，用于控制算法的停止
%% 输出:
%   Best_Pos: 粒子群找到的最优位置
%   Best_fitness: 最优位置对应的适应度值
%   IterCure: 用于记录每次迭代的最佳适应度，即后续用来绘制迭代曲线
%   HistoryPosition: 用于记录每代粒子群的位置
%   HistoryBest: 用于记录每代粒子群的最佳位置
function [Best_Pos,Best_fitness,IterCurve,HistoryPosition,HistoryBest] =
Ipso(pop,dim,ub,lb,fobj,vmax,vmin,maxIter)
    %%设置c1、c2参数
    c1 = 2.0;
    c2 = 2.0;
    %% 初始化种群速度
    V = initialization(pop,vmax,vmin,dim);
    %% 初始化种群位置
    X = initialization(pop,ub,lb,dim);

    %% 计算适应度值
    fitness = zeros(1,pop);
    for i = 1:pop
        fitness(i) = fobj(X(i,:));
    end
    %% 将初始种群作为历史最优
    pBest = X;
    pBestFitness = fitness;
    %% 记录初始全局最优解，默认优化最小值
    %寻找适应度最小的位置
    [~,index] = min(fitness);
    %记录适应度值和位置
    gBestFitness = fitness(index);
    gBest = X(index,:);

    Xnew = X; %新位置
    fitnessNew = fitness;%新位置适应度值

    IterCurve = zeros(1,maxIter);
    Index = index;
    %% 开始迭代
    for t = 1:maxIter
        %对每个粒子进行更新
```

```
    for i = 1:pop
        %速度更新
        r1 = rand(1,dim);
        r2 = rand(1,dim);
        V(i,:) = V(i,:) + c1.*r1.*(pBest(i,:) - X(i,:)) + c2.*r2.*(gBest
- X(i,:));
        %速度边界检查及约束
        V(i,:) = BoundaryCheck(V(i,:),vmax,vmin,dim);
        %位置更新
        Xnew(i,:) = X(i,:) + V(i,:);
        %位置边界检查及约束
        Xnew(i,:) = BoundaryCheck(Xnew(i,:),ub,lb,dim);
        %计算新位置适应度值
        fitnessNew(i) = fobj(Xnew(i,:));
        %更新历史最优值
        if fitnessNew(i) < pBestFitness(i)
            pBest(i,:) = Xnew(i,:);
            pBestFitness(i) = fitnessNew(i);
        end
        %更新全局最优值
        if fitnessNew(i)<gBestFitness
            gBestFitness = fitnessNew(i);
            gBest = Xnew(i,:);
            Index = i; %记录最优位置索引
        end
    end
    %% ----对最优位置，引入柯西变异----------%%
    rCauchy = tan((rand() - 0.5).*pi);%柯西随机数
    Temp = gBest;
    Temp = Temp.*(1+rCauchy);
    %位置边界检查及约束
    Temp= BoundaryCheck(Temp,ub,lb,dim);
    fitTemp = fobj(Temp);
    %贪婪策略
    if fitTemp<gBestFitness
        fitness(Index) = fitTemp;
        gBest = Temp;
        gBestFitness = fitTemp;
        Xnew(Index,:)=Temp;
        fitnessNew(Index)=fitTemp;
    end
    %% ----对最优位置，引入柯西变异----------%%
    X = Xnew;
    fitness = fitnessNew;
    %% 记录当前迭代最优值和最优适应度值
    %记录最优解
    Best_Pos = gBest;
    %记录最优解的适应度值
    Best_fitness = gBestFitness;
    %记录当前迭代的最优解适应度值
    IterCurve(t) = gBestFitness;
    HistoryBest{t} = Best_Pos;
    %记录当前代粒子群的位置
    HistoryPosition{t} = X;

    end
end
```

基于柯西变异改进的粒子群算法 Python 代码：

```python
import numpy as np
import copy

'''粒子群初始化函数'''
# pop: 种群数量
# dim: 单个粒子的维度
# ub: 粒子上边界，维度为[1,dim]
# lb: 粒子下边界，维度为[1,dim]
# X: 输出种群，维度为[pop,dim]
def initialization(pop,ub,lb,dim):
    X = np.zeros([pop,dim])
    for i in range(pop):
        for j in range(dim):
            X[i,j] = (ub[j]-lb[j])*np.random.random()+lb[j]
    return X

''' 边界检查函数 '''
# dim: 数据维度
# x: 输入数据，维度为 dim
# ub: 数据上边界，维度为 dim
# lb: 数据下边界，维度为 dim
def BoundaryCheck(x,ub,lb,dim):
    for i in range(dim):
        if x[i]>ub[i]:
            x[i]=ub[i]
        if x[i]<lb[i]:
            x[i]=lb[i]
    return x

''' 基于柯西变异改进的粒子群函数'''
## 输入：
#   pop: 种群数量
#   dim: 单个粒子的维度
#   ub: 粒子上边界信息，维度为[1,dim]
#   lb: 粒子下边界信息，维度为[1,dim]
#   fobj: 适应度函数接口
#   vmax: 速度的上边界信息，维度为[1,dim]
#   vmin: 速度的下边界信息，维度为[1,dim]
#   maxIter: 算法的最大迭代次数，用于控制算法的停止
## 输出：
#   Best_Pos: 粒子群找到的最优位置
#   Best_fitness: 最优位置对应的适应度值
#   IterCure: 用于记录每次迭代的最佳适应度，即后续用来绘制迭代曲线
def pso(pop,dim,ub,lb,fobj,vmax,vmin,maxIter):
    # 设置c1、c2 参数
    c1 = 2.0
    c2 = 2.0
    # 初始化种群速度
    V = initialization(pop,vmax,vmin,dim)
    # 初始化种群位置
    X = initialization(pop,ub,lb,dim)
    # 计算适应度值
    fitness = np.zeros(pop)
    for i in range(pop):
        fitness[i] = fobj(X[i,:])
```

```python
# 将初始种群作为历史最优
pBest = copy.deepcopy(X)
pBestFitness = copy.deepcopy(fitness)
# 记录初始全局最优解，默认优化最小值
# 寻找适应度最小的位置
index = np.argmin(fitness)
# 记录适应度值和位置
gBestFitness = fitness[index]
gBest = copy.deepcopy(X[index,:])
IterCurve = np.zeros(maxIter)
## 开始迭代 ##
for t in range(maxIter):
    # 对每个粒子进行更新
    for i in range(pop):
        # 速度更新
        r1 = np.random.random(dim)
        r2 = np.random.random(dim)
        V[i,:] = V[i,:] + c1*r1*(pBest[i,:]-X[i,:]) + c2*r2*(gBest-X[i,:])
        # 边界检查
        V[i,:] = BoundaryCheck(V[i,:],vmax,vmin,dim)
        # 位置更新
        X[i,:] = X[i,:] + V[i,:]
        # 边界检查
        X[i,:] = BoundaryCheck(X[i,:],ub,lb,dim)
        # 计算新位置适应度值
        fitness[i] = fobj(X[i,:])
        # 更新历史最优值
        if fitness[i]<pBestFitness[i]:
            pBest[i,:] = copy.copy(X[i,:])
            pBestFitness[i] = fitness[i]
        # 更新全局最优值
        if fitness[i]<gBestFitness:
            gBestFitness = fitness[i]
            gBest = copy.copy(X[i,:])
            index = i
    ## ----对最优位置，引入柯西变异----------##
    rCauchy = np.tan((np.random.random() - 0.5)*np.pi)#柯西随机数
    Temp = np.zeros([1,dim])
    Temp[0,:]=gBest
    Temp[0,:]=Temp[0,:]*(1+rCauchy)
    # 边界检查
    Temp[0,:] = BoundaryCheck(Temp[0,:],ub,lb,dim)
    fTemp = fobj(Temp[0,:])
    #贪婪策略
    if fTemp<gBestFitness:
        gBestFitness=fTemp;
        gBest = copy.copy(Temp[0,:])
        X[index,:]=copy.copy(Temp[0,:])
        fitness[index]=fTemp
    ## ----对最优位置，引入柯西变异----------##
    ## 记录当前迭代最优值和最优适应度值
    # 记录最优解
    Best_Pos = gBest
    # 记录最优解适应度值
    Best_fitness = gBestFitness
    # 记录当前迭代的最优解适应度值
```

```
    IterCurve[t] = gBestFitness
return Best_Pos,Best_fitness,IterCurve
```

6.3　基于 t 分布变异改进的粒子群算法

6.3.1　t 分布变异

在智能优化算法中引入柯西变异和高斯变异已被证实可以有效提升算法性能。其中柯西变异可以丰富种群多样性，而高斯变异可以使算法获得良好的局部搜索能力。柯西分布和高斯分布都是 t 分布的特殊形式，随着迭代次数的增加，自由度参数 t 的增长，t 分布曲线由开始的符合柯西分布逐渐接近高斯分布。其概率密度函数为

$$f(x) = \frac{\Gamma\left(\dfrac{m+1}{2}\right)}{\sqrt{m\pi}\Gamma\left(\dfrac{m}{2}\right)}\left(1+\frac{x^2}{m}\right)^{\frac{m+1}{-2}} \tag{6.6}$$

其中，$\Gamma()$ 为 gamma 函数。m 为控制参数。

当控制参数 $m=1$ 时，其概念密度函数分布图如图 6.3 所示。

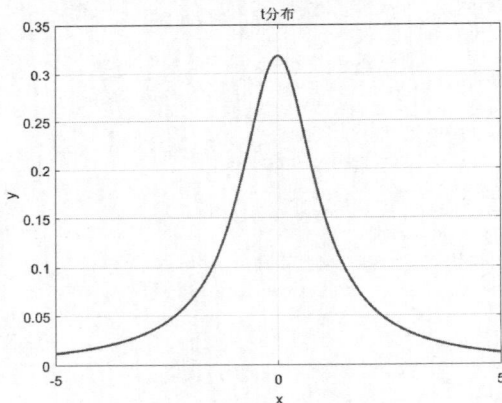

图 6.3　t 分布函数图

在最优解位置附近生成符合 t 分布变异的新解，可以同时结合高斯分布和柯西分布的优点。算法迭代初期，自由度参数 t 取值较小，此时 t 分布主要呈现出柯西分布的特点，丰富了种群的多样性，可有效提升算法的全局搜索能力；在迭代进行到中后期时，自由度参数 t 取值较大，t 分布无限接近高斯分布，增强的是算法局部开发能力，提高了其收敛精度。

针对种群最优位置，利用 t 分布随机数进行变异，提高种群的搜索能力，其中控制参数设置为种群的当前迭代次数。

$$X_{new} = X * (1 + T(\text{iter})) \tag{6.7}$$

其中，X_{new} 为新个体，$T()$ 为 t 分布函数，iter 为当前种群迭代次数。

6.3.2　基于 t 分布变异改进的粒子群算法代码实现

由 6.3.1 节可知，利用 t 分布变异可以对每次种群更新后的全局最优值进行变异，提高种群的全局搜索能力。

基于 t 分布变异改进的粒子群算法 MATLAB 代码如下。

```
%%--------------基于 t 分布变异的粒子群函数--------------------%%
%% 输入:
%  pop: 种群数量
%  dim: 单个粒子的维度
%  ub: 粒子上边界信息，维度为[1,dim]
%  lb: 粒子下边界信息，维度为[1,dim]
%  fobj: 适应度函数接口
%  vmax: 速度的上边界信息，维度为[1,dim]
%  vmin: 速度的下边界信息，维度为[1,dim]
%  maxIter: 算法的最大迭代次数，用于控制算法的停止
%% 输出:
%  Best_Pos: 粒子群找到的最优位置
%  Best_fitness: 最优位置对应的适应度值
%  IterCure: 用于记录每次迭代的最佳适应度，即后续用来绘制迭代曲线
%  HistoryPosition: 用于记录每代粒子群的位置
%  HistoryBest: 用于记录每代粒子群的最佳位置
function [Best_Pos,Best_fitness,IterCurve,HistoryPosition,HistoryBest] =
Ipso(pop,dim,ub,lb,fobj,vmax,vmin,maxIter)
    %%设置c1、c2参数
    c1 = 2.0;
    c2 = 2.0;
    %% 初始化种群速度
    V = initialization(pop,vmax,vmin,dim);
    %% 初始化种群位置
    X = initialization(pop,ub,lb,dim);

    %% 计算适应度值
    fitness = zeros(1,pop);
    for i = 1:pop
        fitness(i) = fobj(X(i,:));
    end
    %% 将初始种群作为历史最优
    pBest = X;
    pBestFitness = fitness;
    %% 记录初始全局最优解，默认优化最小值
    %寻找适应度最小的位置
    [~,index] = min(fitness);
    %记录适应度值和位置
    gBestFitness = fitness(index);
    gBest = X(index,:);

    Xnew = X; %新位置
    fitnessNew = fitness;%新位置适应度值

    IterCurve = zeros(1,maxIter);
Index = index;
```

```matlab
%% 开始迭代
for t = 1:maxIter
    %对每个粒子进行更新
    for i = 1:pop
        %速度更新
        r1 = rand(1,dim);
        r2 = rand(1,dim);
        V(i,:) = V(i,:) + c1.*r1.*(pBest(i,:) - X(i,:)) + c2.*r2.*(gBest
- X(i,:));
        %速度边界检查及约束
        V(i,:) = BoundaryCheck(V(i,:),vmax,vmin,dim);
        %位置更新
        Xnew(i,:) = X(i,:) + V(i,:);
        %位置边界检查及约束
        Xnew(i,:) = BoundaryCheck(Xnew(i,:),ub,lb,dim);
        %计算新位置适应度值
        fitnessNew(i) = fobj(Xnew(i,:));
        %更新历史最优值
        if fitnessNew(i) < pBestFitness(i)
            pBest(i,:) = Xnew(i,:);
            pBestFitness(i) = fitnessNew(i);
        end
        %更新全局最优值
        if fitnessNew(i)<gBestFitness
            gBestFitness = fitnessNew(i);
            gBest = Xnew(i,:);
            Index = i; %记录最优位置索引
        end
    end
    %% ----对最优位置，引入 t 分布变异----------%%
    rT = trnd(t);%t 分布随机数
    Temp = gBest;
    Temp = Temp.*(1+rT);
    %位置边界检查及约束
    Temp= BoundaryCheck(Temp,ub,lb,dim);
    fitTemp = fobj(Temp);
    %贪婪策略
    if fitTemp<gBestFitness
        fitness(Index) = fitTemp;
        gBest = Temp;
        gBestFitness = fitTemp;
        Xnew(Index,:)=Temp;
        fitnessNew(Index)=fitTemp;
    end
    %% ----对最优位置，引入 t 分布变异----------%%
    X = Xnew;
    fitness = fitnessNew;
    %% 记录当前迭代最优值和最优适应度值
    %记录最优解
    Best_Pos = gBest;
    %记录最优解的适应度值
    Best_fitness = gBestFitness;
    %记录当前迭代的最优解适应度值
    IterCurve(t) = gBestFitness;
    HistoryBest{t} = Best_Pos;
    %记录当前代粒子群的位置
    HistoryPosition{t} = X;
```

```
    end
end
```

基于 t 分布变异改进的粒子群算法 Python 代码如下。

```python
import numpy as np
import copy

'''粒子群初始化函数'''
# pop: 种群数量
# dim: 单个粒子的维度
# ub: 粒子上边界,维度为[1,dim]
# lb: 粒子下边界,维度为[1,dim]
# X: 输出种群,维度为[pop,dim]
def initialization(pop,ub,lb,dim):
    X = np.zeros([pop,dim])
    for i in range(pop):
        for j in range(dim):
            X[i,j] = (ub[j]-lb[j])*np.random.random()+lb[j]
    return X

''' 边界检查函数 '''
# dim: 数据维度
# x: 输入数据,维度为dim
# ub: 数据上边界,维度为dim
# lb: 数据下边界,维度为dim
def BoundaryCheck(x,ub,lb,dim):
    for i in range(dim):
        if x[i]>ub[i]:
            x[i]=ub[i]
        if x[i]<lb[i]:
            x[i]=lb[i]
    return x

''' 基于 t 分布变异改进的粒子群函数'''
## 输入:
#   pop: 种群数量
#   dim: 单个粒子的维度
#   ub: 粒子上边界信息,维度为[1,dim]
#   lb: 粒子下边界信息,维度为[1,dim]
#   fobj: 适应度函数接口
#   vmax: 速度的上边界信息,维度为[1,dim]
#   vmin: 速度的下边界信息,维度为[1,dim]
#   maxIter: 算法的最大迭代次数,用于控制算法的停止
## 输出:
#   Best_Pos: 粒子群找到的最优位置
#   Best_fitness: 最优位置对应的适应度值
#   IterCure: 用于记录每次迭代的最佳适应度,即后续用来绘制迭代曲线
def pso(pop,dim,ub,lb,fobj,vmax,vmin,maxIter):
    # 设置c1、c2参数
    c1 = 2.0
    c2 = 2.0
    # 初始化种群速度
    V = initialization(pop,vmax,vmin,dim)
    # 初始化种群位置
    X = initialization(pop,ub,lb,dim)
    # 计算适应度值
```

```python
fitness = np.zeros(pop)
for i in range(pop):
    fitness[i] = fobj(X[i,:])
# 将初始种群作为历史最优
pBest = copy.deepcopy(X)
pBestFitness = copy.deepcopy(fitness)
# 记录初始全局最优解，默认优化最小值
# 寻找适应度最小的位置
index = np.argmin(fitness)
# 记录适应度值和位置
gBestFitness = fitness[index]
gBest = copy.deepcopy(X[index,:])
IterCurve = np.zeros(maxIter)
## 开始迭代 ##
for t in range(maxIter):
    # 对每个粒子进行更新
    for i in range(pop):
        # 速度更新
        r1 = np.random.random(dim)
        r2 = np.random.random(dim)
        V[i,:] = V[i,:] + c1*r1*(pBest[i,:]-X[i,:]) + c2*r2*(gBest-
X[i,:])
        # 边界检查
        V[i,:] = BoundaryCheck(V[i,:],vmax,vmin,dim)
        # 位置更新
        X[i,:] = X[i,:] + V[i,:]
        # 边界检查
        X[i,:] = BoundaryCheck(X[i,:],ub,lb,dim)
        # 计算新位置适应度值
        fitness[i] = fobj(X[i,:])
        # 更新历史最优值
        if fitness[i]<pBestFitness[i]:
            pBest[i,:] = copy.copy(X[i,:])
            pBestFitness[i] = fitness[i]
        # 更新全局最优值
        if fitness[i]<gBestFitness:
            gBestFitness = fitness[i]
            gBest = copy.copy(X[i,:])
            index = i
    ## ----对最优位置，引入 t 分布变异----------##
    rT = np.random.standard_t(t+1) #t 分布随机数
    Temp = np.zeros([1,dim])
    Temp[0,:]=gBest
    Temp[0,:]=Temp[0,:]*(1+rT)
    # 边界检查
    Temp[0,:] = BoundaryCheck(Temp[0,:],ub,lb,dim)
    fTemp = fobj(Temp[0,:])
    #贪婪策略
    if fTemp<gBestFitness:
        gBestFitness=fTemp;
        gBest = copy.copy(Temp[0,:])
        X[index,:]=copy.copy(Temp[0,:])
        fitness[index]=fTemp
    ## ----对最优位置，引入 t 分布变异----------##
    ## 记录当前迭代最优值和最优适应度值
    # 记录最优解
    Best_Pos = gBest
```

```
    # 记录最优解适应度值
    Best_fitness = gBestFitness
    # 记录当前迭代的最优解适应度值
    IterCurve[t] = gBestFitness
return Best_Pos,Best_fitness,IterCurve
```

6.4　基于反向学习改进的粒子群算法

6.4.1　反向学习策略

反向学习策略是由 Tizhoosh 于 2005 年提出的一种智能计算方法,广泛应用于各种算法优化中, 以提高算法搜索性能。反向学习的主要思想是在同一空间中对当前解进行反向求解, 设 x 是某一对象 n 维空间的一个当前解, x_{new} 为反向解, 则 x_{new} 可以通过以下公式进行求解。

$$x_{new} = lb + ub - x \tag{6.8}$$

其中, lb 为变量 x 搜索空间的下边界, ub 为变量 x 搜索空间的上边界。

6.4.2　基于反向学习改进的粒子群算法代码实现

由 6.4.1 节可知, 利用反向学习可以对每次种群更新后的全局最优值进行变异, 提高种群的全局搜索能力。

基于反向学习改进的粒子群算法 MATLAB 代码实现:

```
%%--------------基于反向学习的粒子群函数----------------------%%
%% 输入:
%   pop: 种群数量
%   dim: 单个粒子的维度
%   ub: 粒子上边界信息, 维度为[1,dim]
%   lb: 粒子下边界信息, 维度为[1,dim]
%   fobj: 适应度函数接口
%   vmax: 速度的上边界信息, 维度为[1,dim]
%   vmin: 速度的下边界信息, 维度为[1,dim]
%   maxIter: 算法的最大迭代次数, 用于控制算法的停止
%% 输出:
%   Best_Pos: 粒子群找到的最优位置
%   Best_fitness: 最优位置对应的适应度值
%   IterCure: 用于记录每次迭代的最佳适应度, 即后续用来绘制迭代曲线
%   HistoryPosition: 用于记录每代粒子群的位置
%   HistoryBest: 用于记录每代粒子群的最佳位置
function [Best_Pos,Best_fitness,IterCurve,HistoryPosition,HistoryBest] =
Ipso(pop,dim,ub,lb,fobj,vmax,vmin,maxIter)
    %%设置c1、c2 参数
    c1 = 2.0;
    c2 = 2.0;
    %% 初始化种群速度
    V = initialization(pop,vmax,vmin,dim);
    %% 初始化种群位置
```

```matlab
X = initialization(pop,ub,lb,dim);

%% 计算适应度值
fitness = zeros(1,pop);
for i = 1:pop
    fitness(i) = fobj(X(i,:));
end
%% 将初始种群作为历史最优
pBest = X;
pBestFitness = fitness;
%% 记录初始全局最优解，默认优化最小值
%寻找适应度最小的位置
[~,index] = min(fitness);
%记录适应度值和位置
gBestFitness = fitness(index);
gBest = X(index,:);

Xnew = X; %新位置
fitnessNew = fitness;%新位置适应度值

IterCurve = zeros(1,maxIter);
 Index = index;
%% 开始迭代
for t = 1:maxIter
    %对每个粒子进行更新
    for i = 1:pop
        %速度更新
        r1 = rand(1,dim);
        r2 = rand(1,dim);
        V(i,:) = V(i,:) + c1.*r1.*(pBest(i,:) - X(i,:)) + c2.*r2.*(gBest
- X(i,:));
        %速度边界检查及约束
        V(i,:) = BoundaryCheck(V(i,:),vmax,vmin,dim);
        %位置更新
        Xnew(i,:) = X(i,:) + V(i,:);
        %位置边界检查及约束
        Xnew(i,:) = BoundaryCheck(Xnew(i,:),ub,lb,dim);
        %计算新位置适应度值
        fitnessNew(i) = fobj(Xnew(i,:));
        %更新历史最优值
        if fitnessNew(i) < pBestFitness(i)
            pBest(i,:) = Xnew(i,:);
            pBestFitness(i) = fitnessNew(i);
        end
        %更新全局最优值
        if fitnessNew(i)<gBestFitness
            gBestFitness = fitnessNew(i);
            gBest = Xnew(i,:);
            Index = i; %记录最优位置索引
        end
    end
    %% ----对最优位置，引入反向学习----------%%
    Temp = gBest;
    Temp = ub+lb-Temp;
    %位置边界检查及约束
    Temp= BoundaryCheck(Temp,ub,lb,dim);
    fitTemp = fobj(Temp);
```

```
        %贪婪策略
        if fitTemp<gBestFitness
            fitness(Index) = fitTemp;
            gBest = Temp;
            gBestFitness = fitTemp;
            Xnew(Index,:)=Temp;
            fitnessNew(Index)=fitTemp;
        end
    %% ----对最优位置，引入反向学习----------%%
    X = Xnew;
    fitness = fitnessNew;
    %% 记录当前迭代最优值和最优适应度值
    %记录最优解
    Best_Pos = gBest;
    %记录最优解的适应度值
    Best_fitness = gBestFitness;
    %记录当前迭代的最优解适应度值
    IterCurve(t) = gBestFitness;
    HistoryBest{t} = Best_Pos;
    %记录当前代粒子群的位置
    HistoryPosition{t} = X;

    end
end
```

基于反向学习改进的粒子群算法 Python 代码实现：

```python
import numpy as np
import copy

'''粒子群初始化函数'''
# pop: 种群数量
# dim: 单个粒子的维度
# ub: 粒子上边界，维度为[1,dim]
# lb: 粒子下边界，维度为[1,dim]
# X: 输出种群，维度为[pop,dim]
def initialization(pop,ub,lb,dim):
    X = np.zeros([pop,dim])
    for i in range(pop):
        for j in range(dim):
            X[i,j] = (ub[j]-lb[j])*np.random.random()+lb[j]
    return X

''' 边界检查函数 '''
# dim: 数据维度
# x: 输入数据，维度为dim
# ub: 数据上边界，维度为dim
# lb: 数据下边界，维度为dim
def BoundaryCheck(x,ub,lb,dim):
    for i in range(dim):
        if x[i]>ub[i]:
            x[i]=ub[i]
        if x[i]<lb[i]:
            x[i]=lb[i]
    return x

''' 基于反向学习改进的粒子群函数'''
## 输入:
```

```
#    pop: 种群数量
#    dim: 单个粒子的维度
#    ub: 粒子上边界信息，维度为[1,dim]
#    lb: 粒子下边界信息，维度为[1,dim]
#    fobj: 适应度函数接口
#    vmax: 速度的上边界信息，维度为[1,dim]
#    vmin: 速度的下边界信息，维度为[1,dim]
#    maxIter: 算法的最大迭代次数，用于控制算法的停止
## 输出:
#    Best_Pos: 粒子群找到的最优位置
#    Best_fitness: 最优位置对应的适应度值
#    IterCure: 用于记录每次迭代的最佳适应度，即后续用来绘制迭代曲线
def pso(pop,dim,ub,lb,fobj,vmax,vmin,maxIter):
    # 设置c1、c2参数
    c1 = 2.0
    c2 = 2.0
    # 初始化种群速度
    V = initialization(pop,vmax,vmin,dim)
    # 初始化种群位置
    X = initialization(pop,ub,lb,dim)
    # 计算适应度值
    fitness = np.zeros(pop)
    for i in range(pop):
        fitness[i] = fobj(X[i,:])
    # 将初始种群作为历史最优
    pBest = copy.deepcopy(X)
    pBestFitness = copy.deepcopy(fitness)
    # 记录初始全局最优解，默认优化最小值
    # 寻找适应度最小的位置
    index = np.argmin(fitness)
    # 记录适应度值和位置
    gBestFitness = fitness[index]
    gBest = copy.deepcopy(X[index,:])
    IterCurve = np.zeros(maxIter)
    ## 开始迭代 ##
    for t in range(maxIter):
        # 对每个粒子进行更新
        for i in range(pop):
            # 速度更新
            r1 = np.random.random(dim)
            r2 = np.random.random(dim)
            V[i,:] = V[i,:] + c1*r1*(pBest[i,:]-X[i,:]) + c2*r2*(gBest-
X[i,:])
            # 边界检查
            V[i,:] = BoundaryCheck(V[i,:],vmax,vmin,dim)
            # 位置更新
            X[i,:] = X[i,:] + V[i,:]
            # 边界检查
            X[i,:] = BoundaryCheck(X[i,:],ub,lb,dim)
            # 计算新位置适应度值
            fitness[i] = fobj(X[i,:])
            # 更新历史最优值
            if fitness[i]<pBestFitness[i]:
                pBest[i,:] = copy.copy(X[i,:])
                pBestFitness[i] = fitness[i]
            # 更新全局最优值
            if fitness[i]<gBestFitness:
```

```
            gBestFitness = fitness[i]
            gBest = copy.copy(X[i,:])
            index = i
    ## ----对最优位置，引入反向学习----------##
    Temp = np.zeros([1,dim])
    Temp[0,:]=gBest
    for j in range(dim):
        Temp[0,j] = ub[j]+lb[j]-Temp[0,j];
    # 边界检查
    Temp[0,:] = BoundaryCheck(Temp[0,:],ub,lb,dim)
    fTemp = fobj(Temp[0,:])
    #贪婪策略
    if fTemp<gBestFitness:
        gBestFitness=fTemp;
        gBest = copy.copy(Temp[0,:])
        X[index,:]=copy.copy(Temp[0,:])
        fitness[index]=fTemp
    ## ----对最优位置，引入反向学习----------##
    ## 记录当前迭代最优值和最优适应度值
    # 记录最优解
    Best_Pos = gBest
    # 记录最优解适应度值
    Best_fitness = gBestFitness
    # 记录当前迭代的最优解适应度值
    IterCurve[t] = gBestFitness
return Best_Pos,Best_fitness,IterCurve
```

6.5　基于透镜反向学习改进的粒子群算法

6.5.1　透镜反向学习策略

反向学习是由 Tizhoos 提出的一种优化机制，它通过计算当前位置的反向解来扩大搜索范围，由此找到优化问题的更优解。群智能算法与反向学习相结合能够有效提升算法的寻优性能，但是反向学习存在一定的缺点，例如在迭代后期反向学习无法使算法有效跳出局部最优，导致算法收敛精度不足。

为了克服一般反向学习的不足，受光的凸透镜成像原理启发，我们引入了透镜反向学习策略，具体描述如下。

1. 光的凸透镜成像原理

当物体在焦点之外时，会在凸透镜另一侧成倒立的实像。其原理如图 6.4 所示。由图 6.4 可得透镜成像公式：

$$\frac{1}{u}+\frac{1}{v}=\frac{1}{f} \tag{6.9}$$

公式中，u 为物距，v 为像距，f 为焦距。

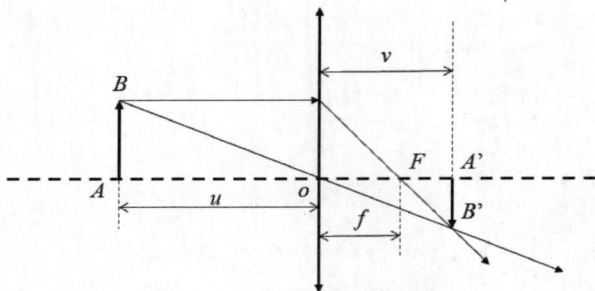

图 6.4　光的凸透镜成像原理图

2. 基于凸透镜成像的反向学习策略

如图 6.5 所示，以一维空间为例，x 轴上解的搜索范围为 $[a, b]$，y 轴表示凸透镜。假设有一个体 P，在 x 轴上投影为 x，高度为 h，通过凸透镜成像可得到一个实像 P^*，P^* 在 x 轴上投影为 x^*，高度为 h^*。由此可得到个体 x 的反向个体 x^*。

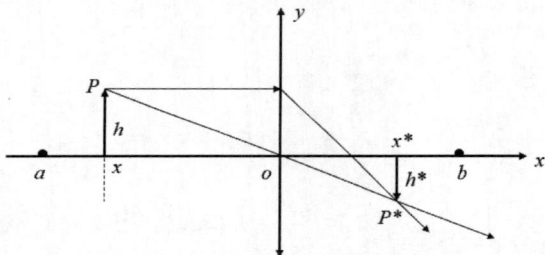

图 6.5　透镜成像反向学习策略示意图

在图 6.5 中，个体 x 以 o 为基点得到其对应的反向点 x^*，由透镜成像原理可得：

$$\frac{(a+b)/2 - x}{x^* - (a+b)/2} = \frac{h}{h^*} \tag{6.10}$$

令 $k = h/h^*$，则公式（6.10）可以改写为

$$x^* = \frac{a+b}{2} + \frac{a+b}{2k} - \frac{x}{k} \tag{6.11}$$

公式（6.11）为透镜成像反向学习反向解的求解公式，其中 a、b 分别为搜索下边界和上边界。若 $k=1$，则与基础反向学习的公式一样。显然，一般反向学习是透镜成像反向学习的一个特例。采用一般反向学习得到的反向解是固定的，而在透镜反向学习中通过调整 k 的大小，可以获得动态变化的反向解，进一步提高算法寻优精度。

6.5.2　基于透镜反向学习改进的粒子群算法代码实现

由 6.5.1 节可知，利用透镜反向学习可以对每次种群更新后的全局最优值进行变异，提高种群的全局搜索能力。

基于透镜反向学习改进的粒子群算法 MATLAB 代码实现：

```
%%--------------基于透镜反向学习的粒子群函数----------------------%%
%% 输入:
%   pop: 种群数量
%   dim: 单个粒子的维度
%   ub: 粒子上边界信息，维度为[1,dim]
%   lb: 粒子下边界信息，维度为[1,dim]
%   fobj: 适应度函数接口
%   vmax: 速度的上边界信息，维度为[1,dim]
%   vmin: 速度的下边界信息，维度为[1,dim]
%   maxIter: 算法的最大迭代次数，用于控制算法的停止
%% 输出:
%   Best_Pos: 粒子群找到的最优位置
%   Best_fitness: 最优位置对应的适应度值
%   IterCure: 用于记录每次迭代的最佳适应度，即后续用来绘制迭代曲线
%   HistoryPosition: 用于记录每代粒子群的位置
%   HistoryBest: 用于记录每代粒子群的最佳位置
function [Best_Pos,Best_fitness,IterCurve,HistoryPosition,HistoryBest] =
Ipso(pop,dim,ub,lb,fobj,vmax, vmin,maxIter)
    %%设置c1、c2 参数
    c1 = 2.0;
    c2 = 2.0;
    %% 初始化种群速度
    V = initialization(pop,vmax,vmin,dim);
    %% 初始化种群位置
    X = initialization(pop,ub,lb,dim);

    %% 计算适应度值
    fitness = zeros(1,pop);
    for i = 1:pop
       fitness(i) = fobj(X(i,:));
    end
    %% 将初始种群作为历史最优
    pBest = X;
    pBestFitness = fitness;
    %% 记录初始全局最优解，默认优化最小值
    %寻找适应度最小的位置
    [~,index] = min(fitness);
    %记录适应度值和位置
    gBestFitness = fitness(index);
    gBest = X(index,:);

    Xnew = X; %新位置
    fitnessNew = fitness;%新位置适应度值

    IterCurve = zeros(1,maxIter);
     Index = index;
    %% 开始迭代
    for t = 1:maxIter
        %对每个粒子进行更新
        for i = 1:pop
            %速度更新
            r1 = rand(1,dim);
            r2 = rand(1,dim);
            V(i,:) = V(i,:) + c1.*r1.*(pBest(i,:) - X(i,:)) + c2.*r2.*(gBest
- X(i,:));
```

```matlab
            %速度边界检查及约束
            V(i,:) = BoundaryCheck(V(i,:),vmax,vmin,dim);
            %位置更新
            Xnew(i,:) = X(i,:) + V(i,:);
            %位置边界检查及约束
            Xnew(i,:) = BoundaryCheck(Xnew(i,:),ub,lb,dim);
            %计算新位置适应度值
            fitnessNew(i) = fobj(Xnew(i,:));
            %更新历史最优值
            if fitnessNew(i) < pBestFitness(i)
                pBest(i,:) = Xnew(i,:);
                pBestFitness(i) = fitnessNew(i);
            end
            %更新全局最优值
            if fitnessNew(i)<gBestFitness
                gBestFitness = fitnessNew(i);
                gBest = Xnew(i,:);
                Index = i;  %记录最优位置索引
            end
        end
        %% ----对最优位置，引入透镜反向学习----------%%
        k = 10000; %缩放因子
        Temp = gBest;
        Temp = (ub + lb)./2 + (ub + lb)./(2*k) - Temp./k;  %透镜成像反向学习
        %位置边界检查及约束
        Temp= BoundaryCheck(Temp,ub,lb,dim);
        fitTemp = fobj(Temp);
        %贪婪策略
        if fitTemp<gBestFitness
            fitness(Index) = fitTemp;
            gBest = Temp;
            gBestFitness = fitTemp;
            Xnew(Index,:)=Temp;
            fitnessNew(Index)=fitTemp;
        end
        %% ----对最优位置，引入透镜反向学习----------%%
        X = Xnew;
        fitness = fitnessNew;
        %% 记录当前迭代最优值和最优适应度值
        %记录最优解
        Best_Pos = gBest;
        %记录最优解的适应度值
        Best_fitness = gBestFitness;
        %记录当前迭代的最优解适应度值
        IterCurve(t) = gBestFitness;
        HistoryBest{t} = Best_Pos;
        %记录当前代粒子群的位置
        HistoryPosition{t} = X;

    end
end
```

基于透镜反向学习改进的粒子群算法 Python 代码实现：

```python
import numpy as np
import copy

'''粒子群初始化函数'''
```

```
# pop: 种群数量
# dim: 单个粒子的维度
# ub: 粒子上边界，维度为[1,dim]
# lb: 粒子下边界，维度为[1,dim]
# X: 输出种群，维度为[pop,dim]
def initialization(pop,ub,lb,dim):
    X = np.zeros([pop,dim])
    for i in range(pop):
        for j in range(dim):
            X[i,j] = (ub[j]-lb[j])*np.random.random()+lb[j]
    return X

''' 边界检查函数 '''
# dim: 数据维度
# x: 输入数据，维度为dim
# ub: 数据上边界，维度为dim
# lb: 数据下边界，维度为dim
def BoundaryCheck(x,ub,lb,dim):
    for i in range(dim):
        if x[i]>ub[i]:
            x[i]=ub[i]
        if x[i]<lb[i]:
            x[i]=lb[i]
    return x

''' 基于透镜反向学习改进的粒子群函数'''
## 输入:
#   pop: 种群数量
#   dim: 单个粒子的维度
#   ub: 粒子上边界信息，维度为[1,dim]
#   lb: 粒子下边界信息，维度为[1,dim]
#   fobj: 适应度函数接口
#   vmax: 速度的上边界信息，维度为[1,dim]
#   vmin: 速度的下边界信息，维度为[1,dim]
#   maxIter: 算法的最大迭代次数，用于控制算法的停止
## 输出:
#   Best_Pos: 粒子群找到的最优位置
#   Best_fitness: 最优位置对应的适应度值
#   IterCure: 用于记录每次迭代的最佳适应度，即后续用来绘制迭代曲线
def pso(pop,dim,ub,lb,fobj,vmax,vmin,maxIter):
    # 设置c1、c2参数
    c1 = 2.0
    c2 = 2.0
    # 初始化种群速度
    V = initialization(pop,vmax,vmin,dim)
    # 初始化种群位置
    X = initialization(pop,ub,lb,dim)
    # 计算适应度值
    fitness = np.zeros(pop)
    for i in range(pop):
        fitness[i] = fobj(X[i,:])
    # 将初始种群作为历史最优
    pBest = copy.deepcopy(X)
    pBestFitness = copy.deepcopy(fitness)
    # 记录初始全局最优解，默认优化最小值
    # 寻找适应度最小的位置
    index = np.argmin(fitness)
```

```python
        # 记录适应度值和位置
        gBestFitness = fitness[index]
        gBest = copy.deepcopy(X[index,:])
        IterCurve = np.zeros(maxIter)
        ## 开始迭代 ##
        for t in range(maxIter):
            # 对每个粒子进行更新
            for i in range(pop):
                # 速度更新
                r1 = np.random.random(dim)
                r2 = np.random.random(dim)
                V[i,:] = V[i,:] + c1*r1*(pBest[i,:]-X[i,:]) + c2*r2*(gBest-
X[i,:])
                # 边界检查
                V[i,:] = BoundaryCheck(V[i,:],vmax,vmin,dim)
                # 位置更新
                X[i,:] = X[i,:] + V[i,:]
                # 边界检查
                X[i,:] = BoundaryCheck(X[i,:],ub,lb,dim)
                # 计算新位置适应度值
                fitness[i] = fobj(X[i,:])
                # 更新历史最优值
                if fitness[i]<pBestFitness[i]:
                    pBest[i,:] = copy.copy(X[i,:])
                    pBestFitness[i] = fitness[i]
                # 更新全局最优值
                if fitness[i]<gBestFitness:
                    gBestFitness = fitness[i]
                    gBest = copy.copy(X[i,:])
                    index = i
            ## ----对最优位置，引入透镜反向学习----------##
            k = 10000 #缩放因子
            Temp = np.zeros([1,dim])
            Temp[0,:]=gBest
            for j in range(dim):
                Temp[0,j] = (ub[j]+lb[j])/2 + (ub[j]+lb[j])/(2*k)-Temp[0,j]/k;
            # 边界检查
            Temp[0,:] = BoundaryCheck(Temp[0,:],ub,lb,dim)
            fTemp = fobj(Temp[0,:])
            #贪婪策略
            if fTemp<gBestFitness:
                gBestFitness=fTemp;
                gBest = copy.copy(Temp[0,:])
                X[index,:]=copy.copy(Temp[0,:])
                fitness[index]=fTemp
            ## ----对最优位置，引入透镜反向学习----------##
            ## 记录当前迭代最优值和最优适应度值
            # 记录最优解
            Best_Pos = gBest
            # 记录最优解适应度值
            Best_fitness = gBestFitness
            # 记录当前迭代的最优解适应度值
            IterCurve[t] = gBestFitness
        return Best_Pos,Best_fitness,IterCurve
```

6.6　基于 Levy 飞行改进的粒子群算法

6.6.1　Levy 飞行

Levy 飞行是由法国著名数学家 Paul Pierre Levy 提出的一种 Markov 过程。Levy 飞行属于随机游走（random walk）的一种，行走的步长满足一个重尾的稳定分布。Levy 飞行的特征是小步的移动很多，但是间或有较大步子的移动，使得运动实体不会重复在一个地方搜索，从而改变一个体系的行为。虽然它的运动方向是随机的，但是其运动步长却是按幂次律分布的。粒子群算法与 Levy 飞行策略相结合，可以扩大算法的搜索范围，增加种群的多样性，使算法能够比较容易地跳出局部最优点。在 Levy 飞行中，短距离的探索性局部搜索与偶尔较长距离的行走相间，从而保证了系统不会陷入局部最优。Levy 飞行能使不确定环境下的资源搜索效率尽可能最大化。Levy 飞行示意图如图 6.6 所示。

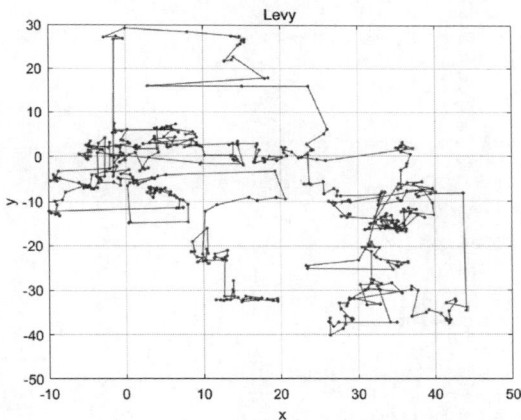

图 6.6　Levy 飞行示意图

Levy 飞行公式为

$$\text{Levy}(\beta) = \frac{\mu}{|v|^{-\beta}} \tag{6.12}$$

其中，$\text{Levy}(\beta)$是服从参数为 β 的 Levy 分布，$0<\beta<2$，μ 服从 $N(0, \sigma^2)$ 正态分布，v 服从 $N(0, 1)$ 正态分布，σ 可由公式（6.13）计算得到：

$$\sigma = \frac{\Gamma(1+\beta)\sin\left(\dfrac{\pi\beta}{2}\right)}{\beta\Gamma\left(\dfrac{1+\beta}{2}\right)2^{\frac{\beta-1}{2}}} \tag{6.13}$$

其中，Γ 表示 Gamma 分布函数，$\beta=1.5$。

6.6.2　基于 Levy 飞行改进的粒子群算法代码实现

由 6.6.1 节可知，利用 Levy 飞行可以对每次种群更新后的全局最优值进行变异，提高种群的全局搜索能力。

基于 Levy 飞行改进的粒子群算法 MATLAB 代码如下。

```matlab
%%--------------基于 Levy 飞行的粒子群函数--------------------%%
%% 输入:
%   pop: 种群数量
%   dim: 单个粒子的维度
%   ub: 粒子上边界信息，维度为[1,dim]
%   lb: 粒子下边界信息，维度为[1,dim]
%   fobj: 适应度函数接口
%   vmax: 速度的上边界信息，维度为[1,dim]
%   vmin: 速度的下边界信息，维度为[1,dim]
%   maxIter: 算法的最大迭代次数，用于控制算法的停止
%% 输出:
%   Best_Pos: 粒子群找到的最优位置
%   Best_fitness: 最优位置对应的适应度值
%   IterCure: 用于记录每次迭代的最佳适应度，即后续用来绘制迭代曲线
%   HistoryPosition: 用于记录每代粒子群的位置
%   HistoryBest: 用于记录每代粒子群的最佳位置
function [Best_Pos,Best_fitness,IterCurve,HistoryPosition,HistoryBest] =
Ipso(pop,dim,ub,lb,fobj,vmax,vmin,maxIter)
    %% 设置 c1、c2 参数
    c1 = 2.0;
    c2 = 2.0;
    %% 初始化种群速度
    V = initialization(pop,vmax,vmin,dim);
    %% 初始化种群位置
    X = initialization(pop,ub,lb,dim);

    %% 计算适应度值
    fitness = zeros(1,pop);
    for i = 1:pop
       fitness(i) = fobj(X(i,:));
    end
    %% 将初始种群作为历史最优
    pBest = X;
    pBestFitness = fitness;
    %% 记录初始全局最优解，默认优化最小值
    %寻找适应度最小的位置
    [~,index] = min(fitness);
    %记录适应度值和位置
    gBestFitness = fitness(index);
    gBest = X(index,:);

    Xnew = X; %新位置
    fitnessNew = fitness;%新位置适应度值

    IterCurve = zeros(1,maxIter);
Index = index;
    %% 开始迭代
    for t = 1:maxIter
       %对每个粒子进行更新
```

```
    for i = 1:pop
        %速度更新
        r1 = rand(1,dim);
        r2 = rand(1,dim);
        V(i,:) = V(i,:) + c1.*r1.*(pBest(i,:) - X(i,:)) + c2.*r2.*(gBest
- X(i,:));
        %速度边界检查及约束
        V(i,:) = BoundaryCheck(V(i,:),vmax,vmin,dim);
        %位置更新
        Xnew(i,:) = X(i,:) + V(i,:);
        %位置边界检查及约束
        Xnew(i,:) = BoundaryCheck(Xnew(i,:),ub,lb,dim);
        %计算新位置适应度值
        fitnessNew(i) = fobj(Xnew(i,:));
        %更新历史最优值
        if fitnessNew(i) < pBestFitness(i)
            pBest(i,:) = Xnew(i,:);
            pBestFitness(i) = fitnessNew(i);
        end
        %更新全局最优值
        if fitnessNew(i)<gBestFitness
            gBestFitness = fitnessNew(i);
            gBest = Xnew(i,:);
            Index = i; %记录最优位置索引
        end
    end
    %% ----对最优位置，引入 Levy 飞行----------%%
    Temp = gBest;
    Temp = Temp.*(1+Levy(dim));%Levy 飞行改进
    %位置边界检查及约束
    Temp= BoundaryCheck(Temp,ub,lb,dim);
    fitTemp = fobj(Temp);
    %贪婪策略
    if fitTemp<gBestFitness
        fitness(Index) = fitTemp;
        gBest = Temp;
        gBestFitness = fitTemp;
        Xnew(Index,:)=Temp;
        fitnessNew(Index)=fitTemp;
    end
    %% ----对最优位置，引入 Levy 飞行----------%%
    X = Xnew;
    fitness = fitnessNew;
    %% 记录当前迭代最优值和最优适应度值
    %记录最优解
    Best_Pos = gBest;
    %记录最优解的适应度值
    Best_fitness = gBestFitness;
    %记录当前迭代的最优解适应度值
    IterCurve(t) = gBestFitness;
    HistoryBest{t} = Best_Pos;
    %记录当前代粒子群的位置
    HistoryPosition{t} = X;

end
end
```

```matlab
%% Levy 飞行函数
function L=Levy(d)
beta=3/2;
sigma=(gamma(1+beta)*sin(pi*beta/2)/(gamma((1+beta)/2)*beta*2^((beta-
1)/2)))^(1/beta);
u=randn(1,d)*sigma;
v=randn(1,d);
step=u./abs(v).^(1/beta);
L=1*step;
end
```

基于 Levy 飞行改进的粒子群算法 Python 代码如下。

```python
import numpy as np
import copy
import math

'''粒子群初始化函数'''
# pop: 种群数量
# dim: 单个粒子的维度
# ub: 粒子上边界，维度为[1,dim]
# lb: 粒子下边界，维度为[1,dim]
# X: 输出种群，维度为[pop,dim]
def initialization(pop,ub,lb,dim):
    X = np.zeros([pop,dim])
    for i in range(pop):
        for j in range(dim):
            X[i,j] = (ub[j]-lb[j])*np.random.random()+lb[j]
    return X

''' 边界检查函数 '''
# dim: 数据维度
# x: 输入数据，维度为 dim
# ub: 数据上边界，维度为 dim
# lb: 数据下边界，维度为 dim
def BoundaryCheck(x,ub,lb,dim):
    for i in range(dim):
        if x[i]>ub[i]:
            x[i]=ub[i]
        if x[i]<lb[i]:
            x[i]=lb[i]
    return x

''' Levy 飞行'''


def Levy(d):
    beta = 3/2
    sigma = (math.gamma(1 + beta)*np.sin(math.pi*beta/2)) / \
        (math.gamma((1 + beta)/2)*beta*2**((beta-1)/2))**(1/beta)
    u = np.random.randn(1, d)*sigma
    v = np.random.randn(1, d)
    step = u/np.abs(v)**(1/beta)
    L = 1*step
    return L
```

```
''' 基于 Levy 飞行改进的粒子群函数'''
## 输入:
#   pop: 种群数量
#   dim: 单个粒子的维度
#   ub: 粒子上边界信息，维度为[1,dim]
#   lb: 粒子下边界信息，维度为[1,dim]
#   fobj: 适应度函数接口
#   vmax: 速度的上边界信息，维度为[1,dim]
#   vmin: 速度的下边界信息，维度为[1,dim]
#   maxIter: 算法的最大迭代次数，用于控制算法的停止
## 输出:
#   Best_Pos: 粒子群找到的最优位置
#   Best_fitness: 最优位置对应的适应度值
#   IterCure: 用于记录每次迭代的最佳适应度，即后续用来绘制迭代曲线
def pso(pop,dim,ub,lb,fobj,vmax,vmin,maxIter):
    # 设置c1、c2参数
    c1 = 2.0
    c2 = 2.0
    # 初始化种群速度
    V = initialization(pop,vmax,vmin,dim)
    # 初始化种群位置
    X = initialization(pop,ub,lb,dim)
    # 计算适应度值
    fitness = np.zeros(pop)
    for i in range(pop):
        fitness[i] = fobj(X[i,:])
    # 将初始种群作为历史最优
    pBest = copy.deepcopy(X)
    pBestFitness = copy.deepcopy(fitness)
    # 记录初始全局最优解，默认优化最小值
    # 寻找适应度最小的位置
    index = np.argmin(fitness)
    # 记录适应度值和位置
    gBestFitness = fitness[index]
    gBest = copy.deepcopy(X[index,:])
    IterCurve = np.zeros(maxIter)
    ## 开始迭代 ##
    for t in range(maxIter):
        # 对每个粒子进行更新
        for i in range(pop):
            # 速度更新
            r1 = np.random.random(dim)
            r2 = np.random.random(dim)
            V[i,:] = V[i,:] + c1*r1*(pBest[i,:]-X[i,:]) + c2*r2*(gBest-
X[i,:])
            # 边界检查
            V[i,:] = BoundaryCheck(V[i,:],vmax,vmin,dim)
            # 位置更新
            X[i,:] = X[i,:] + V[i,:]
            # 边界检查
            X[i,:] = BoundaryCheck(X[i,:],ub,lb,dim)
            # 计算新位置适应度值
            fitness[i] = fobj(X[i,:])
            # 更新历史最优值
            if fitness[i]<pBestFitness[i]:
                pBest[i,:] = copy.copy(X[i,:])
                pBestFitness[i] = fitness[i]
```

```
            # 更新全局最优值
            if fitness[i]<gBestFitness:
                gBestFitness = fitness[i]
                gBest = copy.copy(X[i,:])
                index = i
        ## ----对最优位置，引入 Levy 飞行----------##
        Temp = np.zeros([1,dim])
        Temp[0,:]= copy.copy(gBest)
        Temp[0,:] = Temp[0,:]*(1+Levy(dim))
        # 边界检查
        Temp[0,:] = BoundaryCheck(Temp[0,:],ub,lb,dim)
        fTemp = fobj(Temp[0,:])
        #贪婪策略
        if fTemp<gBestFitness:
            gBestFitness=fTemp;
            gBest = copy.copy(Temp[0,:])
            X[index,:]=copy.copy(Temp[0,:])
            fitness[index]=fTemp
        ## ----对最优位置，引入 Levy 飞行----------##
        ## 记录当前迭代最优值和最优适应度值
        # 记录最优解
        Best_Pos = gBest
        # 记录当前迭代的最优解适应度值
        Best_fitness = gBestFitness
        # 记录当前迭代的最优解适应度值
        IterCurve[t] = gBestFitness
    return Best_Pos,Best_fitness,IterCurve
```

6.7　基于随机变异改进的粒子群算法测试

6.7.1　函数封装

本节将随机变异引入粒子群算法的种群内部。将 6 种随机变异策略封装到一个函数以方便调用。通过设置不同 Methodflag 来调用不同的改进方法，如表 6.1 所示。

表 6.1　不同随机变异方法调用表

Index	策略名称	MATLAB 函数设置的 Methodflag	Python 函数设置的 Methodflag
1	原始算法	0	0
2	高斯变异	1	1
3	柯西变异	2	2
4	t 分布变异	3	3
5	反向学习	4	4
6	透镜反向学习	5	5
7	Levy 飞行	6	6

6.7.2　代码实现

基于随机变异改进的粒子群算法的 MATLAB 代码：

```
%%--------------基于随机变异策略改进的粒子群算法----------------------%%
%% 输入：
%   pop: 种群数量
%   dim: 单个粒子的维度
%   ub: 粒子上边界信息，维度为[1,dim]
%   lb: 粒子下边界信息，维度为[1,dim]
%   fobj: 适应度函数接口
%   vmax: 速度的上边界信息，维度为[1,dim]
%   vmin: 速度的下边界信息，维度为[1,dim]
%   maxIter: 算法的最大迭代次数，用于控制算法的停止
%   Methodflag:用于控制选用哪种策略来改进粒子群算法[0-6]
%% 输出：
%   Best_Pos: 粒子群找到的最优位置
%   Best_fitness: 最优位置对应的适应度值
%   IterCure: 用于记录每次迭代的最佳适应度，即后续用来绘制迭代曲线
%   HistoryPosition: 用于记录每代粒子群的位置
%   HistoryBest: 用于记录每代粒子群的最佳位置
function [Best_Pos,Best_fitness,IterCurve,HistoryPosition,HistoryBest] =
Ipso(pop,dim,ub,lb,fobj,vmax,vmin,maxIter,Methodflag)
    %%设置c1、c2参数
    c1 = 2.0;
    c2 = 2.0;
    %% 初始化种群
    X = initialization(pop,ub,lb,dim);
    %% 初始化种群速度
    V = initialization(pop,vmax,vmin,dim);
    %% 计算适应度值
    fitness = zeros(1,pop);
    for i = 1:pop
        fitness(i) = fobj(X(i,:));
    end
    %% 将初始种群作为历史最优
    pBest = X;
    pBestFitness = fitness;
    %% 记录初始全局最优解，默认优化最小值
    %寻找适应度最小的位置
    [~,index] = min(fitness);
    %记录适应度值和位置
    gBestFitness = fitness(index);
    gBest = X(index,:);

    Xnew = X; %新位置
    fitnessNew = fitness;%新位置适应度值

    IterCurve = zeros(1,maxIter);
    Index = index;
    %% 开始迭代
    for t = 1:maxIter
        %对每个粒子进行更新
        for i = 1:pop
            %速度更新
            r1 = rand(1,dim);
```

```
        r2 = rand(1,dim);
        V(i,:) = V(i,:) + c1.*r1.*(pBest(i,:) - X(i,:)) + c2.*r2.*(gBest
- X(i,:));
        %速度边界检查及约束
        V(i,:) = BoundaryCheck(V(i,:),vmax,vmin,dim);
        %位置更新
        Xnew(i,:) = X(i,:) + V(i,:);
        %位置边界检查及约束
        Xnew(i,:) = BoundaryCheck(Xnew(i,:),ub,lb,dim);
        %计算新位置适应度值
        fitnessNew(i) = fobj(Xnew(i,:));
        %更新历史最优值
        if fitnessNew(i) < pBestFitness(i)
            pBest(i,:) = Xnew(i,:);
            pBestFitness(i) = fitnessNew(i);
        end
        %更新全局最优值
        if fitnessNew(i)<gBestFitness
            Index = i;
            gBestFitness = fitnessNew(i);
            gBest = Xnew(i,:);
        end
    end

    % 变异策略
    Temp = gBest;
    switch Methodflag
        case 0
            X = X; %原始策略
        case 1
            %% 高斯变异
            Temp = Temp.*(1+randn);
        case 2
            %% 柯西变异
            rCauchy = tan((rand() - 0.5).*pi);%柯西随机数
            Temp = Temp.*(1+rCauchy);
        case 3
            %% t 分布变异
            rT = trnd(t);%t 分布随机数
            Temp = Temp.*(1+rT);
        case 4
            %% 反向学习
            Temp = ub+lb-Temp;
        case 5
            %% 透镜反向学习
            k = 10000; %缩放因子
            Temp=(ub+lb)./2+(ub+lb)./(2*k)-Temp./k; %透镜成像反向学习
        case 6
            %% Levy 飞行
            Temp = Temp.*(1+Levy(dim));%Levy 飞行改进
        otherwise
            disp(["wrong Methodflag!!"])
    end
    %位置边界检查及约束
    Temp= BoundaryCheck(Temp,ub,lb,dim);
    fitTemp = fobj(Temp);
    %贪婪策略
```

```
        if fitTemp<gBestFitness
            fitness(Index) = fitTemp;
            gBest = Temp;
            gBestFitness = fitTemp;
            Xnew(Index,:)=Temp;
            fitnessNew(Index)=fitTemp;
        end
    %% 记录当前迭代最优值和最优适应度值
    %记录最优解
    Best_Pos = gBest;
    %记录最优解的适应度值
    Best_fitness = gBestFitness;
    %记录当前迭代的最优解适应度值
    IterCurve(t) = gBestFitness;
    HistoryBest{t} = Best_Pos;
    %记录当前代粒子群的位置
    HistoryPosition{t} = X;

    end
end

%% Levy 飞行函数
function L=Levy(d)
beta=3/2;
sigma=(gamma(1+beta)*sin(pi*beta/2)/(gamma((1+beta)/2)*beta*2^((beta-
1)/2)))^(1/beta);
u=randn(1,d)*sigma;
v=randn(1,d);
step=u./abs(v).^(1/beta);
L=1*step;
end
```

基于随机变异改进的粒子群算法的 Python 代码：

```
import numpy as np
import copy
import math
'''粒子群初始化函数'''
# pop: 种群数量
# dim: 单个粒子的维度
# ub: 粒子上边界，维度为[1,dim]
# lb: 粒子下边界，维度为[1,dim]
# X: 输出种群，维度为[pop,dim]
def initialization(pop,ub,lb,dim):
    X = np.zeros([pop,dim])
    for i in range(pop):
        for j in range(dim):
            X[i,j] = (ub[j]-lb[j])*np.random.random()+lb[j]
    return X

''' 边界检查函数 '''
# dim: 数据维度
# x: 输入数据，维度为dim
# ub: 数据上边界，维度为dim
# lb: 数据下边界，维度为dim
def BoundaryCheck(x,ub,lb,dim):
    for i in range(dim):
```

```python
        if x[i]>ub[i]:
            x[i]=ub[i]
        if x[i]<lb[i]:
            x[i]=lb[i]
    return x

''' Levy 飞行'''


def Levy(d):
    beta = 3/2
    sigma = (math.gamma(1 + beta)*np.sin(math.pi*beta/2)) / \
        (math.gamma((1 + beta)/2)*beta*2**((beta-1)/2))**(1/beta)
    u = np.random.randn(1, d)*sigma
    v = np.random.randn(1, d)
    step = u/np.abs(v)**(1/beta)
    L = 1*step
    return L


''' 随机变异策略粒子群函数'''
## 输入:
#   pop: 种群数量
#   dim: 单个粒子的维度
#   ub: 粒子上边界信息，维度为[1,dim]
#   lb: 粒子下边界信息，维度为[1,dim]
#   fobj: 适应度函数接口
#   vmax: 速度的上边界信息，维度为[1,dim]
#   vmin: 速度的下边界信息，维度为[1,dim]
#   maxIter: 算法的最大迭代次数，用于控制算法的停止
#   Methodflag:用于控制选用哪种策略来改进粒子群算法[0-20]
## 输出:
#   Best_Pos: 粒子群找到的最优位置
#   Best_fitness: 最优位置对应的适应度值
#   IterCure: 用于记录每次迭代的最佳适应度，即后续用来绘制迭代曲线
def Ipso(pop,dim,ub,lb,fobj,vmax,vmin,maxIter,Methodflag):
    # 设置c1、c2 参数
    c1 = 2.0
    c2 = 2.0
    # 初始化种群位置
    X = initialization(pop,ub,lb,dim)
    # 初始化种群速度
    V = initialization(pop,vmax,vmin,dim)
    # 计算适应度值
    fitness = np.zeros(pop)
    XNew = copy.deepcopy(X)
    fitnessNew = np.zeros(pop)
    for i in range(pop):
        fitness[i] = fobj(X[i,:])
    # 将初始种群作为历史最优
    pBest = copy.deepcopy(X)
    pBestFitness = copy.deepcopy(fitness)
    # 记录初始全局最优解，默认优化最小值
    # 寻找适应度最小的位置
    index = np.argmin(fitness)
    # 记录适应度值和位置
    gBestFitness = fitness[index]
    gBest = copy.deepcopy(X[index,:])
```

```python
IterCurve = np.zeros(maxIter)
## 开始迭代 ##
for t in range(maxIter):
    # 对每个粒子进行更新
    for i in range(pop):
        # 速度更新
        r1 = np.random.random(dim)
        r2 = np.random.random(dim)
        V[i,:] = V[i,:] + c1*r1*(pBest[i,:]-X[i,:]) + c2*r2*(gBest-X[i,:])
        # 边界检查
        V[i,:] = BoundaryCheck(V[i,:],vmax,vmin,dim)
        # 位置更新
        X[i,:] = X[i,:] + V[i,:]
        # 边界检查
        X[i,:] = BoundaryCheck(X[i,:],ub,lb,dim)
        # 计算新位置适应度值
        fitness[i] = fobj(X[i,:])
        # 更新历史最优值
        if fitness[i]<pBestFitness[i]:
            pBest[i,:] = copy.copy(X[i,:])
            pBestFitness[i] = fitness[i]
        # 更新全局最优值
        if fitness[i]<gBestFitness:
            gBestFitness = fitness[i]
            gBest = copy.copy(X[i,:])

    Temp = np.zeros([1,dim])
    Temp[0,:]=gBest
    if (Methodflag == 0):
        Temp[0,:]=gBest      #原始粒子群算法, 无操作
    elif(Methodflag == 1):
        Temp[0,:]=Temp[0,:]*(1+np.random.randn())  #高斯变异
    elif(Methodflag == 2):
        rCauchy = np.tan((np.random.random() - 0.5)*np.pi)#柯西随机数
        Temp[0,:]=Temp[0,:]*(1+rCauchy)  #柯西变异
    elif(Methodflag == 3):
        rT = np.random.standard_t(t+1)#t 分布随机数
        Temp[0,:]=Temp[0,:]*(1+rT)  #t 分布变异
    elif(Methodflag == 4):
        #反向学习
        for j in range(dim):
            Temp[0,j] = ub[j]+lb[j]-Temp[0,j];
    elif(Methodflag == 5):
        k = 10000  #缩放因子
        #透镜反向学习
        for j in range(dim):
            Temp[0,j]=(ub[j]+lb[j])/2+(ub[j]+lb[j])/(2*k)-Temp[0,j]/k;
    elif(Methodflag == 6):
        Temp[0,:] = Temp[0,:]*(1+Levy(dim))  #Levy 飞行
    else:
        print("wrong Methodflag!!")

    # 边界检查
    Temp[0,:] = BoundaryCheck(Temp[0,:],ub,lb,dim)
    fTemp = fobj(Temp[0,:])
    #贪婪策略
```

```
        if fTemp<gBestFitness:
            gBestFitness=fTemp;
            gBest = copy.copy(Temp[0,:])
            X[index,:]=copy.copy(Temp[0,:])
            fitness[index]=fTemp
    ## 记录当前迭代最优值和最优适应度值
    # 记录最优解
    Best_Pos = gBest
    # 记录最优解适应度值
    Best_fitness = gBestFitness
    # 记录当前迭代的最优解适应度值
    IterCurve[t] = gBestFitness
    return Best_Pos,Best_fitness,IterCurve
```

6.7.3　寻优求解

本节以第 2 章的基准测试函数 F2 为例，同时运行不同的改进方法，并输出结果进行对比。

F2 函数的函数表达式如表 6.2 所示。

表 6.2　F2 函数信息

名称	函数表达式（function）	维度（dim）	变量范围值（range）	全局最优值（fmin）
F2	$f_2(x) = \sum_{i=1}^{n}\|x_i\| + \prod_{i=1}^{n}\|x_i\|$	30	$[-10,10]$	0

设定粒子群函数种群数量为 30，迭代次数为 500，变量维度为 30，变量范围为 $[-100,100]$，速度范围为 $[-2,2]$。

基于随机策略改进的粒子群算法寻优求解对比案例 MATLAB 代码：

```
%% 粒子群算法求解基准测试函数集 F2
clc;clear all;close all;
%粒子群参数设定
pop = 30;                        %种群数量
dim = 30;                        %变量维度
ub = ones(1,30).*100;            %粒子上边界信息
lb =  ones(1,30).*-100;          %粒子下边界信息
vmax =  ones(1,30).*2;           %粒子的速度上边界
vmin = ones(1,30).*-2;           %粒子的速度下边界
maxIter = 500;                   %最大迭代次数
fobj = @(x) fun(x);              %设置适应度函数为 fun(x);
%粒子群求解问题
%0: 基础粒子群算法
[Best_Pos,Best_fitness,IterCurve,~,~]=Ipso(pop,dim,ub,lb,fobj,vmax,vmin,
maxIter,0);
%1: 高斯变异改进粒子群算法
[Best_Pos1,Best_fitness1,IterCurve1,~,~]=Ipso(pop,dim,ub,lb,fobj,vmax,
vmin,maxIter,1);
%2: 柯西变异改进粒子群算法
[Best_Pos2,Best_fitness2,IterCurve2,~,~]=Ipso(pop,dim,ub,lb,fobj,vmax,
vmin,maxIter,2);
%3: t 分布改进粒子群算法
[Best_Pos3,Best_fitness3,IterCurve3,~,~]=Ipso(pop,dim,ub,lb,fobj,vmax,
```

```
vmin,maxIter,3);
%4：反向学习改进粒子群算法
[Best_Pos4,Best_fitness4,IterCurve4,~,~]=Ipso(pop,dim,ub,lb,fobj,vmax,
vmin,maxIter,4);
%5：透镜反向学习粒子群算法
[Best_Pos5,Best_fitness5,IterCurve5,~,~]=Ipso(pop,dim,ub,lb,fobj,vmax,
vmin,maxIter,5);
%6：Levy 飞行改进粒子群算法
[Best_Pos6,Best_fitness6,IterCurve6,~,~]=Ipso(pop,dim,ub,lb,fobj,vmax,
vmin,maxIter,6);

%绘制迭代曲线
figure
semilogy(IterCurve,'linewidth',1.5);
hold on
semilogy(IterCurve1,'linewidth',1.5);
semilogy(IterCurve2,'linewidth',1.5);
semilogy(IterCurve3,'linewidth',1.5);
semilogy(IterCurve4,'linewidth',1.5);
semilogy(IterCurve5,'linewidth',1.5);
semilogy(IterCurve6,'linewidth',1.5);
grid on;%网格开
title('改进粒子群迭代曲线')
xlabel('迭代次数')
ylabel('适应度值')
legend('粒子群','高斯变异粒子群','柯西变异粒子群','t 分布改进粒子群','反向学习改进
粒子群','透镜反向学习粒子群','Levy 飞行改进粒子群')
disp(['基础粒子群算法最优位置：']); disp(Best_Pos); disp(['最优解对应的适应度值：
',num2str(Best_fitness)]);
disp(['高斯变异改进粒子群算法：']); disp(Best_Pos1); disp(['最优解对应的适应度
值：',num2str(Best_fitness1)]);
disp(['柯西变异改进粒子群算法：']); disp(Best_Pos2); disp(['最优解对应的适应度
值：',num2str(Best_fitness2)]);
disp(['t 分布改进粒子群算法：']); disp(Best_Pos3); disp(['最优解对应的适应度值：
',num2str(Best_fitness3)]);
disp(['反向学习改进粒子群算法：']); disp(Best_Pos4); disp(['最优解对应的适应度
值：',num2str(Best_fitness4)]);
disp(['透镜反向学习粒子群算法：']); disp(Best_Pos5); disp(['最优解对应的适应度
值：',num2str(Best_fitness5)]);
disp(['Levy 飞行改进粒子群算法：']); disp(Best_Pos6); disp(['最优解对应的适应度
值：',num2str(Best_fitness6)]);
```

运行结果如下，如图 6.7 所示。

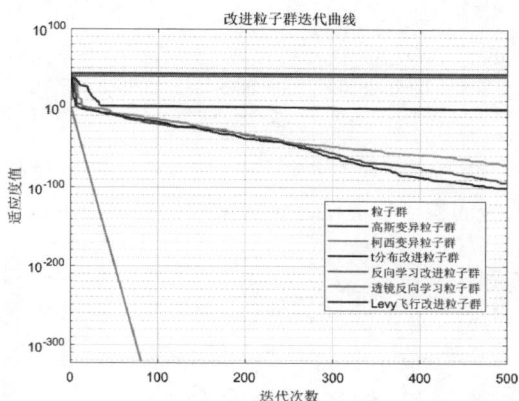

图 6.7　迭代曲线（MATLAB）

基础粒子群算法最优位置：

-49.6121	-34.2861	-76.8478	-62.8817	96.6784	13.8457	29.3100
-12.0572	-3.3413	-97.5697	70.7096	8.4422	37.7599	-86.3278
17.0192	-90.5153	82.8453	0.1841	39.4765	-61.2800	-29.3969
-36.9780	-91.9987	33.1052	-30.9515	75.8542	39.3395	-94.7829
-22.4698	0.1391					

最优解对应的适应度值：1.269782944633581e+43

高斯变异改进粒子群算法：

-0.0222	-0.0317	-0.0099	0.0343	-0.0490	-0.0986	-0.0638
-0.0306	0.1029	0.0289	0.0417	-0.1833	-0.2027	-0.1266
-0.0031	-0.0703	-0.0360	0.0088	0.0186	-0.0175	-0.1265
-0.1077	0.0740	-0.0238	0.1110	-0.1178	0.1645	0.1202
0.0186	-0.0388					

最优解对应的适应度值：2.0833e-94

柯西变异改进粒子群算法：

1.0e-73	0.1134	-0.0744	-0.0021	0.2914	0.2501	-0.3108
0.2280	0.2594	0.6272	0.1860	0.3045	0.1700	-0.4522	0.2939
0.1463	0.1302	-0.0088	0.3869	-0.0841	-0.2009	-0.4153
-0.0526	-0.3289	0.6339	0.5006	0.4294	0.5427	-0.1030	-0.0018
0.3224						

最优解对应的适应度值：7.8511e-73

t 分布改进粒子群算法：

0.2313	-0.3053	0.3236	0.1033	-0.3010	-0.1328	-0.3067
-0.1975	0.3251	-0.0545	-0.1127	0.1949	-0.3567	0.3478
-0.0008	-0.0109	0.0068	0.0160	-0.4200	0.0118	0.4324
0.1521	-0.2244	-0.3206	-0.0090	0.0681	-0.1510	0.3504
-0.2753	0.1875					

最优解对应的适应度值：5.9301e-101

反向学习改进粒子群算法：

-88.1252	-6.5719	-11.5201	-89.2636	27.3524	-1.5880	21.9682
16.4052	77.0617	-51.4463	-55.0885	-46.8445	-25.3539	-6.7350
-73.0704	4.7718	-91.3393	97.6292	-95.8255	-48.0180	2.3324
93.5087	3.0761	-99.0230	2.2391	-3.2446	89.8079	0.2239
48.6729	58.6124					

最优解对应的适应度值：6.451837871999091e+39

透镜反向学习粒子群算法：

0	0	0	0	0	0	0	0	0	0	0	0
0	0	0	0	0	0	0	0	0	0	0	0
0	0	0									

最优解对应的适应度值：0

Levy 飞行改进粒子群算法：

0.0043	0.0000	0.0029	0.0005	0.0013	0.0000	0.0009
0.0001	-0.0000	0.0002	0.0009	0.0000	0.0015	0.0051
-0.0001	-0.0016	-0.0000	-0.0022	-0.0006	-0.0044	-0.0000
0.0006	0.0010	-0.0038	-0.0109	0.0024	-0.0023	0.0000
0.0030	-0.0041					

最优解对应的适应度值：0.054871

基于随机策略改进的粒子群算法寻优求解对比案例 Python 代码：

```python
import numpy as np
import Ipso as Ipso
from matplotlib import pyplot as plt

'''适应度函数'''
def fun(x):
    fitness = np.sum(np.abs(x))+np.prod(np.abs(x))
    return fitness
```

```python
'''随机变异粒子群算法求解基准测试函数集F2'''
# 粒子群参数设定
pop = 30                    #种群数量
dim = 30                    #变量维度
ub = np.ones(pop)*10        #粒子上边界信息
lb = np.ones(pop)*-10       #粒子下边界信息
fobj = fun                  #适应度函数
vmax = np.ones(pop)*2       #粒子的速度上边界
vmin = np.ones(pop)*-2      #粒子的速度下边界
maxIter = 100               #最大迭代次数
# 粒子群求解问题
#0：基础粒子群算法
Best_Pos,Best_fitness,IterCurve=Ipso.Ipso(pop,dim,ub,lb,fobj,vmax,vmin,
maxIter,0)
#1：高斯变异改进粒子群算法
Best_Pos1,Best_fitness1,IterCurve1=Ipso.Ipso(pop,dim,ub,lb,fobj,vmax,
vmin,maxIter,1)
#2：柯西变异改进粒子群算法
Best_Pos2,Best_fitness2,IterCurve2=Ipso.Ipso(pop,dim,ub,lb,fobj,vmax,
vmin,maxIter,2)
#3：t分布变异改进粒子群算法
Best_Pos3,Best_fitness3,IterCurve3=Ipso.Ipso(pop,dim,ub,lb,fobj,vmax,
vmin,maxIter,3)
#4：反向学习改进粒子群算法
Best_Pos4,Best_fitness4,IterCurve4=Ipso.Ipso(pop,dim,ub,lb,fobj,vmax,
vmin,maxIter,4)
#5：透镜反向学习改进粒子群算法
Best_Pos5,Best_fitness5,IterCurve5=Ipso.Ipso(pop,dim,ub,lb,fobj,vmax,
vmin,maxIter,5)
#6：Levy飞行改进粒子群算法
Best_Pos6,Best_fitness6,IterCurve6=Ipso.Ipso(pop,dim,ub,lb,fobj,vmax,
vmin,maxIter,6)

# 绘制迭代曲线
plt.figure(1)
plt.semilogy(IterCurve, linewidth=2, linestyle='-')
plt.semilogy(IterCurve1, linewidth=2, linestyle='-')
plt.semilogy(IterCurve2, linewidth=2, linestyle='-')
plt.semilogy(IterCurve3, linewidth=2, linestyle='-')
plt.semilogy(IterCurve4, linewidth=2, linestyle='-')
plt.semilogy(IterCurve5, linewidth=2, linestyle='-')
plt.semilogy(IterCurve6, linewidth=2, linestyle='-')
plt.xlabel('Iteration', fontsize='medium')
plt.ylabel("Fitness", fontsize='medium')
plt.grid()
plt.title('IPSO Iterative curve', fontsize='large')
plt.legend(['PSO','G-PSO','K-PSO','T-PSO','B-PSO','TB-PSO','Levy-PSO'])
plt.show()

print("基础粒子群算法最优位置\n")
print(Best_Pos)
print("最优解对应的适应度值:\n")
print(Best_fitness)
print("高斯变异改进粒子群算法：\n")
print(Best_Pos1)
print("最优解对应的适应度值:\n")
print(Best_fitness1)
print("柯西变异改进粒子群算法：\n")
print(Best_Pos2)
```

```
print("最优解对应的适应度值:\n")
print(Best_fitness2)
print("t 分布变异改进粒子群算法：：\n")
print(Best_Pos3)
print("最优解对应的适应度值:\n")
print(Best_fitness3)
print("反向学习改进粒子群算法：\n")
print(Best_Pos4)
print("最优解对应的适应度值:\n")
print(Best_fitness4)
print("透镜反向学习改进粒子群算法：\n")
print(Best_Pos5)
print("最优解对应的适应度值:\n")
print(Best_fitness5)
print("Levy 飞行改进粒子群算法：\n")
print(Best_Pos6)
print("最优解对应的适应度值:\n")
print(Best_fitness6)
```

运行结果如下，如图 6.8 所示。

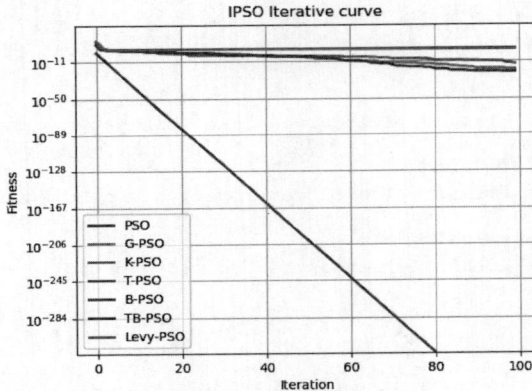

图 6.8 迭代曲线（Python）

```
基础粒子群算法最优位置
[ 0.0671151   1.03774278 -0.12647741  0.52101435  0.61584392  2.14424738
  0.37100836  0.65457159  0.51852033  0.19203238 -0.17527802 -0.09377841
 -0.48986345  1.16503633 -0.3655589   0.02996546  0.52725891 -0.39966801
  0.84610296  0.20572453  1.02687463  0.65522774 -0.47659243 -0.50374134
  0.18465502 -0.27350935 -1.08497727  2.02908362  0.15746175 -0.59143307]
最优解对应的适应度值:

17.530364797297434
高斯变异改进粒子群算法：

[-3.04010757e-22 -1.16468975e-23  1.13394067e-23 -3.63707650e-22
 -2.84358083e-22  2.84671741e-24  9.01844105e-23  3.13093782e-22
 -2.47862068e-22  8.78712443e-22 -3.34027514e-22  1.18613477e-23
  2.34079445e-22 -3.07471079e-22 -1.82280796e-22 -4.57002302e-22
  6.84589427e-22  1.23382613e-22  4.74355243e-22 -9.64471219e-24
  9.68090818e-23 -3.03928462e-22 -4.11660925e-23  1.76842086e-22
 -1.12019162e-22 -4.34395290e-22  2.69770103e-22 -2.92503891e-22
  6.37491738e-22  2.61017886e-23]
最优解对应的适应度值:
```

7.717484389352332e-21
柯西变异改进粒子群算法:

```
[ 2.79120848e-18  2.07967742e-18 -5.59408293e-17  8.65391728e-17
 -1.35819441e-16  6.62894519e-17  3.75407452e-17 -1.48579796e-17
 -1.14635351e-17 -2.14616534e-17 -5.50876916e-17 -1.09709431e-16
  1.35775477e-16  1.62919982e-16  2.26613341e-16  1.21094749e-16
 -9.74389193e-17  7.86660073e-18  1.82188539e-16  8.48366361e-17
 -1.28849924e-16  2.35991909e-17 -8.11016077e-17 -1.95603147e-16
 -3.00187330e-16 -2.33485159e-17  1.13718938e-17  1.49401002e-16
 -2.80302506e-17 -2.11490966e-17]
```
最优解对应的适应度值:

2.580957018979803e-15
t 分布变异改进粒子群算法:

```
[ 3.50605500e-25 -1.43014160e-24 -1.60201528e-25  5.27840955e-26
 -2.23618022e-25 -6.49216770e-25  9.42924542e-26  1.88959787e-24
 -7.16685934e-25  3.73706415e-25  4.35591308e-25 -7.47231498e-25
 -2.30758969e-26 -1.34654838e-25 -5.56043123e-25 -3.69428348e-26
  6.43552079e-25 -1.21794066e-24 -1.11533316e-25  2.87038467e-26
 -8.10210558e-27  1.48405937e-24  2.71657539e-25 -6.91416532e-25
  1.33223026e-24  1.27744696e-24 -6.45209034e-25 -9.58986342e-25
  6.77874470e-25 -3.94265103e-25]
```
最优解对应的适应度值:

1.7617367288556054e-23
反向学习改进粒子群算法:

```
[-0.1050963   0.12651284 -0.37621748 -0.40037467 -0.07677859 -0.47898638
 -0.44904585  0.08611035 -2.23537636 -2.03544782  0.39756917  2.19439213
 -0.10379842  0.88023741  0.11894957 -1.16609929  0.08940734 -0.474978
 -1.18488264 -3.12822497 -0.15663372  1.67890917  0.0202497  -0.27162042
  0.45252714  1.39953644 -0.19570174  0.1154547   0.39634205  0.71790252]
```
最优解对应的适应度值:

21.513363160047394
透镜反向学习改进粒子群算法:

```
[0. 0. 0. 0. 0. 0. 0. 0. 0. 0. 0. 0. 0. 0. 0. 0. 0. 0. 0. 0. 0. 0. 0. 0. 0.
 0. 0. 0. 0. 0.]
```
最优解对应的适应度值:

0.0
Levy 飞行改进粒子群算法:

```
[-1.10579488e-01  1.55867673e-02  4.86916896e-02 -2.51002716e-02
  1.24035622e-05 -4.69982996e-02 -2.99344943e-01  4.57890811e-01
 -4.37123775e-01  1.15268262e-04  4.63821281e-03  2.09241959e-03
 -4.52409253e-02  2.49370682e-04  2.70493658e-01 -3.20598458e-03
  4.50091773e-03  1.52859667e-01  3.42420406e-01  4.47062578e-01
  2.26891831e-02  2.17422065e-05  3.83258053e-02  9.89768207e-02
  6.04644610e-02 -1.14772979e-01 -1.01932989e-01  9.21944877e-02
 -2.35906859e-03  8.22631009e-04]
```
最优解对应的适应度值:

3.2467680241349814

第 7 章　多策略改进的粒子群算法

本章主要介绍多种其他策略改进的粒子群算法的原理及其实现，这些粒子群算法是由一些学者提出的。

7.1　曲线递增策略的自适应粒子群算法

群智能算法以其动态寻优能力强、实现途径简单等特点不断成为进化算法领域的研究热点。控参的选择对算法寻优性能有着极大影响，首先从数学推导角度对粒子群参数进行深入研究，接着提出一种契合粒子本身进化公式的且具有反向思维的曲线递增策略的改进算法[1]。最后验证该算法具备以下两点突出优势：（1）有效避免早熟问题，在处理维度灾难问题上，寻优性能更强，且具备良好的平衡全局与局部寻优性能；（2）算法控参简单，可有效解决鲁棒性低且烦琐的人工调参问题。

7.1.1　曲线递增策略

曲线递增（curves increasing）是本文提出的一种基于指数函数图像的控参策略。给定惯性权值，曲线递增公式如下。

$$w_1 = w_{max} - \frac{w_{max}}{T_{max}} \cdot t_{(time)} \tag{7.1}$$

$$w = e^{-w_1} \tag{7.2}$$

其中，w_{max} 为设定的较大惯性权值 $(w_{max} \geqslant 1)$，$t_{(time)}$ 为当前迭代的次数，最大迭代次数为 T_{max} 随着迭代次数增加，w_1 逐渐减少，w 逐渐增大。运用上述自适应权值变化公式，粒子在前期因权值较小，具备精细搜索能力，结合图 7.1 可知，在算法迭代前期，w_1 值在较大范围内的缩减趋势极其缓慢，保证了粒子局部搜索的充分性，后期变化趋势逐渐增大，对若干局部解造成一定的扰动效果，保证了对全局搜索的能力。w_{max} 值后期的趋势变化的目的不再是常规意义上的确保加快收敛，变动趋势实际上是相对陡峭、绝对平滑。

我们在学习因子时，提出一种改进的二阶振荡法，即引入双种群配合提出的曲线递增策略，提高群体的多样性，从而进一步改善算法的

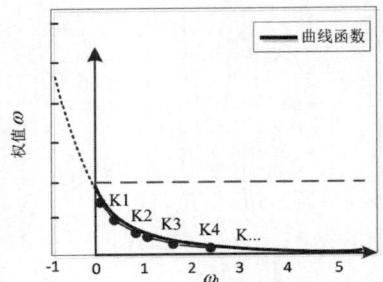

图 7.1　曲线递增策略函数图

全局搜索能力。改进后的公式如下。

$$v_{ij}(t) = \mathrm{e}^{-\left(w_{\max} - \frac{w_{\max}}{T_{\max}} * t\right)} * v_{ij}(t) + \phi_1 * \left[\mathrm{pbest}_{ij}(t) - (1 + \mu_1) x_{ij}(t) + \mu_1 x_{ij}^*(t)\right] + \qquad (7.3)$$
$$\phi_2 * \left[\mathrm{gbest}(t) - (1 + \mu_2) x_{ij}(t) + \mu_2 x_{ij}^*(t)\right]$$

$$x_{ij}^*(t) = x_{ij}(t) \qquad (7.4)$$

$$x_{ij}(t) = x_{ij}(t) + v_{ij}(t) \qquad (7.5)$$

其中，x_{ij}^* 为新种群，$\mathrm{pbest}_{ij}(t)$ 是个体历史最优位置，$\mathrm{gbest}(t)$ 是全局最优位置，t 为当前迭代次数。

二阶振荡因子的公式为

$$\mu_1 = \begin{cases} \left(2\sqrt{c_1 * \mathrm{rand}()} - 1\right) * \mathrm{rand}() / c_1 * \mathrm{rand}() & w < \dfrac{2}{3} w_{\max} \\ \left(2\sqrt{c_1 * \mathrm{rand}()} - 1\right) * (1 + \mathrm{rand}()) / c_1 * \mathrm{rand}() & w \geqslant \dfrac{2}{3} w_{\max} \end{cases} \qquad (7.6)$$

其中，c_1、c_2 是人为设定的学习因子，$\mathrm{rand}()$ 为 $0\sim 1$ 的随机数。

改进粒子群算法的流程如下。

（1）初始化粒子群参数 c_1、c_2，设置位置边界范围、速度边界范围，初始化粒子群种群，初始化粒子群速度。

（2）根据适应度函数计算适应值，记录历史最优值 pbest，全局最优值 gbest。

（3）利用速度更新公式（7.3）更新粒子群速度，并对越界的速度进行约束。

（4）利用位置更新公式（7.4）、（7.5）更新粒子群位置，并对越界的位置进行约束。

（5）根据适应度函数计算适应度值。

（6）对每个粒子，将它的适应度值与它的历史最优的适应度值进行比较，如果更好，则将它的适应度值作为历史最优值 pbest。

（7）对每个粒子，比较它的适应度值和群体所经历的最好位置的适应度值，如果更好，则将它的适应度值作为群最优值 gbest。

（8）判断是否达到结束条件（达到最大迭代次数），如果达到约束条件，则输出最优结果，否则重复（3）～（8）。

7.1.2　代码实现

曲线递增策略的自适应粒子群算法的 MATLAB 代码如下。

```
%%---------------曲线递增策略的自适应粒子群算法---------------%%
%% 输入：
%   pop：种群数量
%   dim：单个粒子的维度
%   ub：粒子上边界信息，维度为[1,dim]
%   lb：粒子下边界信息，维度为[1,dim]
%   fobj：适应度函数接口
```

```matlab
%    vmax：速度的上边界信息，维度为[1,dim]
%    vmin：速度的下边界信息，维度为[1,dim]
%    maxIter：算法的最大迭代次数，用于控制算法的停止
%% 输出：
%    Best_Pos：粒子群找到的最优位置
%    Best_fitness：最优位置对应的适应度值
%    IterCure：用于记录每次迭代的最佳适应度，即后续用来绘制迭代曲线
%    HistoryPosition：用于记录每代粒子群的位置
%    HistoryBest：用于记录每代粒子群的最佳位置
function [Best_Pos,Best_fitness,IterCurve,HistoryPosition,HistoryBest] =
CIPSO(pop,dim,ub,lb,fobj,vmax,vmin,maxIter)
    %% 设置c1、c2参数
    c1 = 2.0;
    c2 = 2.0;
    wmax = 2; %惯性因子最大值
    %% 初始化种群速度
    V = initialization(pop,vmax,vmin,dim);
    %% 初始化种群位置
    X = initialization(pop,ub,lb,dim);

    Xold = X; %记录历史位置
    %% 计算适应度值
    fitness = zeros(1,pop);
    for i = 1:pop
        fitness(i) = fobj(X(i,:));
    end
    %% 将初始种群作为历史最优
    pBest = X;
    pBestFitness = fitness;
    %% 记录初始全局最优解，默认优化最小值
    %寻找适应度最小的位置
    [~,index] = min(fitness);
    %记录适应度值和位置
    gBestFitness = fitness(index);
    gBest = X(index,:);

    Xnew = X; %新位置
    fitnessNew = fitness;%新位置适应度值

    IterCurve = zeros(1,maxIter);
     Index = index;
    %% 开始迭代
    for t = 1:maxIter
        % 改进点：曲线递增策略
        w1 = wmax-(wmax*maxIter)/maxIter;
        w = exp(-w1);
        %对每个粒子进行更新
        for i = 1:pop
            if w<2*wmax/3
                u1 = (2*(c1*rand)^0.5 - 1)*rand()/(c1*rand());
                u2 = (2*(c2*rand)^0.5 - 1)*rand()/(c2*rand());
            else
                u1 = (2*(c1*rand)^0.5 - 1)*(1+rand())/(c1*rand());
                u2 = (2*(c2*rand)^0.5 - 1)*(1+rand())/(c2*rand());
            end
            %速度更新
            r1 = rand(1,dim);
```

```
        r2 = rand(1,dim);
        %位置更新公式改进
        V(i,:)=w.*V(i,:)+c1.*r1.*(pBest(i,:)-(1+u1).*X(i,:)+u1.*Xold
(i,:))+c2.*r2.*(gBest-(1+u2).*X(i,:)+u2.*Xold(i,:));
        %速度边界检查及约束
        V(i,:) = BoundaryCheck(V(i,:),vmax,vmin,dim);
        Xold(i,:)=X(i,:);
        %位置更新
        Xnew(i,:) = X(i,:) + V(i,:);
        %位置边界检查及约束
        Xnew(i,:) = BoundaryCheck(Xnew(i,:),ub,lb,dim);
        %计算新位置适应度值
        fitnessNew(i) = fobj(Xnew(i,:));
        %更新历史最优值
        if fitnessNew(i) < pBestFitness(i)
            pBest(i,:) = Xnew(i,:);
            pBestFitness(i) = fitnessNew(i);
        end
        %更新全局最优值
        if fitnessNew(i)<gBestFitness
            gBestFitness = fitnessNew(i);
            gBest = Xnew(i,:);
            Index = i; %记录最优位置索引
        end
    end
    X = Xnew;
    fitness = fitnessNew;
    %% 记录当前迭代最优值和最优适应度值
    %记录最优解
    Best_Pos = gBest;
    %记录最优解的适应度值
    Best_fitness = gBestFitness;
    %记录当前迭代的最优解适应度值
    IterCurve(t) = gBestFitness;
    HistoryBest{t} = Best_Pos;
    %记录当前代粒子群的位置
    HistoryPosition{t} = X;

    end
end
```

曲线递增策略的自适应粒子群算法的 Python 代码如下。

```
import numpy as np
import copy
import math
'''粒子群初始化函数'''
# pop: 种群数量
# dim: 单个粒子的维度
# ub: 粒子上边界，维度为[1,dim]
# lb: 粒子下边界，维度为[1,dim]
# X: 输出种群，维度为[pop,dim]
def initialization(pop,ub,lb,dim):
    X = np.zeros([pop,dim])
    for i in range(pop):
        for j in range(dim):
            X[i,j] = (ub[j]-lb[j])*np.random.random()+lb[j]
```

```
    return X

''' 边界检查函数 '''
# dim: 数据维度
# x: 输入数据，维度为 dim
# ub: 数据上边界，维度为 dim
# lb: 数据下边界，维度为 dim
def BoundaryCheck(x,ub,lb,dim):
    for i in range(dim):
        if x[i]>ub[i]:
            x[i]=ub[i]
        if x[i]<lb[i]:
            x[i]=lb[i]
    return x
''' 曲线递增策略的自适应粒子群算法'''
## 输入：
#    pop: 种群数量
#    dim: 单个粒子的维度
#    ub: 粒子上边界信息，维度为[1,dim]
#    lb: 粒子下边界信息，维度为[1,dim]
#    fobj: 适应度函数接口
#    vmax: 速度的上边界信息，维度为[1,dim]
#    vmin: 速度的下边界信息，维度为[1,dim]
#    maxIter: 算法的最大迭代次数，用于控制算法的停止
## 输出：
#    Best_Pos: 粒子群找到的最优位置
#    Best_fitness: 最优位置对应的适应度值
#    IterCure: 用于记录每次迭代的最佳适应度，即后续用来绘制迭代曲线
def CIPSO(pop,dim,ub,lb,fobj,vmax,vmin,maxIter):
    # 设置c1、c2参数
    c1 = 2.0
    c2 = 2.0
    wmax = 2 #最大惯性因子
    # 初始化种群位置
    X = initialization(pop,ub,lb,dim)
    # 初始化种群速度
    V = initialization(pop,vmax,vmin,dim)
    # 计算适应度值
    fitness = np.zeros(pop)
    XNew = copy.deepcopy(X)
    fitnessNew = np.zeros(pop)
    for i in range(pop):
        fitness[i] = fobj(X[i,:])
    # 将初始种群作为历史最优
    pBest = copy.deepcopy(X)
    pBestFitness = copy.deepcopy(fitness)
    # 记录初始全局最优解，默认优化最小值
    # 寻找适应度最小的位置
    index = np.argmin(fitness)
    # 记录适应度值和位置
    gBestFitness = fitness[index]
    gBest = copy.deepcopy(X[index,:])
    IterCurve = np.zeros(maxIter)
    Xold = copy.copy(X)
    ## 开始迭代 ##
    for t in range(maxIter):
        #改进点：曲线递增策略
```

```
        w1=wmax-(wmax*t)/maxIter
        w=np.exp(-w1)
        # 对每个粒子进行更新
        for i in range(pop):
            if w<2*wmax/3:
                u1=(2*(c1*np.random.random())**0.5-1)*np.random.random()/
(c1*np.random.random())
                u2=(2*(c2*np.random.random())**0.5-1)*np.random.random()/
(c2*np.random.random())
            else:
                u1=(2*(c1*np.random.random())**0.5 - 1)*(np.random.random()
+1)/(c1*np.random.random())
                u2=(2*(c2*np.random.random())**0.5 - 1)*(np.random.random()
+1)/(c2*np.random.random())
            # 速度更新
            r1 = np.random.random(dim)
            r2 = np.random.random(dim)
            V[i,:]=w*V[i,:]+c1*r1*(pBest[i,:]-(1+u1)*X[i,:]+u1*Xold[i,:])
+ c2*r2*(gBest-(1+u2)*X[i,:]+u2*Xold[i,:])
            # 边界检查
            V[i,:] = BoundaryCheck(V[i,:],vmax,vmin,dim)
            # 位置更新
            Xold[i,:]=copy.copy(X[i,:])
            X[i,:] = X[i,:] + V[i,:]
            # 边界检查
            X[i,:] = BoundaryCheck(X[i,:],ub,lb,dim)
            # 计算新位置适应度值
            fitness[i] = fobj(X[i,:])
            # 更新历史最优值
            if fitness[i]<pBestFitness[i]:
                pBest[i,:] = copy.copy(X[i,:])
                pBestFitness[i] = fitness[i]
            # 更新全局最优值
            if fitness[i]<gBestFitness:
                gBestFitness = fitness[i]
                gBest = copy.copy(X[i,:])

    ## 记录当前迭代最优值和最优适应度值
    # 记录最优解
    Best_Pos = gBest
    # 记录最优解适应度值
    Best_fitness = gBestFitness
    # 记录当前迭代的最优解适应度值
    IterCurve[t] = gBestFitness
  return Best_Pos,Best_fitness,IterCurve
```

7.1.3　寻优求解对比

本节以第 2 章的基准测试函数 F2 为例，同时运行改进方法与基础粒子群算法，并输出结果进行对比。

F2 函数的函数表达式如表 7.1 所示。

表 7.1　F2 函数的函数表达式

名称	函数表达式（function）	维度（dim）	变量范围值（range）	全局最优值（fmin）
F2	$f_2(x) = \sum\limits_{i=1}^{n}|x_i| + \prod\limits_{i=1}^{n}|x_i|$	30	$[-10,10]$	0

设定粒子群函数种群数量为 30，迭代次数为 500，变量维度为 30，变量范围为 $[-100,100]$，速度范围为 $[-2,2]$。

基于曲线递增策略的自适应粒子群算法寻优求解对比案例 MATLAB 代码：

```matlab
%% 粒子群算法求解 F2 的最小值
clc;clear all;close all;
%粒子群参数设定
pop = 30;                        %种群数量
dim = 30;                        %变量维度
ub = ones(1,30).*100;           %粒子上边界信息
lb =  ones(1,30).*-100;         %粒子下边界信息
vmax =  ones(1,30).*2;          %粒子的速度上边界
vmin = ones(1,30).*-2;          %粒子的速度下边界
maxIter = 500;                   %最大迭代次数
fobj = @(x) fun(x);              %设置适应度函数为 fun(x);
%粒子群求解问题
[Best_Pos,Best_fitness,IterCurve,HistoryPosition,HistoryBest] = pso(pop,
dim,ub,lb,fobj,vmax,vmin,maxIter);
[Best_Pos1,Best_fitness1,IterCurve1,HistoryPosition1,HistoryBest1] = CIPSO
(pop,dim,ub,lb,fobj,vmax,vmin,maxIter);
%绘制迭代曲线
figure
semilogy(IterCurve,'b-','linewidth',1.5);
hold on
semilogy(IterCurve1,'r-','linewidth',1.5);
grid on;%网格开
title('粒子群迭代曲线')
xlabel('迭代次数')
ylabel('适应度值')
disp(['基础粒子群算法结果：'])
disp(['求解得到的 x 为']);
disp(Best_Pos)
disp(['最优解对应的函数值为：',num2str(Best_fitness)]);
disp(['曲线递增策略的自适应粒子群算法：'])
disp(['求解得到的 x 为']);
disp(Best_Pos1)
disp(['最优解对应的函数值为：',num2str(Best_fitness1)]);
legend('PSO','CIPSO');
```

运行结果如图 7.2 所示。

```
基础粒子群算法结果：
求解得到的 x 为
     8.0418      -0.8070       8.5641        0.0119       3.4764      -0.6132      -6.1087
   -0.0192      -0.0058       4.7305       -2.3259      -2.8742      -0.9104       1.8970
   -0.1354      19.2446      -1.6166      -17.2302     -16.2814       0.4348     -13.5953
   14.4660       3.7957       7.4355       -9.7343       0.7396     -28.3019      -9.0606
    0.1644      -0.1328
最优解对应的函数值为：6001260.1546
```

曲线递增策略的自适应粒子群算法:
求解得到的 x 为

0.2678	−9.3961	−16.5537	9.9704	11.5871	−8.2210	0.2616
−0.0055	−21.5964	−1.2961	−9.2579	−5.7132	0.2347	−3.0369
0.7179	−19.6106	0.0002	−0.0231	−0.6472	−10.3900	0.0730
−0.3422	−0.3411	−1.8448	−0.6794	−24.3070	0.1839	−2.1525
7.4411	0.2454					

最优解对应的函数值为: 171.6867

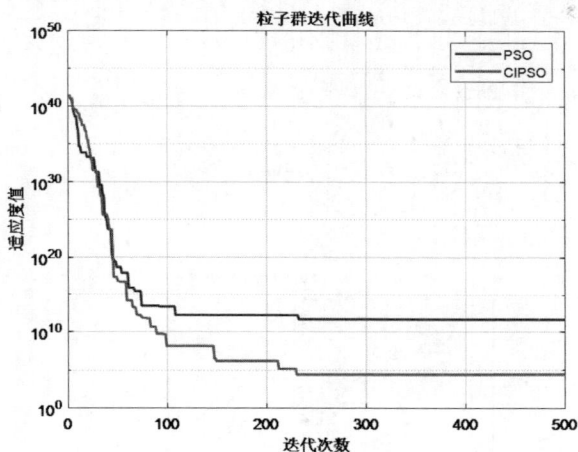

图 7.2　迭代曲线对比图（MATLAB）

基于曲线递增策略的自适应粒子群算法寻优求解对比案例 Python 代码:

```python
import numpy as np
import pso as pso
import CIPSO as CIPSO
from matplotlib import pyplot as plt

'''适应度函数'''
def fun(x):
    fitness = np.sum(np.abs(x))+np.prod(np.abs(x))
    return fitness

''' 粒子群算法求解 F2 的最小值'''
# 粒子群参数设定
pop = 30                    #种群数量
dim = 30                    #变量维度
ub = np.ones(dim)*100       #粒子上边界信息
lb = np.ones(dim)*-100      #粒子下边界信息
fobj = fun                  #适应度函数
vmax = np.ones(dim)*2       #粒子的速度上边界
vmin = np.ones(dim)*-2      #粒子的速度下边界
maxIter = 100               #最大迭代次数
# 求解
Best_Pos,Best_fitness,IterCurve = pso.pso(pop,dim,ub,lb,fobj,vmax,vmin,
maxIter)
Best_Pos1,Best_fitness1,IterCurve1=CIPSO.CIPSO(pop,dim,ub,lb,fobj,vmax,
vmin,maxIter)

'''打印结果'''
print('基础粒子群算法结果:')
```

```
print('最优解的适应度值:', Best_fitness)
print('最优值:', Best_Pos)

print('曲线递增策略的自适应粒子群算法结果:')
print('最优解的适应度值:', Best_fitness1)
print('最优值:', Best_Pos1)

# 绘制适应度曲线
plt.figure(1)
plt.semilogy(IterCurve, linewidth=2, linestyle='-')
plt.semilogy(IterCurve1, linewidth=2, linestyle='-')
plt.xlabel('Iteration', fontsize='medium')
plt.ylabel("Fitness", fontsize='medium')
plt.grid()
plt.title('Iterative curve', fontsize='large')
plt.legend(['PSO','CIPSO'], loc='upper right')
plt.show()
```

运行结果如图 7.3 所示。

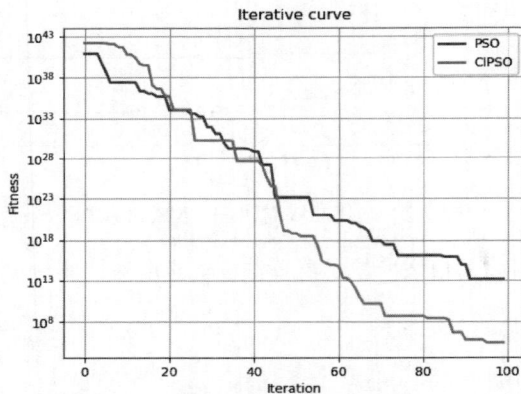

图 7.3　迭代曲线对比图（Python）

```
基础粒子群算法结果:
最优解的适应度值: 15691161144901.592
最优值: [ 2.39951096e+01 -6.85754443e-01 -3.53291638e+01 -2.19952677e+00
 -1.25583275e+00 -1.24900317e+01 -1.15298940e-02  1.75486018e+01
 -3.04638825e+01 -3.02332983e+01  3.72572201e+01  3.73882881e-01
 -1.75737040e+01 -7.16861137e+00 -3.85929710e+01  1.11047973e+01
  1.66599003e-02 -1.70574639e+01 -3.83711367e-02 -7.26141226e+00
  6.27560213e-01 -3.24913097e+00 -5.61570315e-01  6.60805771e-02
  1.28647728e+01  1.46567441e+01  1.79589723e-01 -2.55198409e+00
  1.37681951e+01 -7.83095339e-01]
曲线递增策略的自适应粒子群算法结果:
最优解的适应度值: 277753.54569297284
最优值: [-5.10456880e-03 -1.39088961e+01  2.21562929e-02 -2.01171353e+00
 -5.91765085e+00  1.29268756e+01 -2.89294784e+01  1.75751662e-02
 -5.91112993e-02 -2.03626239e+01  1.41580683e+01  9.58327491e-01
  1.09855413e+00 -1.72016247e+00  7.95449037e+00 -1.57204344e+01
  1.43368698e+01 -1.03515816e+01 -1.61623281e+00 -2.27966126e+00
  1.65650068e+01 -2.62255924e+01 -4.78997961e-01 -4.83599479e+00
 -2.26924740e+01  3.01967389e+00  1.91062921e+00  6.00927835e-03
  2.90833858e+00  4.64060065e-02]
```

7.2　加权变异的粒子群算法

针对粒子群算法易于陷入早熟、收敛速度慢及收敛精度低的问题，提出了加权变异的粒子群算法[2]（Weighted Variation Particle Swarm Optimization，WVPSO）。根据自适应惯性权重和自适应学习因子，平衡了全局搜索和局部搜索能力；基于算术交叉的变异和自然选择机制的替换策略，增加了粒子的多样性，提高了算法的收敛精度；最后加入高斯扰动，使粒子产生振荡，更容易跳出局部最优。

7.2.1　自适应权重和自适应学习因子

在 PSO 算法迭代的过程中，权重在算法迭代前期需要让粒子的步长变化更快，从而让粒子尽可能早地到达全局最优值所在的区域，而在算法迭代后期则应该减少步长的变化，让粒子在该区域内进行精准的搜索以找到全局最优解。对于学习因子，在算法迭代前期应该自我学习率占比高，群体学习率占比低；随着迭代不断进行，自我学习比率要逐步降低，而群体学习比率则逐渐提高。这样既可以加快算法的收敛速度，又可以提高算法的收敛精度。基于上述思想，这里提出了一种自适应权重和自适应学习因子的方法。

$$w = 0.8 \times \exp\left(\frac{-2.5it}{\text{MaxIt}}\right) \tag{7.7}$$

$$c_1 = c_{1\text{up}} - \text{rand} \times \left(1 - \exp\left(\frac{-\text{MaxIt}}{\text{MaxIt-it}}\right)\right) \times \left(c_{1\text{up}} - c_{1\text{low}}\right) \tag{7.8}$$

$$c_2 = c_{2\text{low}} + \text{rand} \times \left(1 - \exp\left(\frac{-\text{MaxIt}}{\text{MaxIt-it}}\right)\right) \times \left(c_{2\text{up}} - c_{2\text{low}}\right) \tag{7.9}$$

公式中，it 和 MaxIt 分别为算法当前的迭代次数和最大的迭代次数；rand 为 0～1 的随机数；$c_{1\text{up}}$，$c_{1\text{low}}$ 为自我学习因子的上下界；$c_{2\text{up}}$，$c_{2\text{low}}$ 为群体学习因子的上下界。在公式（7.7）中，权重 w 在算法迭代前期尽可能取最大值，从而使算法步长得到更快的变化；随着算法的不断迭代，权重则逐渐减小，以满足算法的自适应权重需求；公式（7.8）在算法进行的过程中是一个递减的函数，公式（7.9）则是一个递增的函数，符合自适应学习因子的思想要求。

7.2.2　加权变异

由于标准 PSO 算法收敛速度比较慢、迭代后期种群多样性降低，使得算法最后难以搜索到全局最优值。对此，这里加入算术交叉和自然选择策略来提高粒子多样性、增加收敛速度与精度。对于变异粒子的比例，可通过公式（7.10）选择。

$$\left[\,|P_1|,|P_2|,\cdots,|P_N|\,\right] \tag{7.10}$$

将所有粒子适应值的绝对值从小到大按照公式（7.10）方式排列，并按照公式（7.11）进行分割。

$$\left[\xi_1\left\{|P_1|,|P_2|,\cdots,\left|P_{\frac{N}{5}}\right|\right\},\xi_2\left\{\left|P_{\frac{N}{5}+1}\right|,\cdots,\left|P_{\frac{N}{2}}\right|\right\},\xi_3\left\{\left|P_{\frac{N}{2}+1}\right|,\cdots,\right\},\xi_4\left\{\left|P_{\frac{4N}{5}}\right|,\cdots,|P_N|\right\}\right] \tag{7.11}$$

将公式（7.10）中的适应值分成 ξ_1，ξ_2，ξ_3，ξ_4 四个部分，由于粒子群算法存在的随机性，因此将粒子的适应值分为好（ξ_1,ξ_2）与不好（ξ_3,ξ_4）两个群体。其中 ξ_1，ξ_4 各占总体的 20%；ξ_2，ξ_3 各占总体的 30%。这里使用交叉操作作用于 ξ_2，ξ_3，融合好粒子与差粒子，不仅能够产生具有多样性的后代，而且促使差粒子向好粒子移动；使用自然选择作用于 ξ_1，ξ_4，将差粒子 ξ_4 的速度与位置直接替换为好粒子 ξ_1 的速度与位置，类似于将整个种群缩小 20%，从而大大加快粒子的收敛速度。具体策略如下。

（1）算术交叉：这里改进算术交叉公式如下。

$$x_{\xi_3} = \mathrm{rand}\times x_{\xi_2} + (1-\mathrm{rand})\times x_{\xi_3} \tag{7.12}$$

$$v_{\xi_3} = \mathrm{rand}\times v_{\xi_2} + (1-\mathrm{rand})\times v_{\xi_3} \tag{7.13}$$

x_{ξ_2}，x_{ξ_3} 为公式（7.11）中 ξ_2，ξ_3 处的粒子位置；v_{ξ_2}，v_{ξ_3} 为公式（7.11）中 ξ_2，ξ_3 处的粒子速度；rand 为 0～1 的随机数。

（2）自然选择：通过选择好的粒子来替换差的粒子，增加粒子的收敛速度，具体方式如下。

$$\begin{cases} x_{\xi_4} = x_{\xi_1} \\ v_{\xi_4} = v_{\xi_1} \end{cases} \tag{7.14}$$

x_{ξ_1}，x_{ξ_4} 为公式（7.11）中 ξ_1，ξ_4 处的粒子位置；v_{ξ_1}，v_{ξ_4} 为公式（7.11）中 ξ_1，ξ_4 处的粒子速度。

7.2.3　高斯扰动

随着算法的迭代，当全局最优值所在的区域远离当前种群的最优值时，粒子容易向错误的方向学习，此时粒子将极易陷入早熟。为了让算法跳出局部最优，在后期迭代时加入高斯扰动。如果当前适应值经过几次迭代后不再发生变化，则判断算法陷入早熟，这时加入高斯扰动，让粒子振荡，使其摆脱局部最优，因此在迭代初期加入高斯扰动策略。

WVPSO 算法流程如下。

（1）随机初始化粒子的位置和速度，设定相关参数。

（2）根据公式（7.7）、（7.8）、（7.9）计算惯性权重 w，学习因子 c_1 和 c_2。

（3）计算粒子群的适应度值，根据适应度值的绝对值从小到大按照公式（7.10）方式排列，并使用公式（7.11）进行分割。

（4）使用算术交叉公式（7.12）、（7.13）和自然选择公式（7.14）策略将分割后的粒子进行重新替换。

（5）更新粒子速度和位置，更新每个粒子历史最优值 pbest 和群体最优值 gbest。判断是否陷入早熟，如果陷入早熟，则加入高斯扰动。

（6）若满足终止条件，则输出最优值，否则转入（2），进入下一次寻优。

7.2.4　代码实现

加权变异的粒子群算法的 MATLAB 代码如下。

```
%%--------------加权变异的粒子群算法---------------------%%
%% 输入：
%   pop: 种群数量
%   dim: 单个粒子的维度
%   ub: 粒子上边界信息，维度为[1,dim]
%   lb: 粒子下边界信息，维度为[1,dim]
%   fobj: 适应度函数接口
%   vmax: 速度的上边界信息，维度为[1,dim]
%   vmin: 速度的下边界信息，维度为[1,dim]
%   maxIter: 算法的最大迭代次数，用于控制算法的停止
%% 输出：
%   Best_Pos: 粒子群找到的最优位置
%   Best_fitness: 最优位置对应的适应度值
%   IterCure: 用于记录每次迭代的最佳适应度，即后续用来绘制迭代曲线
%   HistoryPosition: 用于记录每代粒子群的位置
%   HistoryBest: 用于记录每代粒子群的最佳位置
function [Best_Pos,Best_fitness,IterCurve,HistoryPosition,HistoryBest] =
WVPSO(pop,dim,ub,lb,fobj,vmax,vmin,maxIter)
    %%设置c1、c2 参数
    c1up = 2.5;
    c1low = 0.5;
    c2low = 0.8;
    c2up = 3.5;
    %% 高斯扰动阈值
    N = 5;
    %% 初始化种群速度
    V = initialization(pop,vmax,vmin,dim);
    %% 初始化种群位置
    X = initialization(pop,ub,lb,dim);
    %% 计算适应度值
    fitness = zeros(1,pop);
    for i = 1:pop
        fitness(i) = fobj(X(i,:));
    end
    %% 将初始种群作为历史最优
    pBest = X;
    pBestFitness = fitness;
    %% 记录初始全局最优解，默认优化最小值
    %寻找适应度最小的位置
    [~,index] = min(fitness);
```

```matlab
%记录适应度值和位置
gBestFitness = fitness(index);
gBest = X(index,:);
gBestOld = gBest;
Xnew = X; %新位置
fitnessNew = fitness;%新位置适应度值

IterCurve = zeros(1,maxIter);
Index = index;
count = 0;
%% 开始迭代
for t = 1:maxIter
    % 改进点：自适应权重和自适应学习因子
    w = 0.8*exp(-2.5*t/maxIter);
    c1 = c1up - rand*(1 - exp(-maxIter/(maxIter - t)))*(c1up - c1low);
    c2 = c2low - rand*(1 - exp(-maxIter/(maxIter - t)))*(c2up - c2low);
    %% 改进点：加权变异
    [SortFitness,SortIndex] = sort(fitness);
    %% 算术交叉
    for i = pop*0.4 +1:pop*0.6
        R = rand(1,dim);
        V(i + pop*0.3,:) = R.*V(i,:) + (1 - R).*V(i + pop*0.3,:);
        X(i + pop*0.3,:) = R.*X( i,:) + (1 - R).*X(i + pop*0.3,:);
    end
    %% 自然选择，直接将差 20%用前 20%替代
    for i = 1:pop*0.2
        V(end - i,:) = V(i,:);
        X(end - i,:) = X(i,:);
    end
    %对每个粒子进行更新
    for i = 1:pop
        %速度更新
        r1 = rand(1,dim);
        r2 = rand(1,dim);
        %位置更新公式改进
        V(i,:)=w.*V(i,:)+c1.*r1.*(pBest(i,:)-X(i,:))+c2.*r2.*(gBest-X(i,:));
        %速度边界检查及约束
        V(i,:) = BoundaryCheck(V(i,:),vmax,vmin,dim);
        %位置更新
        Xnew(i,:) = X(i,:) + V(i,:);
        %位置边界检查及约束
        Xnew(i,:) = BoundaryCheck(Xnew(i,:),ub,lb,dim);
        %计算新位置适应度值
        fitnessNew(i) = fobj(Xnew(i,:));
        %更新历史最优值
        if fitnessNew(i) < pBestFitness(i)
            pBest(i,:) = Xnew(i,:);
            pBestFitness(i) = fitnessNew(i);
        end
        %更新全局最优值
        if fitnessNew(i)<gBestFitness
            gBestFitness = fitnessNew(i);
            gBest = Xnew(i,:);
            Index = i; %记录最优位置索引
        end
    end
```

```
        X = Xnew;
        fitness = fitnessNew;
        %% 改进点：高斯扰动，连续 N 次最佳适应度不变，则进行高斯扰动
        if(gBest-gBestOld==0)
            count=count+1;
        else
            count = 0;
        end
        gBestOld = gBest;
        if(count==5)
            Temp = gBest + gBest.*randn();
            Temp(Temp>ub) = ub(Temp>ub);
            Temp(Temp<lb) = lb(Temp<lb);
            if fobj(Temp)<gBestFitness
                gBestFitness = fobj(Temp);
                gBest = Temp;
                fitness(Index) = gBestFitness;
                X(Index,:) = Temp;
            end
         count = 0;
        end
        %记录最优解
        Best_Pos = gBest;
        %记录最优解的适应度值
        Best_fitness = gBestFitness;
        %记录当前迭代的最优解适应度值
        IterCurve(t) = gBestFitness;
        HistoryBest{t} = Best_Pos;
        %记录当前代粒子群的位置
        HistoryPosition{t} = X;

    end
end
```

加权变异的粒子群算法的 Python 代码如下。

```
import numpy as np
import copy
import math
'''粒子群初始化函数'''
# pop: 种群数量
# dim: 单个粒子的维度
# ub: 粒子上边界，维度为[1,dim]
# lb: 粒子下边界，维度为[1,dim]
# X: 输出种群，维度为[pop,dim]
def initialization(pop,ub,lb,dim):
    X = np.zeros([pop,dim])
    for i in range(pop):
        for j in range(dim):
            X[i,j] = (ub[j]-lb[j])*np.random.random()+lb[j]
    return X

''' 边界检查函数 '''
# dim: 数据维度
# x: 输入数据，维度为 dim
# ub: 数据上边界，维度为 dim
# lb: 数据下边界，维度为 dim
def BoundaryCheck(x,ub,lb,dim):
```

```python
        for i in range(dim):
            if x[i]>ub[i]:
                x[i]=ub[i]
            if x[i]<lb[i]:
                x[i]=lb[i]
        return x

'''适应度排序'''
def SortFitness(Fit):
    fitness = np.sort(Fit, axis=0)
    index = np.argsort(Fit, axis=0)
    return fitness,index

''' 加权变异的粒子群算法'''
## 输入:
#   pop: 种群数量
#   dim: 单个粒子的维度
#   ub: 粒子上边界信息，维度为[1,dim]
#   lb: 粒子下边界信息，维度为[1,dim]
#   fobj: 适应度函数接口
#   vmax: 速度的上边界信息，维度为[1,dim]
#   vmin: 速度的下边界信息，维度为[1,dim]
#   maxIter: 算法的最大迭代次数，用于控制算法的停止
## 输出:
#   Best_Pos: 粒子群找到的最优位置
#   Best_fitness: 最优位置对应的适应度值
#   IterCure: 用于记录每次迭代的最佳适应度，即后续用来绘制迭代曲线
def WVPSO(pop,dim,ub,lb,fobj,vmax,vmin,maxIter):
    # 设置参数
    c1up=2.5
    c1low=0.5
    c2low=0.8
    c2up=3.5
    # 初始化种群位置
    X = initialization(pop,ub,lb,dim)
    # 初始化种群速度
    V = initialization(pop,vmax,vmin,dim)
    # 计算适应度值
    fitness = np.zeros(pop)
    XNew = copy.deepcopy(X)
    fitnessNew = np.zeros(pop)
    for i in range(pop):
        fitness[i] = fobj(X[i,:])
    # 将初始种群作为历史最优
    pBest = copy.deepcopy(X)
    pBestFitness = copy.deepcopy(fitness)
    # 记录初始全局最优解，默认优化最小值
    # 寻找适应度最小的位置
    index = np.argmin(fitness)
    # 记录适应度值和位置
    gBestFitness = fitness[index]
    gBestFitnessOld = gBestFitness
    gBest = copy.deepcopy(X[index,:])
    IterCurve = np.zeros(maxIter)
    count=0
    indexBest=0
    ## 开始迭代 ##
```

```
for t in range(maxIter):
    #改进点：自适应权重和自适应学习因子
    w=0.8*np.exp(-2.5*t/maxIter)
    c1=c1up-np.random.random()*(1-np.exp(-t/(maxIter-t)))*(c1up-c1low)
    c2=c2up-np.random.random()*(1-np.exp(-t/(maxIter-t)))*(c2up-c2low)
    #改进点：交叉变异
    sortFitness,sortIndex = SortFitness(fitness) #对适应度值排序
    #算术交叉
    for i in range(int(pop*0.4),int(pop*0.6)):
        R=np.random.random([1,dim])
        V[int(i+pop*0.3),:]=R*V[i,:]+(1-R)*V[int(i+pop*0.3),:]
        X[int(i+pop*0.3),:]=R*X[i,:]+(1-R)*X[int(i+pop*0.3),:]
    #自然选择，直接将差 20%用前 20%替代
    for i in range(int(pop*0.2)):
        V[sortIndex[pop-i-1],:]=V[sortIndex[i],:]
        X[sortIndex[pop-i-1],:]=X[sortIndex[i],:]
    # 对每个粒子进行更新
    for i in range(pop):
        # 速度更新
        r1 = np.random.random(dim)
        r2 = np.random.random(dim)
        V[i,:]=w*V[i,:]+c1*r1*(pBest[i,:]-X[i,:])+c2*r2*(gBest-X[i,:])
        # 边界检查
        V[i,:] = BoundaryCheck(V[i,:],vmax,vmin,dim)
        # 位置更新
        X[i,:] = X[i,:] + V[i,:]
        # 边界检查
        X[i,:] = BoundaryCheck(X[i,:],ub,lb,dim)
        # 计算新位置适应度值
        fitness[i] = fobj(X[i,:])
        # 更新历史最优值
        if fitness[i]<pBestFitness[i]:
            pBest[i,:] = copy.copy(X[i,:])
            pBestFitness[i] = fitness[i]
        # 更新全局最优值
        if fitness[i]<gBestFitness:
            gBestFitness = fitness[i]
            gBest = copy.copy(X[i,:])
            indexBest = i
    if gBestFitness-gBestFitnessOld == 0:
        count = count + 1
    else:
        count=0
    gBestFitnessOld = gBestFitness
    if count==5:
        Temp = np.zeros([1,dim])
        Temp[0,:]=gBest +gBest *np.random.randn()
        for i in range(dim):
            if Temp[0,i]<lb[i]:
                Temp[0,i]=lb[i]
            if Temp[0,i]>ub[i]:
                Temp[0,i] = ub[i]
        fitTemp = fobj(Temp)
        if fitTemp<gBestFitness:
            gBestFitness=fitTemp
            gBest = copy.copy(Temp[0,:])
            X[indexBest,:]=copy.copy(Temp[0,:])
```

```
            fitness[indexBest] = fitTemp
    ## 记录当前迭代最优值和最优适应度值
    # 记录最优解
    Best_Pos = gBest
    # 记录最优解适应度值
    Best_fitness = gBestFitness
    # 记录当前迭代的最优解适应度值
    IterCurve[t] = gBestFitness
return Best_Pos,Best_fitness,IterCurve
```

7.2.5　寻优求解对比

本节以第 2 章的基准测试函数 F2 为例，同时运行改进方法与基础粒子群算法，并输出结果进行对比。

F2 函数的函数表达式如表 7.2 所示。

表 7.2　F2 函数的信息

名称	函数表达式（function）	维度（dim）	变量范围值（range）	全局最优值（fmin）
F2	$f_2(x) = \sum_{i=1}^{n}\lvert x_i \rvert + \prod_{i=1}^{n}\lvert x_i \rvert$	30	$[-10,10]$	0

设定粒子群函数种群数量为 30，迭代次数为 500，变量维度为 30，变量范围为 $[-100,100]$，速度范围为 $[-2,2]$。

基于加权变异的粒子群算法寻优求解对比案例 MATLAB 代码：

```
%% 粒子群算法求解 F2 的最小值
clc;clear all;close all;
%粒子群参数设定
pop = 30;                        %种群数量
dim = 30;                        %变量维度
ub = ones(1,30).*100;            %粒子上边界信息
lb = ones(1,30).*-100;           %粒子下边界信息
vmax = ones(1,30).*2;            %粒子的速度上边界
vmin = ones(1,30).*-2;           %粒子的速度下边界
maxIter = 500;                   %最大迭代次数
fobj = @(x) fun(x);              %设置适应度函数为 fun(x)
%粒子群求解问题
[Best_Pos,Best_fitness,IterCurve,HistoryPosition,HistoryBest] = pso(pop,
dim,ub,lb,fobj,vmax,vmin,maxIter);
[Best_Pos1,Best_fitness1,IterCurve1,HistoryPosition1,HistoryBest1]=WVPS
O(pop,dim,ub,lb,fobj,vmax,vmin,maxIter);
%绘制迭代曲线
figure
semilogy(IterCurve,'b-','linewidth',1.5);
hold on
semilogy(IterCurve1,'r-','linewidth',1.5);
grid on;%网格开
title('粒子群迭代曲线')
xlabel('迭代次数')
ylabel('适应度值')
disp(['基础粒子群算法结果：'])
disp(['求解得到的 x 为']);
```

```
disp(Best_Pos)
disp(['最优解对应的函数值为：',num2str(Best_fitness)]);
disp(['一种加权变异的自适应粒子群算法：'])
disp(['求解得到的 x 为']);
disp(Best_Pos1)
disp(['最优解对应的函数值为：',num2str(Best_fitness1)]);
legend('PSO','WVPSO')
```

运行结果如图 7.4 所示。

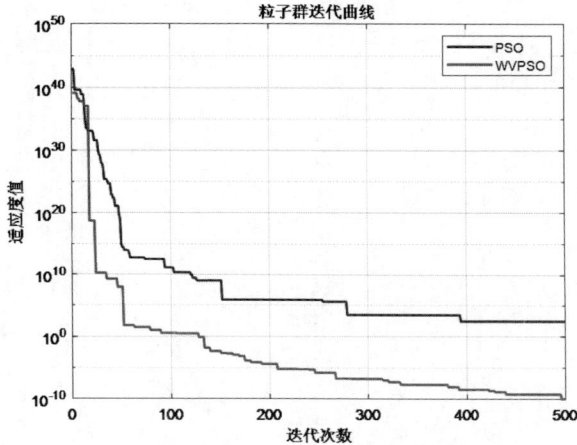

图 7.4　迭代曲线对比图（MATLAB）

```
基础粒子群算法结果：
求解得到的 x 为
    23.8223    -3.6936   -17.1296   -15.3170    -0.2588    -6.4791    21.7750
    -8.2402    -0.0556    -0.0348     0.7933     8.3432    -0.3559    -9.3998
    -0.1513    -4.2142    10.3112     3.6305     7.0204    -0.0000     0.0141
    -1.7282     0.2193    14.5611    -1.3437     4.2667    -0.1274     6.4511
     0.2160     0.5820
最优解对应的函数值为：278.5202
一种加权变异的自适应粒子群算法：
求解得到的 x 为
   1.0e-11  *     0.0848    -0.0582     0.5961    -0.2404     0.0003     0.0217
    -0.0045    -0.7421    -0.0233     0.0622     0.8848    -0.8064    -0.8903
    -0.1803     0.1105     0.4913    -0.3589     0.2897     0.8501     0.6185
     0.5089    -0.4501     0.0255    -0.8508    -0.4638     0.4615    -0.4698
    -0.2739    -0.0518     0.1740

最优解对应的函数值为：1.1045e-10
```

基于加权变异的粒子群算法寻优求解对比案例 Python 代码：

```python
import numpy as np
import pso as pso
import WVPSO as WVPSO
from matplotlib import pyplot as plt

'''适应度函数'''
def fun(x):
    fitness = np.sum(np.abs(x))+np.prod(np.abs(x))
    return fitness
```

```
''' 粒子群算法求解 F2 的最小值'''
# 粒子群参数设定
pop = 30                    #种群数量
dim = 30                    #变量维度
ub = np.ones(pop)*10        #粒子上边界信息
lb = np.ones(pop)*-10       #粒子下边界信息
fobj = fun                  #适应度函数
vmax = np.ones(pop)*2       #粒子的速度上边界
vmin = np.ones(pop)*-2      #粒子的速度下边界
maxIter = 500               #最大迭代次数
# 求解
Best_Pos,Best_fitness,IterCurve = pso.pso(pop,dim,ub,lb,fobj,vmax,vmin,
maxIter)
Best_Pos1,Best_fitness1,IterCurve1=WVPSO.WVPSO(pop,dim,ub,lb,fobj,vmax,
vmin,maxIter)

'''打印结果'''
print('基础粒子群算法结果:')
print('最优解的适应度值:', Best_fitness)
print('最优值:', Best_Pos)

print('加权变异的粒子群算法结果:')
print('最优解的适应度值:', Best_fitness1)
print('最优值:', Best_Pos1)

# 绘制适应度曲线
plt.figure(1)
plt.semilogy(IterCurve, linewidth=2, linestyle='-')
plt.semilogy(IterCurve1, linewidth=2, linestyle='-')
plt.xlabel('Iteration', fontsize='medium')
plt.ylabel("Fitness", fontsize='medium')
plt.grid()
plt.title('Iterative curve', fontsize='large')
plt.legend(['PSO','WVPSO'], loc='upper right')
plt.show()
```

运行结果如图 7.5 所示。

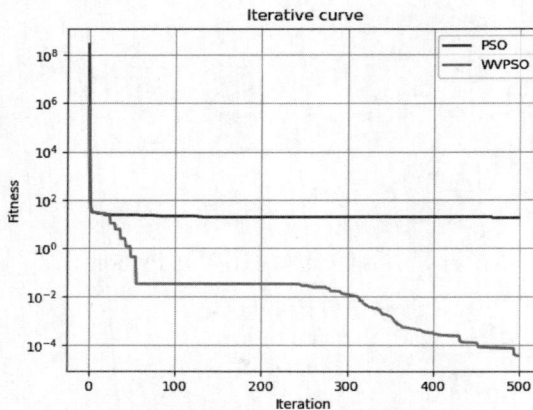

图 7.5　迭代曲线对比图（Python）

```
基础粒子群算法结果:
最优解的适应度值: 17.58487273945412
最优值: [ 0.3732166      0.3514871    -1.38804284  -2.21482436  -0.92285314
```

```
 -1.65294276
  0.84689607   0.09589544   0.6296726   -1.31387832   0.25985941   0.43668081
 -0.04927718   0.25606501  -0.08973915  -0.22973973  -0.08309484  -0.53480174
  0.4897138   -1.47649672   0.27344142   0.36459436   0.10994255  -0.40133449
  0.16740996  -0.35025439  -1.04131676   0.34478918  -0.57655621   0.26005582]
加权变异的粒子群算法结果：
最优解的适应度值：3.718364885665043e-05
最优值：[-1.91676148e-07   8.93693882e-08  -1.02911387e-07  -2.79143497e-08
 -1.28765503e-08  -1.06800536e-06  -1.20267127e-06  -5.71994287e-08
  1.49417809e-07  -1.10969394e-07   9.23625402e-09   1.52541848e-07
  2.51405062e-08  -2.53283758e-08   1.61321604e-08   4.69121262e-07
  4.08069934e-07  -4.82254437e-07   3.07142756e-05   3.71146418e-07
  9.99478469e-08   3.83252745e-08  -2.06028576e-08  -3.17780490e-07
 -1.07050350e-08  -5.17441752e-07  -3.16786106e-08  -2.39763558e-08
  3.68827330e-07  -6.81053790e-08]
```

7.3　具备自纠正和逐维学习能力的粒子群算法

　　粒子群算法作为一种随机算法，其随机性对种群的进化速度和寻优精度提出了严峻的挑战。针对该问题，这里提出了一种具备自纠正和逐维学习能力的粒子群算法[3]。首先，提出了一种纠正策略来判断粒子进化趋势的正确性并做出必要干预，减少了随机性带来的学习时间的浪费；其次，在使用逐维变异策略的基础上利用个体最优作为最优粒子的学习对象，加强个体最优与群体最优之间的联系，赋予粒子更多的有效信息来源；最后，结合两策略的特点，周期性地控制其触发时间，进而降低复杂度，使得算法发挥更大的效能。

7.3.1　纠正策略

　　传统 PSO 中粒子在进化过程中受个体最优（Pbest）和群体最优（Gbest）的指导，缺乏对粒子整个运动过程的关注，特别是在寻优难度较大的复杂多峰函数上，使得粒子在进化过程中产生很大的随机性，这是导致粒子群算法收敛速度慢的重要原因之一。

　　例如在种群进化过程中可能存在这种情况：粒子初始运动是向着最优解的方向前进的，但由于寻优过程的复杂性，接下来的某代却朝着偏离最优解的方向移动，此时若继续按照原来的方式更新速度和位移，受上一代部分粒子随机飞行导致的错误信息的指导，必然会浪费粒子学习时间，导致收敛速度变慢。

　　为了解决这个问题，提出了一种纠正策略。即通过监督粒子在整个进化过程中运动方向的变化情况，对粒子下一代寻优方向实施干预以避免其继续受到错误指导，从而提高种群收敛速度。图 7.6 为纠正策略的二维示意图，其中，A 类粒子表示受到了随机性和错误指导的影响的粒子，其下一代更新将偏离最优解的方向，使用公式（7.15）更新速度，将速度向量方向取反，使得下一代能够看向最优解的方向移动，提高收敛速度；同时，运动方向正确的 B 类粒子则将继续按照原有的方式进行更新。

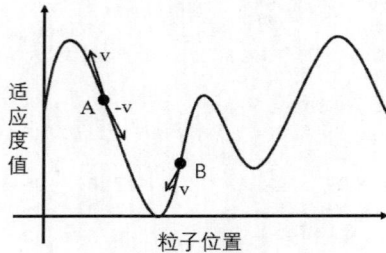

图 7.6　纠正策略的二维示意图

$$v_{ij}(t+1) = -1\left(w*v_{ij}(t) + c_1 r_1\left(\text{pbest}_{ij}(t) - x_{i,j}(t)\right) + c_2 r_2\left(\text{gbest}_j - x_{ij}(t)\right)\right) \quad (7.15)$$

7.3.2　Pbest 指导 Gbest 的逐维学习策略

目前在大部分研究中，对种群中最优粒子指导方面都采用了选取所有维度整体更新再评价的策略，但对于复杂的多维函数的优化问题，使用这种方法会由于维间的相互干扰使得某些正确进化维度的信息被掩盖，从而导致评价次数的浪费，降低算法的收敛速度和效率。而逐维学习策略将最优解和学习对象在维度上进行拆分，独立地对每一维度上的信息进行考察，能够有效避免维间干扰的问题。

在 PSO 中，随着种群的进化，每个粒子的 Pbest 都在不断更新，它记录并更新着在飞行过程中的历史最佳表现，利用价值高。因此，为了保证逐维策略中学习对象的多样性和有效性，这里结合 Pbest 的特点和逐维策略的优势提出了一种 Pbest 指导 Gbest 的逐维学习策略。

图 7.7 给出了本策略的模型示意图。其中，引入了数据结构中的压栈与出栈操作来模拟种群中所有 Pbest 逐个对最优粒子进行指导的动作。

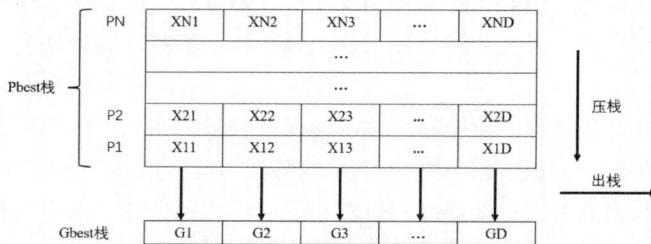

图 7.7　Pbest 指导 Gbest 的逐维学习策略模型示意图

该策略的思想是：按维度分解 Gbest 和 Pbest 位置向量，将 Pbest 上某一维的值和 Gbest 上其他维的值组成新的 Gbest，计算适应度值评价新解；若当前新解质量更优，则保留 Pbest 该维度信息对解的更新结果；否则放弃当前维度值，保留原 Gbest 维度信息不变。采用这样的贪心评价方式，直到各维度更新完毕。当一个 Pbest 的所有维上的信息都对 Gbest 的相应维指导结束后，执行出栈操作，离开 Pbest 栈容器，并对 Pbest 栈容器进行压缩，开始其他 Pbest 对 Gbest 的指导。

【算法 1】Pbest 指导 Gbest 的逐维学习策略。

```
For i = 1:sizepop
    For j = 1:D
        将第 i 个粒子的 Pbest 的第 j 维上的值替换给 Gbest 的第 j 维的值得到 newGbest;
        If fun(newGbest)<fun(Gbest)
            用 newGbest 更新 Gbest 位置
        End
    End
End
```

sizepop 表示种群规模，D 表示维数，newGbest 表示在 Pbest 中第 i 维替换给 Gbest 第 i 维后的粒子，fun 表示用于计算粒子适应度值的函数（fun(Gbest)即粒子 Gbest 的适应度值）。

通过在逐维学习策略中引入贪心评价策略，彻底消除了某些维上出现退化的情况，避免了进化维度信息被掩盖的问题，从而获得更高质量的解，显著提高收敛精度。同时，与大多数逐维学习策略中所采用的向某个单一对象学习的方式不同，该策略中 Gbest 受种群个体 Pbest 指导的影响，加强了个体最优粒子与群体最优粒子之间的联系，提高了最优粒子学习对象的多样性。

7.3.3　具备自纠正和逐维学习能力的粒子群算法

为了实现自动化判断粒子更新方向，这里预设周期 T1 以跟踪粒子运动轨迹并最终做出评估，若偏离最优解，则在 T1+1 代采用纠正策略；为了降低算法复杂度，采用每进化 T2 代使用一次逐维策略的办法。

首先，为了将纠正策略动态地应用于 PSO，实现自动化地干预粒子学习方向，基于周期性思想，提出了自纠正 PSO，每 T1 个评估代和 1 个纠正代共同组成自纠正策略的控制周期，及时避免粒子向更坏趋势更新. 下面给出了两个功能代的概念和使用纠正策略的具体运行方式。

（1）概念 1 评估代：判断粒子进化趋势的正确性。在评估代内记录粒子更新的适应度值，通过采用二分均值的比较办法，将预设的评估周期代数 T1 分半，在每个评估周期末代比较粒子后 T1/2 与前 T1/2 的适应度值平均值大小。如果粒子前 T1/2 的解更优，则判定粒子在本个评估周期 T1 内的更新受到了误导；反之，则判定粒子寻优方向基本准确。粒子在评估代上使用原粒子群速度公式更新速度。

（2）概念 2 纠正代：根据评估结果做出响应，干预粒子学习方向。根据前 T1 个评估代的判定结果在第 T1+1 代做出响应。如果粒子受到了误导，则在纠正代触发纠正策略，将粒子的速度方向置反，保证粒子的运动方向在下一个评估代开始之前得到纠正；反之，则继续使用原速度更新公式进行速度更新。粒子在评估代和纠正代上的位置更新公式都使用原位置更新公式。

【算法 2】自纠正策略。

```
For i = 1:sizepop
    IF earlyMin <laterMin
        使用公式（7.15）更新速度，然后利用原粒子群公式更新位置
    ELSE
            利用原粒子群算法的速度更新公式、位置更新公式来更新粒子的位置
        End
    End
End
```

sizepop 表示种群规模，earlyMin 表示粒子在评估代 T 代中的前 T1/2 代的适应度值平均值，laterMin 表示粒子在评估代 T 代中的后 T1/2 代的适应度值平均值。

其次，考虑到连续使用逐维学习策略将导致计算量大、算法复杂度升高的问题，基于周期性思想提出了逐维学习的 PSO，在【算法 1】中设置了一个较大的逐维学习周期 T2，种群的整个迭代过程中只有在周期时间点上开启全局最优向个体最优逐维学习的机制，在略微影响求解精度的情况下，才能够大幅度减小算法的复杂度。使【算法 1】默认在每 T2 代上使用。

最后，具备自纠正和逐维学习能力的 PSO（SCDLPSO）通过使用不同的控制周期将两策略结合起来，当粒子每进化 T1 个评估代后使用纠正策略，能够自动化地对粒子进化趋势进行监督，提高收敛速度，而后根据评估结果在每 T1+1 个纠正代上做出响应。采用纠正策略后，为进一步提高粒子的收敛精度，在每 T2 个代数周期上使用逐维学习策略，通过减少运行次数的方式来达到降低算法复杂度的目的。通过使用两种不同的控制周期充分结合两策略，发挥出最大优势。

SCDLPSO 的算法流程如下。

（1）随机初始化粒子的位置和速度，设定相关参数。

（2）判断当前代是否为评估代，若是，转至（3）；否则，说明当前为纠正代，转至（5）。

（3）利用原粒子群算法的速度更新公式、位置更新公式来更新粒子的位置。

（4）计算种群种粒子适应度值，并更新种群 Pbest、Gbest，转至（6）。

（5）使用【算法 2】更新种群种粒子的速度、位置、Pbest 和 Gbest。

（6）判断当前代是否为逐维学习代，若是，转至（7）；若不是，则转至（8）。

（7）使用【算法 1】更新种群 Gbest。

（8）判断是否满足停止条件，若不满足，转至（2）；若满足，则结束。

7.3.4　代码实现

具备自纠正和逐维学习能力的粒子群算法的 MATLAB 代码实现：

```
%%--------------具备自纠正和逐维学习能力的粒子群算法--------------%%
%% 输入：
%   pop: 种群数量
%   dim: 单个粒子的维度
```

```
%  ub: 粒子上边界信息, 维度为[1,dim]
%  lb: 粒子下边界信息, 维度为[1,dim]
%  fobj: 适应度函数接口
%  vmax: 速度的上边界信息, 维度为[1,dim]
%  vmin: 速度的下边界信息, 维度为[1,dim]
%  maxIter: 算法的最大迭代次数, 用于控制算法的停止
%% 输出:
%  Best_Pos: 粒子群找到的最优位置
%  Best_fitness: 最优位置对应的适应度值
%  IterCure:  用于记录每次迭代的最佳适应度, 即后续用来绘制迭代曲线
%  HistoryPosition: 用于记录每代粒子群的位置
%  HistoryBest: 用于记录每代粒子群的最佳位置
function [Best_Pos,Best_fitness,IterCurve,HistoryPosition,HistoryBest] =
SCDLPSO(pop,dim,ub,lb,fobj,vmax,vmin,maxIter)
    %% 设置c1、c2 参数
    w = 0.9;         % 惯性因子
    c1 = 2;          % 加速常数
    c2 = 2;          % 加速常数
    T1 = 10;         % 评估代数
    T2 = 50;         % 逐维学习周期
    %% 初始化种群速度
    V = initialization(pop,vmax,vmin,dim);
    %% 初始化种群位置
    X = initialization(pop,ub,lb,dim);

    %% 计算适应度值
    fitness = zeros(1,pop);
    for i = 1:pop
        fitness(i) = fobj(X(i,:));
    end
    %% 将初始种群作为历史最优
    pBest = X;
    pBestFitness = fitness;
    %% 记录初始全局最优解, 默认优化最小值
    %寻找适应度最小的位置
    [~,index] = min(fitness);
    %记录适应度值和位置
    gBestFitness = fitness(index);
    gBest = X(index,:);

    Xnew = X; %新位置
    fitnessNew = fitness;%新位置适应度值

    IterCurve = zeros(1,maxIter);
    FitnessHistory = zeros(maxIter,pop);
    %% 开始迭代
    for t = 1:maxIter
        FitnessHistory(t,:)=fitness;
        %% 改进点: 纠正学习策略
        if t == T1
            M1 = mean(mean(FitnessHistory(t - T1 + 1 : t - T1/2,:)));
            M2 = mean(mean(FitnessHistory(t - T1/2 + 1:t,:)));
        end
        %对每个粒子进行更新
        for i = 1:pop
            %速度更新
            r1 = rand(1,dim);
```

```
        r2 = rand(1,dim);
        if t==T1 && M2>M1 %%纠正策略
          V(i,:)=-(w.*V(i,:)+c1.*r1.*(pBest(i,:)-X(i,:))+c2.*r2.*(gBest-
X(i,:)));
        else
          V(i,:)=w.*V(i,:)+c1.*r1.*(pBest(i,:)-X(i,:))+c2.*r2.*(gBest-
X(i,:)));
        end
        %速度边界检查及约束
        V(i,:) = BoundaryCheck(V(i,:),vmax,vmin,dim);
        %位置更新
        Xnew(i,:) = X(i,:) + V(i,:);
        %位置边界检查及约束
        Xnew(i,:) = BoundaryCheck(Xnew(i,:),ub,lb,dim);
        %计算新位置适应度值
        fitnessNew(i) = fobj(Xnew(i,:));
        %更新历史最优值
        if fitnessNew(i) < pBestFitness(i)
            pBest(i,:) = Xnew(i,:);
            pBestFitness(i) = fitnessNew(i);
        end
        %更新全局最优值
        if fitnessNew(i)<gBestFitness
            gBestFitness = fitnessNew(i);
            gBest = Xnew(i,:);
            index = i;
        end
    end
    X = Xnew;
    fitness = fitnessNew;
    %% 改进点：逐维学习策略
    if rem(t,T2) == 0
        for i = 1:pop
            for j = 1:dim
                Temp = gBest;
                Temp(j) = pBest(i,j);
                FitTemp = fun(Temp);
                if FitTemp<gBestFitness
                    gBestFitness = FitTemp;
                    gbest = Temp;
                    X(index,:)=Temp;
                    fitness(index)=FitTemp;
                end
            end
        end
    end

    %% 记录当前迭代最优值和最优适应度值
    %记录最优解
    Best_Pos = gBest;
    %记录最优解的适应度值
    Best_fitness = gBestFitness;
    %记录当前迭代的最优解适应度值
    IterCurve(t) = gBestFitness;
    HistoryBest{t} = Best_Pos;
    %记录当前代粒子群的位置
    HistoryPosition{t} = X;
```

```
        end
end
```

具备自纠正和逐维学习能力的粒子群算法的 Python 代码实现：

```python
import numpy as np
import copy

'''粒子群初始化函数'''
# pop: 种群数量
# dim: 单个粒子的维度
# ub: 粒子上边界，维度为[1,dim]
# lb: 粒子下边界，维度为[1,dim]
# X: 输出种群，维度为[pop,dim]
def initialization(pop,ub,lb,dim):
    X = np.zeros([pop,dim])
    for i in range(pop):
        for j in range(dim):
            X[i,j] = (ub[j]-lb[j])*np.random.random()+lb[j]
    return X

''' 边界检查函数 '''
# dim: 数据维度
# x: 输入数据，维度为dim
# ub: 数据上边界，维度为dim
# lb: 数据下边界，维度为dim
def BoundaryCheck(x,ub,lb,dim):
    for i in range(dim):
        if x[i]>ub[i]:
            x[i]=ub[i]
        if x[i]<lb[i]:
            x[i]=lb[i]
    return x

''' 具备自纠正和逐维学习能力的粒子群算法'''
## 输入：
#   pop: 种群数量
#   dim: 单个粒子的维度
#   ub: 粒子上边界信息，维度为[1,dim]
#   lb: 粒子下边界信息，维度为[1,dim]
#   fobj: 适应度函数接口
#   vmax: 速度的上边界信息，维度为[1,dim]
#   vmin: 速度的下边界信息，维度为[1,dim]
#   maxIter: 算法的最大迭代次数，用于控制算法的停止
## 输出：
#   Best_Pos: 粒子群找到的最优位置
#   Best_fitness: 最优位置对应的适应度值
#   IterCure: 用于记录每次迭代的最佳适应度，即后续用来绘制迭代曲线
def SCDLPSO(pop,dim,ub,lb,fobj,vmax,vmin,maxIter):
    # 参数设置
    w = 0.9      # 惯性因子
    c1 = 2       # 加速常数
    c2 = 2       # 加速常数
    T1=10 #评估代数
    T2=50 #逐维学习周期
    # 初始化种群速度
    V = initialization(pop,vmax,vmin,dim)
```

```python
# 初始化种群位置
X = initialization(pop,ub,lb,dim)
# 计算适应度值
fitness = np.zeros(pop)
for i in range(pop):
    fitness[i] = fobj(X[i,:])
# 将初始种群作为历史最优
pBest = copy.deepcopy(X)
pBestFitness = copy.deepcopy(fitness)
# 记录初始全局最优解，默认优化最小值
# 寻找适应度最小的位置
index = np.argmin(fitness)
# 记录适应度值和位置
gBestFitness = fitness[index]
gBest = copy.deepcopy(X[index,:])
IterCurve = np.zeros(maxIter)
FitnessHistory = np.zeros([maxIter,pop])
## 开始迭代 ##
for t in range(maxIter):
    FitnessHistory[t,:]=fitness.T
    #改进点：纠正学习策略
    if t==T1:
        M1=np.mean(FitnessHistory[t-T1:int(t-T1/2-1),:])
        M2=np.mean(FitnessHistory[int(t-T1/2):t,:])

    # 对每个粒子进行更新
    for i in range(pop):
        # 速度更新
        r1 = np.random.random(dim)
        r2 = np.random.random(dim)
        if (t==T1) and (M2>M1):
            V[i,:]=-(w*V[i,:]+c1*r1*(pBest[i,:]-X[i,:])+c2*r2*(gBest-
X[i,:]))
        else:
            V[i,:]=V[i,:]+c1*r1*(pBest[i,:]-X[i,:])+c2*r2*(gBest-X[i,:])

        # 边界检查
        V[i,:] = BoundaryCheck(V[i,:],vmax,vmin,dim)
        # 位置更新
        X[i,:] = X[i,:] + V[i,:]
        # 边界检查
        X[i,:] = BoundaryCheck(X[i,:],ub,lb,dim)
        # 计算新位置适应度值
        fitness[i] = fobj(X[i,:])
        # 更新历史最优值
        if fitness[i]<pBestFitness[i]:
            pBest[i,:] = copy.copy(X[i,:])
            pBestFitness[i] = fitness[i]
        # 更新全局最优值
        if fitness[i]<gBestFitness:
            gBestFitness = fitness[i]
            gBest = copy.copy(X[i,:])
            index=i
    #改进点：逐维学习策略
    if t%T2==0:
        for i in range(pop):
            for j in range(dim):
```

```
            Temp=np.zeros([1,dim])
            Temp[0,:] = copy.copy(gBest)
            Temp[0,j]=pBest[i,j]
            FitTemp = fobj(Temp)
            if FitTemp<gBestFitness:
                gBestFitness = FitTemp
                gBest = copy.copy(Temp[0,:])
                X[index,:]=copy.copy(Temp[0,:])
                fitness[index]=FitTemp

    ## 记录当前迭代最优值和最优适应度值
    # 记录最优解
    Best_Pos = gBest
    # 记录最优解适应度值
    Best_fitness = gBestFitness
    # 记录当前迭代的最优解适应度值
    IterCurve[t] = gBestFitness
    return Best_Pos,Best_fitness,IterCurve
```

7.3.5　寻优求解对比

本节以第 2 章的基准测试函数 F2 为例，同时运行改进方法与基础粒子群算法，并输出结果进行对比。

F2 函数的函数表达式如表 7.3 所示。

表 7.3　F2 函数的信息

名称	函数表达式（function）	维度（dim）	变量范围值（range）	全局最优值（fmin）
F2	$f_2(x) = \sum\limits_{i=1}^{n}\|x_i\| + \prod\limits_{i=1}^{n}\|x_i\|$	30	$[-10,10]$	0

设定粒子群函数种群数量为 30，迭代次数为 500，变量维度为 30，变量范围为 $[-100,100]$，速度范围为 $[-2,2]$。

基于具备自纠正和逐维学习能力的粒子群算法寻优求解对比案例 MATLAB 代码：

```
%% 粒子群算法求解 F2 的最小值
clc;clear all;close all;
%粒子群参数设定
pop = 30;                          %种群数量
dim = 30;                          %变量维度
ub = ones(1,30).*100;              %粒子上边界信息
lb =  ones(1,30).*-100;            %粒子下边界信息
vmax =  ones(1,30).*2;             %粒子的速度上边界
vmin = ones(1,30).*-2;             %粒子的速度下边界
maxIter = 500;                     %最大迭代次数
fobj = @(x) fun(x);                %设置适应度函数为 fun(x)
%粒子群求解问题
[Best_Pos,Best_fitness,IterCurve,HistoryPosition,HistoryBest] = pso(pop,
dim,ub,lb,fobj,vmax,vmin,maxIter);
[Best_Pos1,Best_fitness1,IterCurve1,HistoryPosition1,HistoryBest1]=SCDLPSO
```

```
(pop,dim,ub,lb,fobj,vmax,vmin,maxIter);
%绘制迭代曲线
figure
semilogy(IterCurve,'b-','linewidth',1.5);
hold on
semilogy(IterCurve1,'r-','linewidth',1.5);
grid on;%网格开
title('粒子群迭代曲线')
xlabel('迭代次数')
ylabel('适应度值')
disp(['基础粒子群算法结果：'])
disp(['求解得到的 x 为']);
disp(Best_Pos)
disp(['最优解对应的函数值为：',num2str(Best_fitness)]);
disp(['具备自纠正和逐维学习能力的粒子群算法：'])
disp(['求解得到的 x 为']);
disp(Best_Pos1)
disp(['最优解对应的函数值为：',num2str(Best_fitness1)]);
legend('PSO','SCDLPSO')
```

运行结果如图 7.8 所示。

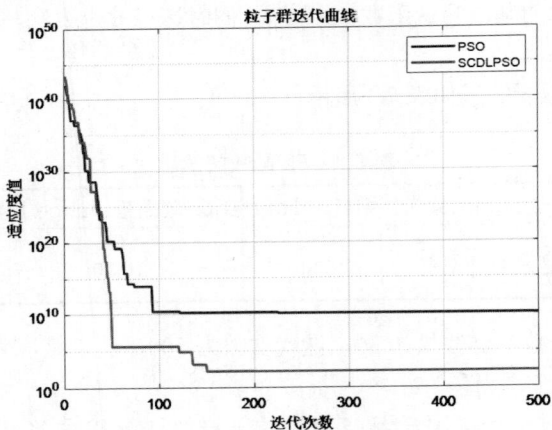

图 7.8 迭代曲线对比图（MATLAB）

```
基础粒子群算法结果：
求解得到的 x 为
    0.0000  -13.2834   -0.1713  -35.7132  -22.6225    0.3003   -0.4108
10.7173   -8.6651   -1.0968   30.2854    0.0298   -9.0907    9.0301
21.1981   12.2044  -25.6471   -0.4262   -0.0259    1.3016   10.5962
 1.5127   -1.6077   11.9252    0.7428  -25.5697   20.9271    0.2154
 8.5595   -9.4632
最优解对应的函数值为：12403008338.3645
具备自纠正和逐维学习能力的粒子群算法：
求解得到的 x 为
   -0.1669   -0.2220   -0.2202    2.8540   -0.0016   -0.2542    0.1535
   -0.6653   -5.5367   -1.1807    0.2481  -13.4002  -26.7835   10.6306
    0.1174   -8.3048   28.0644   -2.2969   -0.7743    2.3769    7.9655
   -7.5608   -1.2627   19.6187   -0.7459    9.5116   -0.0002    2.1796
    0.0130   28.5694
```

最优解对应的函数值为：177.8351

基于具备自纠正和逐维学习能力的粒子群算法寻优求解对比案例 Python 代码：

```python
import numpy as np
import pso as pso
import SCDLPSO as SCDLPSO
from matplotlib import pyplot as plt

'''适应度函数'''
def fun(x):
    fitness = np.sum(np.abs(x))+np.prod(np.abs(x))
    return fitness

''' 粒子群算法求解 F2 的最小值'''
# 粒子群参数设定
pop = 30                              #种群数量
dim = 30                              #变量维度
ub = np.ones(dim)*100                 #粒子上边界信息
lb = np.ones(dim)*-100                #粒子下边界信息
fobj = fun                            #适应度函数
vmax = np.ones(dim)*2                 #粒子的速度上边界
vmin = np.ones(dim)*-2                #粒子的速度下边界
maxIter = 500                         #最大迭代次数
# 求解
Best_Pos,Best_fitness,IterCurve = pso.pso(pop,dim,ub,lb,fobj,vmax,vmin,
maxIter)
Best_Pos1,Best_fitness1,IterCurve1 = SCDLPSO.SCDLPSO(pop,dim,ub,lb, fobj,
vmax,vmin,maxIter)

'''打印结果'''
print('基础粒子群算法结果:')
print('最优解的适应度值:', Best_fitness)
print('最优值:', Best_Pos)

print('具备自纠正和逐维学习能力的粒子群算法:')
print('最优解的适应度值:', Best_fitness1)
print('最优值:', Best_Pos1)

# 绘制适应度曲线
plt.figure(1)
plt.semilogy(IterCurve, linewidth=2, linestyle='-')
plt.semilogy(IterCurve1, linewidth=2, linestyle='-')
plt.xlabel('Iteration', fontsize='medium')
plt.ylabel("Fitness", fontsize='medium')
plt.grid()
plt.title('Iterative curve', fontsize='large')
plt.legend(['PSO','SCDLPSO'], loc='upper right')
plt.show()
```

运行结果如图 7.9 所示。

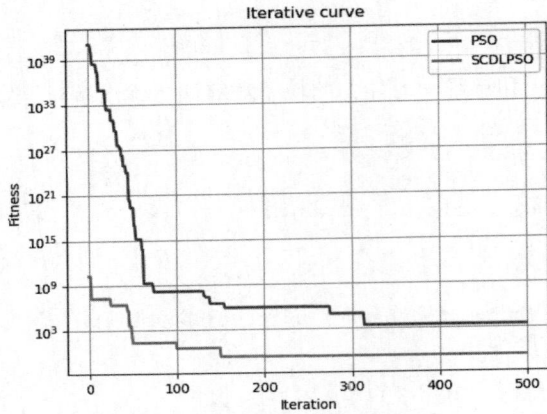

图 7.9　迭代曲线对比图（Python）

```
基础粒子群算法结果：
最优解的适应度值: 2551.790337510194
最优值: [ 2.26812169e+01  6.48073167e-01 -3.02532372e+01  9.29172335e+00
 -7.15358636e-01  1.28445844e-01 -3.80874137e+01 -4.88708177e+00
  1.04604851e+00 -1.06166413e+00  1.18174399e-01  1.13014173e+01
  3.85791362e-01  2.98399262e-01 -9.18549303e+00  8.76114783e+00
 -2.62971777e-01  1.03976394e-01  4.77947714e+00  8.11973225e-01
  1.70465641e+01  2.08977602e-03  1.27478087e+01  2.31877527e+01
 -1.76331648e-01 -6.37634368e-02  6.61921822e-03 -2.15054577e+01
  1.91199355e+01  7.00244316e+00]
具备自纠正和逐维学习能力的粒子群算法：
最优解的适应度值: 0.24266235179839288
最优值: [ 0.0033574   -0.00405096   0.01069366 -0.03396188   0.00117922
 0.00545533
  0.0085363   0.01828762 -0.00557161 -0.00028391  0.01508539  0.00076714
  0.00505387  0.00880167 -0.00082017  0.00388681 -0.01040965  0.00521421
 -0.00179208 -0.03489645  0.00084641 -0.00107202 -0.00072433 -0.01965011
 -0.01024676 -0.00127623  0.00715046  0.01605706 -0.00357453 -0.00395913]
```

7.4　基于竞争学习的粒子群优化算法

　　针对传统 PSO 算法容易陷入局部最优的问题，提出一种基于竞争学习的粒子群优化算法[4]（CLPSO）。在 CLPSO 中，首先，通过动态计算粒子的适应度值将种群分成优选、合理和疏离 3 个子群；然后，根据 3 个子群中粒子的进化特性，为 3 个子群分别设计不同的更新变异方式。

7.4.1　竞争学习机制

　　该算法提出新颖的竞争学习机制来指导粒子调整飞行状态，起到提高 PSO 处理复杂多峰优化问题能力的目的。竞争学习机制的核心是将种群分类。传统的 PSO 算法中粒子的更新方式单一，所有的粒子不论好坏，都共用同一种更新方式。因此，种群缺乏多样性，易陷入局部最优。本文所提算法则针对已分组的 3 组粒子的各自特点，设计三种独特的更新策略，使每个粒子都能及时调整飞行状态，向全局最优靠近，最终 3 个子群的输出形成新种群 $P(t+1)$。

在 CLPSO 中，通过自适应分区操作，每个粒子都参与了适应度值竞争，增强了种群的多样性，扩大了粒子的搜索范围，能够有效避免种群陷入局部最优。下面具体介绍子群的划分依据和每个子群的更新策略。

首先，求出所有粒子的适应度值，按照从小到大排序，再根据适应度值的平均值和标准差对种群中粒子进行分组。平均值和标准差的具体计算公式如公式（7.16）和公式（7.17）所示。

$$\bar{f} = \frac{\sum_{i=1}^{M} f_i}{M} \tag{7.16}$$

$$\sigma = \sqrt{\frac{1}{M} \sum_{i=1}^{M} \left(f_i - \bar{f}\right)} \tag{7.17}$$

其中，f_i 为第 i 个粒子的适应度值，N 为粒子个数，$\bar{f}$ 为粒子适应度值的平均值，σ 为粒子适应度值的标准差。

在划分子群时，首先标记出最靠近平均适应度值的粒子，再以标准差为半径设定合理区粒子的范围，从而得出疏离区粒子和优选区粒子。子群划分图如图 7.10 所示。

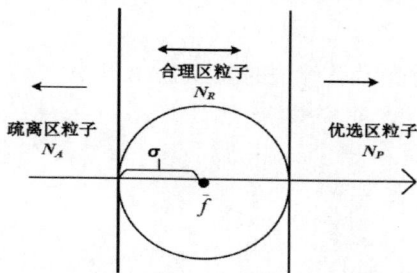

图 7.10　子群划分图

针对不同的子群，这里分别设计了不同的更新机制。优选区粒子距离种群最优位置较近，为了避免陷入局部最优，需要增强全局探索能力，因此利用改进的柯西公式设计了自我变异的更新机制。变异后的柯西公式即为如下优选区粒子更新公式。

$$x_{ij}^{p}(t+1) = x_{ij}^{p}(t) \cdot \left(1 + n_t \cdot C(0,1)\right) \tag{7.18}$$

$$n_t = \frac{t_{\max} - t}{t_{\max}} \tag{7.19}$$

其中，n_t 为控制变异步长的参数，$C(0,1)$ 是由柯西分布函数产生的随机数，x_{ij}^{p} 表示优选区粒子的位置，$t_{\max}$ 为最大迭代次数，t 为当前迭代次数。从公式（7.19）可以看出，n_t 能够随着迭代次数的增加而自适应减小，起到了平衡优选区粒子的探索和开发的作用。在进化前期，需要设置一个较大的变异因子值，使得粒子能够跳出局部最优；反之，在进化后期，需要设置一个较小的变异因子值，以加快算法的收敛速度。因此，本文采用了公式（7.19）所示的自适应策略。

疏离区粒子距离种群最优位置较远，为了加快向可能的全局最优解逼近的速度，该区域粒子主要是向优选区粒子进行学习。疏离区粒子更新公式为

$$x_{ij}^{A}(t+1) = c_1 x_{ij}^{A}(t) + c_2\left(x_{ij}(t) - x_{kj}^{p}(t)\right) + c_3\alpha\left(\bar{f} - x_{ij}(t)\right) \tag{7.20}$$

其中，c_1、c_2 和 c_3 为加速因子。从公式（7.20）可以看出，$x_{ij}^{A}(t+1)$ 是由三部分组成的。第一部分和标准 PSO 更新公式的第一部分相同；第二部分中 $x_{kj}^{p}(t)$ 为优选区的粒子，这部分表示疏离区粒子以优选区粒子为学习对象进行状态更新；第三部分引入新的参数 α（α 为一个较小的正数），这部分表示粒子更新过程还受粒子中心位置的牵制，作用是控制粒子的更新范围，增强算法的收敛性。

合理区粒子需要自适应平衡全局搜索和局部开发，因此为合理区粒子设计了竞争切换机制。合理区粒子更新公式分两种情况：（1）当种群未陷入局部最优时，合理区粒子采用传统的粒子更新方式来更新状态，目的是保证种群向全局最优解逐步逼近，保证算法收敛性；（2）当种群陷入局部最优时，粒子当前位置的适应度值与上一次迭代产生的适应度值相同，即 $f(x_i)^t - f(x_i)^{t-1} = 0$ 时，合理区粒子采用公式（7.18）来更新状态，目的是通过自身变异增强种群搜索能力，增加跳出局部最优的概率。

7.4.2　代码实现

基于竞争学习的粒子群优化算法的 MATLAB 代码：

```
%%---------------基于竞争学习的粒子群优化算法-----------------------%%
%% 输入：
%   pop: 种群数量
%   dim: 单个粒子的维度
%   ub: 粒子上边界信息，维度为[1,dim]
%   lb: 粒子下边界信息，维度为[1,dim]
%   fobj: 适应度函数接口
%   vmax: 速度的上边界信息，维度为[1,dim]
%   vmin: 速度的下边界信息，维度为[1,dim]
%   maxIter: 算法的最大迭代次数，用于控制算法的停止
%% 输出:
%   Best_Pos: 粒子群找到的最优位置
%   Best_fitness: 最优位置对应的适应度值
%   IterCure: 用于记录每次迭代的最佳适应度，即后续用来绘制迭代曲线
%   HistoryPosition: 用于记录每代粒子群的位置
%   HistoryBest: 用于记录每代粒子群的最佳位置
function [Best_Pos,Best_fitness,IterCurve,HistoryPosition,HistoryBest] =
CLPSO(pop,dim,ub,lb,fobj,vmax,vmin,maxIter)
    %%设置c1、c2参数
    w = 0.9;                    % 惯性因子
    c1 = 1.49;                  % 加速常数
    c2 = 1.49;                  % 加速常数
    %% 初始化种群速度
    V = initialization(pop,vmax,vmin,dim);
    %% 初始化种群位置
```

```
    X = initialization(pop,ub,lb,dim);

%% 计算适应度值
fitness = zeros(1,pop);
for i = 1:pop
    fitness(i) = fobj(X(i,:));
end
%% 将初始种群作为历史最优
pBest = X;
pBestFitness = fitness;
%% 记录初始全局最优解，默认优化最小值
%寻找适应度最小的位置
[~,index] = min(fitness);
%记录适应度值和位置
gBestFitness = fitness(index);
gBest = X(index,:);

Xnew = X; %新位置
fitnessNew = fitness;%新位置适应度值

IterCurve = zeros(1,maxIter);
%% 开始迭代
for t = 1:maxIter
    %% 种群划分，适应度排序
    [SortFit,SortIndex] = sort(fitness);
    avgFit = mean(fitness); %计算适应度平均值
    stdFit = std(fitness);  %计算适应度标准差
    %中心粒子
    MIndex = 0;
    for i = 1:pop
        if  SortFit(i)>=avgFit
            MIndex = i;
            break;
        end
    end
    MPop = X(SortIndex(MIndex),:);
    %对每个粒子进行更新
    for i = 1:pop
        %速度更新
        r1 = rand(1,dim);
        r2 = rand(1,dim);
        if(fitness(i)<avgFit - stdFit) %优选区
            %柯西变异
            n = (maxIter - t)/maxIter;
            rCauchy = tan((rand() - 0.5).*pi);%柯西随机数
            Xnew(i,:)=X(i,:).*(1 + rCauchy.*n);
        elseif(fitness(i)>avgFit + stdFit)%疏离区
            c3 = 1.49;
            alpha = 1;
            Xnew(i,:)=c1.*X(i,:)+c2.*(pBest(i,:)-X(i,:))+c3*alpha.*(MPop-
X(i,:));
        else%合理区
            V(i,:)=w.*V(i,:)+c1.*r1.*(pBest(i,:)-X(i,:))+c2.*r2.*(gBest-
X(i,:));
            %速度边界检查及约束
            V(i,:) = BoundaryCheck(V(i,:),vmax,vmin,dim);
            %位置更新
```

```
        Xnew(i,:) = X(i,:) + V(i,:);

        %位置边界检查及约束
        Xnew(i,:) = BoundaryCheck(Xnew(i,:),ub,lb,dim);
        %计算新位置适应度值
        fitnessNew(i) = fobj(Xnew(i,:));
        %更新历史最优值
        if fitnessNew(i) < pBestFitness(i)
            pBest(i,:) = Xnew(i,:);
            pBestFitness(i) = fitnessNew(i);
        end
        %更新全局最优值
        if fitnessNew(i)<gBestFitness
            gBestFitness = fitnessNew(i);
            gBest = Xnew(i,:);
        end
    end
    X = Xnew;
    fitness = fitnessNew;
    %% 记录当前迭代最优值和最优适应度值
    %记录最优解
    Best_Pos = gBest;
    %记录最优解的适应度值
    Best_fitness = gBestFitness;
    %记录当前迭代的最优解适应度值
    IterCurve(t) = gBestFitness;
    HistoryBest{t} = Best_Pos;
    %记录当前代粒子群的位置
    HistoryPosition{t} = X;

    end
end
```

基于竞争学习的粒子群优化算法的 Pyhon 代码：

```python
import numpy as np
import copy

'''粒子群初始化函数'''
# pop: 种群数量
# dim: 单个粒子的维度
# ub: 粒子上边界，维度为[1,dim]
# lb: 粒子下边界，维度为[1,dim]
# X: 输出种群，维度为[pop,dim]
def initialization(pop,ub,lb,dim):
    X = np.zeros([pop,dim])
    for i in range(pop):
        for j in range(dim):
            X[i,j] = (ub[j]-lb[j])*np.random.random()+lb[j]
    return X

'''适应度排序'''
def SortFitness(Fit):
    fitness = np.sort(Fit, axis=0)
    index = np.argsort(Fit, axis=0)
    return fitness,index
```

```
''' 边界检查函数 '''
# dim: 数据维度
# x: 输入数据, 维度为 dim
# ub: 数据上边界, 维度为 dim
# lb: 数据下边界, 维度为 dim
def BoundaryCheck(x,ub,lb,dim):
    for i in range(dim):
        if x[i]>ub[i]:
            x[i]=ub[i]
        if x[i]<lb[i]:
            x[i]=lb[i]
    return x

''' 基于竞争学习的粒子群优化算法'''
## 输入:
#    pop: 种群数量
#    dim: 单个粒子的维度
#    ub: 粒子上边界信息, 维度为[1,dim]
#    lb: 粒子下边界信息, 维度为[1,dim]
#    fobj: 为适应度函数接口
#    vmax: 速度的上边界信息, 维度为[1,dim]
#    vmin: 速度的下边界信息, 维度为[1,dim]
#    maxIter: 算法的最大迭代次数, 用于控制算法的停止
## 输出:
#    Best_Pos: 粒子群找到的最优位置
#    Best_fitness: 最优位置对应的适应度值
#    IterCure: 用于记录每次迭代的最佳适应度, 即后续用来绘制迭代曲线
def CLPSO(pop,dim,ub,lb,fobj,vmax,vmin,maxIter):
    # 设置c1、c2 参数
    c1 = 1.49
    c2 = 1.49
    w = 0.9
    # 初始化种群速度
    V = initialization(pop,vmax,vmin,dim)
    # 初始化种群位置
    X = initialization(pop,ub,lb,dim)
    # 计算适应度值
    fitness = np.zeros(pop)
    for i in range(pop):
        fitness[i] = fobj(X[i,:])
    # 将初始种群作为历史最优
    pBest = copy.deepcopy(X)
    pBestFitness = copy.deepcopy(fitness)
    # 记录初始全局最优解, 默认优化最小值
    # 寻找适应度最小的位置
    index = np.argmin(fitness)
    # 记录适应度值和位置
    gBestFitness = fitness[index]
    gBest = copy.deepcopy(X[index,:])
    IterCurve = np.zeros(maxIter)
    ## 开始迭代 ##
    for t in range(maxIter):
        #种群划分, 适应度排序
        SortFit,SortIndex = SortFitness(fitness)  #对适应度值排序
        avgFit = np.mean(fitness)
        stdFit = np.std(fitness)
```

```
        #中心粒子
        MIndex=0
        for j in range(pop):
            if SortFit[j]>=avgFit:
                MIndex=j
                break
        Mpop = np.zeros([1,dim])
        Mpop = copy.copy(X[SortIndex[MIndex],:])
        # 对每个粒子进行更新
        for i in range(pop):
            if fitness[i] < avgFit-stdFit: #优选区
                #柯西变异
                n=(maxIter - t)/maxIter
                rCauchy=np.tan((np.random.random()-0.5)*np.pi) #柯西随机数
                X[i,:]=X[i,:]*(1+rCauchy*n)
            elif fitness[i]>avgFit+stdFit: #疏离区
                c3=1.49
                alpha=0.1
                X[i,:]=c1*X[i,:]+c2*(pBest[i,:]-X[i,:])+c3*alpha*(Mpop-
X[i,:])
            else:
                # 速度更新
                r1 = np.random.random(dim)
                r2 = np.random.random(dim)
                V[i,:]=w*V[i,:]+c1*r1*(pBest[i,:]-X[i,:])+c2*r2*(gBest-
X[i,:])
                # 边界检查
                V[i,:] = BoundaryCheck(V[i,:],vmax,vmin,dim)
                # 位置更新
                X[i,:] = X[i,:] + V[i,:]
            # 边界检查
            X[i,:] = BoundaryCheck(X[i,:],ub,lb,dim)
            # 计算新位置适应度值
            fitness[i] = fobj(X[i,:])
            # 更新历史最优值
            if fitness[i]<pBestFitness[i]:
                pBest[i,:] = copy.copy(X[i,:])
                pBestFitness[i] = fitness[i]
            # 更新全局最优值
            if fitness[i]<gBestFitness:
                gBestFitness = fitness[i]
                gBest = copy.copy(X[i,:])
        ## 记录当前迭代最优值和最优适应度值
        # 记录最优解
        Best_Pos = gBest
        # 记录最优解适应度值
        Best_fitness = gBestFitness
        # 记录当前迭代的最优解适应度值
        IterCurve[t] = gBestFitness
    return Best_Pos,Best_fitness,IterCurve
```

7.4.3　寻优求解对比

本节以第 2 章的基准测试函数 F2 为例，同时运行改进方法与基础粒子群算法，并输出结果进行对比。

F2 函数的函数表达式如表 7.4 所示。

表 7.4　F2 函数的信息

名称	函数表达式（function）	维度（dim）	变量范围值（range）	全局最优值（fmin）
F2	$f_2(x) = \sum\limits_{i=1}^{n}\lvert x_i \rvert + \prod\limits_{i=1}^{n}\lvert x_i \rvert$	30	$[-10,10]$	0

设定粒子群函数种群数量为 30，迭代次数为 500，变量维度为 30，变量范围为 $[-100,100]$，速度范围为 $[-2,2]$。

基于竞争学习的粒子群算法寻优求解对比案例 MATLAB 代码：

```
%% 粒子群算法求解 F2 的最小值
clc;clear all;close all;
%粒子群参数设定
pop = 30;                       %种群数量
dim = 30;                       %变量维度
ub = ones(1,30).*100;           %粒子上边界信息
lb =  ones(1,30).*-100;         %粒子下边界信息
vmax =  ones(1,30).*2;          %粒子的速度上边界
vmin = ones(1,30).*-2;          %粒子的速度下边界
maxIter = 500;                  %最大迭代次数
fobj = @(x) fun(x);             %设置适应度函数为 fun(x)
%粒子群求解问题
[Best_Pos,Best_fitness,IterCurve,HistoryPosition,HistoryBest] = pso(pop,
dim,ub,lb,fobj,vmax,vmin,maxIter);
[Best_Pos1,Best_fitness1,IterCurve1,HistoryPosition1,HistoryBest1]=CLPSO
(pop,dim,ub,lb,fobj,vmax,vmin,maxIter);
%绘制迭代曲线
figure
semilogy(IterCurve,'b-','linewidth',1.5);
hold on
semilogy(IterCurve1,'r-','linewidth',1.5);
grid on;%网格开
title('粒子群迭代曲线')
xlabel('迭代次数')
ylabel('适应度值')
disp(['基础粒子群算法结果：'])
disp(['求解得到的 x 为']);
disp(Best_Pos)
disp(['最优解对应的函数值为：',num2str(Best_fitness)]);
disp(['基于竞争学习的粒子群优化算法：'])
disp(['求解得到的 x 为']);
disp(Best_Pos1)
disp(['最优解对应的函数值为：',num2str(Best_fitness1)]);
legend('PSO','CLPSO')
```

运行结果如图 7.11 所示。

```
基础粒子群算法结果：
求解得到的 x 为
    4.5658    -0.3115    -5.4678    22.7316     0.0009    -0.5880    -0.1864
   -4.2177    -0.1157    13.6018    -9.4556    -0.1706    -7.2608   -17.5501
   11.5975    31.4792    27.8703    13.8557    -0.1935    -2.1761   -24.1045
    0.8501    11.6621     0.1360
```

```
    7.4221    -0.2671    -0.0250    0.0120    -7.2115    2.2649
最优解对应的函数值为: 435309.1521
基于竞争学习的粒子群优化算法:
求解得到的 x 为
    0.0771    27.4552    -0.1827    -2.3334    -0.3259    -0.1069    23.4909
0.1714    0.0784    -0.0064    0.0911    1.8245    -38.1796    0.0061
-13.2536    -0.2786    -0.1921    -24.1624    -5.4878    0.2353    0.4458
19.0442    0.2927    -10.9575    -1.7887    2.6449    4.7228    -0.1066
-1.0579    23.0544
最优解对应的函数值为: 202.1406
```

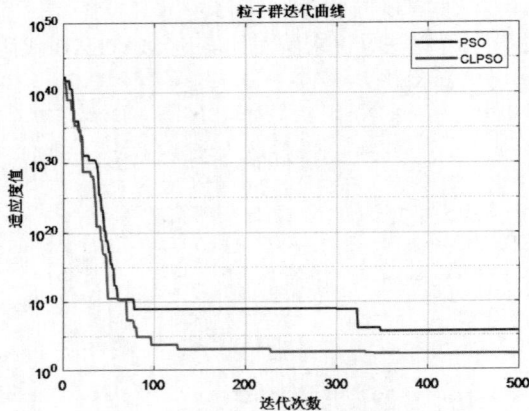

图 7.11　迭代曲线对比图（MATLAB）

基于竞争学习的粒子群算法寻优求解对比案例 Python 代码:

```python
import numpy as np
import pso as pso
import CLPSO as CLPSO
from matplotlib import pyplot as plt

'''适应度函数'''
def fun(x):
    fitness = np.sum(np.abs(x))+np.prod(np.abs(x))
    return fitness

''' 粒子群算法求解 F2 的最小值'''
# 粒子群参数设定
pop = 30                        #种群数量
dim = 30                        #变量维度
ub = np.ones(dim)*100           #粒子上边界信息
lb = np.ones(dim)*-100          #粒子下边界信息
fobj = fun                      #适应度函数
vmax = np.ones(dim)*2           #粒子的速度上边界
vmin = np.ones(dim)*-2          #粒子的速度下边界
maxIter = 500                   #最大迭代次数
# 求解
Best_Pos,Best_fitness,IterCurve = pso.pso(pop,dim,ub,lb,fobj,vmax,vmin,
maxIter)
Best_Pos1,Best_fitness1,IterCurve1=CLPSO.CLPSO(pop,dim,ub,lb,fobj,vmax,
vmin,maxIter)
```

```
'''打印结果'''
print('基础粒子群算法结果:')
print('最优解的适应度值:', Best_fitness)
print('最优值:', Best_Pos)

print('竞争学习的粒子群优化算法:')
print('最优解的适应度值:', Best_fitness1)
print('最优值:', Best_Pos1)

# 绘制适应度曲线
plt.figure(1)
plt.semilogy(IterCurve, linewidth=2, linestyle='-')
plt.semilogy(IterCurve1, linewidth=2, linestyle='-')
plt.xlabel('Iteration', fontsize='medium')
plt.ylabel("Fitness", fontsize='medium')
plt.grid()
plt.title('Iterative curve', fontsize='large')
plt.legend(['PSO','CLPSO'], loc='upper right')
plt.show()
```

运行结果如图 7.12 所示。

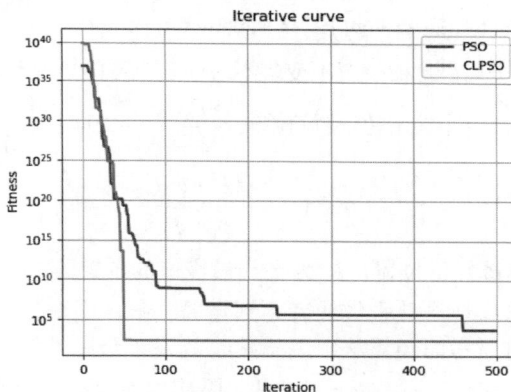

图 7.12　迭代曲线对比图（Python）

```
基础粒子群算法结果:
最优解的适应度值: 5607.615722004306
最优值: [ 9.05000873e-01  2.37133739e-01  7.30388840e+00  7.53455113e+00
 -3.90673896e+00 -1.00896473e+00  4.34724815e+00 -1.41494391e+01
  1.16219372e+01  1.52481087e+01  3.15119751e+00 -1.25485657e-01
  1.43007728e+00  1.73356275e-02  2.12017817e+01  9.96691505e+00
 -1.76526487e-01 -6.41493880e-03 -1.36488055e+01 -8.22883702e-01
 -5.62336478e-02 -1.61185142e+01 -6.57373167e-06 -5.21403699e+00
 -4.50089680e+00  3.52344057e+00 -1.38343298e+01  3.31638791e-01
 -9.78967900e+00  1.83161315e+01]
竞争学习的粒子群优化算法:
最优解的适应度值: 261.1883489214731
最优值: [ 16.28489748  14.79977364 -22.88603588  11.91623588   0.45954897
  -0.62682144 -22.65031794   0.          0.43492976  -6.082231
  11.64527189  -1.58229038  -1.67484309  -2.60916001 -17.54326381
  -4.30841157  -8.98931965 -17.13491989  -4.03219783  18.22052206
  -0.85267867  -3.78389994   1.11574372  -9.19988909   6.97322194
   2.5693706  -36.34363713   0.4916314    1.61402782  14.36325644]
```

7.5　基于紧凑度和调度处理的粒子群优化算法

针对标准粒子群优化算法存在收敛速度慢和难以跳出局部最优等问题，提出了一种基于紧凑度和调度处理的粒子群优化算法[5]（PCS-PSO）。即给出了粒子紧凑度和调度处理的概念和方法，通过动态评价粒子群中各粒子间的紧凑程度，确定调度的粒子，进而对其进行调度处理，避免粒子陷入局部最优。

7.5.1　紧凑度

定理：如果粒子群算法陷入早熟收敛或者达到全局收敛，则群体适应度方差 σ^2 等于 0。

证明令 $\varphi_1 = c_1 r_1$，$\varphi_2 = c_2 r_2$，其中 w 为惯性权值；c_1 和 c_2 是加速系数；r_1 和 r_2 均为 $[0,1]$ 的随机数，结合基础粒子群速度更新公式和位置更新公式得：

$$X_i(t+2) = (1 + w - \varphi_1 - \varphi_2) X_i(t+1) - w X_i(t) + \varphi_1 P_i(t+1) + \varphi_2 P_k(t+1) \quad (7.21)$$

在个体最优值、全局最优值位置不变且不考虑随机量的情况下，当满足 $1 - w > 0$ 且 $2w + 2 - \varphi_1 - \varphi_2 > 0$ 时，单个粒子的位置将趋向 $\dfrac{\varphi_1 P_i + \varphi_2 P_b}{\varphi_1 + \varphi_2}$；即当 $\begin{cases} 1 - w > 0 \\ 2w + 2 - \varphi_1 - \varphi_2 > 0 \end{cases}$ 时，

$$\lim_{t \to \infty} X(t) = \frac{\varphi_1 P_i + \varphi_2 P_g}{\varphi_1 + \varphi_2} \quad (7.22)$$

其中，P_i 为个体最优值位置，P_g 为全局最优值的位置。

如果粒子群算法出现早熟收敛或者达到全局收敛，则个体最优值、全局最优值不再发生变化；此时需考虑当算法出现早熟收敛或者全局收敛时，随机量 φ_1、φ_2 对粒子的影响，由于 $\varphi_1 = c_1 r_1$，$\varphi_2 = c_2 r_2$，r_1 和 r_2 服从均匀分布，为了简化处理，利用其期望值进行观察，即

$$E(\varphi_1) = E(c_1 r_1) = c_1 \int_0^1 \frac{x}{1-0} \mathrm{d}x = \frac{c_1}{2} \quad (7.23)$$

$$E(\varphi_2) = E(c_2 r_2) = c_2 \int_0^1 \frac{x}{1-0} \mathrm{d}x = \frac{c_2}{2} \quad (7.24)$$

由（7.23）、（7.24）两公式可知，φ_1、φ_2 的期望值 $E(\varphi_1)$、$E(\varphi_2)$ 均为常数，因此可不考虑其影响，当粒子群算法陷入早熟收敛或达到全局收敛时，公式（7.23）成立。粒子群在多数实际寻优过程中，无论是找到了最优解或是陷入某个局部最优解还是算法停滞，在算法的整个过程中 $P_g(t)$ 的变化将会逐步减小，最终趋于停止，$P_i(t)$ 将逐步趋向 $P_g(t)$。因此，当搜索时间无限时，所有粒子的位置将逐步靠近并停止于 $\dfrac{\varphi_1 P_i + \varphi_2 P_g}{\varphi_1 + \varphi_2} = P_k$ 处。当粒子群出现早熟收敛或全局收敛时，存在

$$f\left(X_i\right)=f\left(P_g\right), f_{\text{avg}}\left(X\right)=\frac{1}{m}\sum_{i=1}^{m}f\left(X_i\right)=f\left(P_g\right)，即 \sigma^2=\sum_{i=1}^{m}\left(f\left(X_i\right)-f_{\text{arg}}\left(X\right)\right)^2=0，定$$

理得证。

由定理可知，当粒子群出现早熟或全局收敛时，群体的适应度方差等于 0。此时，种群的全局探索能力较弱，为了避免种群陷入局部最优，这里提出了紧凑度的概念，即当两粒子间的适应度差值在一个阈值范围内时，就认定此时两粒子处于紧凑状态。虽然处于紧凑状态的粒子能够增强局部搜索能力，但却降低了粒子群的全局探索能力，使种群更容易出现早熟收敛。因此，这里根据经验值设定具体的紧凑度阈值，当相邻两粒子间的适应度差值小于此阈值时，就可认定两粒子已达到了紧凑状态，否则，两粒子未达到紧凑状态。

7.5.2　粒子调度处理的方法

对粒子进行调度处理的主要目标是，在提高算法寻优精度的同时，加快算法的收敛速度。为了提高算法的寻优精度，这里利用公式（7.25）、（7.26）对粒子的历史最优位置 P_i、当前位置 X_i 进行处理，从而改变粒子的运动轨迹，扩大粒子群的搜索范围。由于有全局最优位置 P_g 的参与和调度系数 c_3 的控制，调度粒子能够在 P_g 周围进行搜索，提高算法的寻优精度，同时使得粒子搜索到优于已有 P_g 的概率大大提高，加快算法的收敛速度。

$$p_{id}=c_3 p_{gd}+r_3\left(p_{gd}-x_{kd}\right) \tag{7.25}$$

$$x_{id}=p_{gd}+r_4\left(p_{gd}-p_{hd}\right) \tag{7.26}$$

其中，r_3、$r_4\in[0,1]$，k、$h\in\{1,2,\cdots,m\}$，$d\in\{1,2,\cdots,D\}$，且 k、h 均为随机值，这些参数的随机性保证了算法具有很强的探索能力；c_3 为调度系数，用于控制调度粒子对 P_g 的跟随程度，在提高算法寻优精度的同时尽量避免陷入局部最优。

控制种群位置多样性是提高算法全局探索能力的重要手段之一，因此 PCS-PSO 算法在处理调度粒子时，通过以一定的小概率 p_1 随机改变粒子的当前位置而不受 P_g 的限制，提高算法的全局探索能力。此时虽然会在一定程度上减慢整个种群的收敛速度，但通过小概率 p_1 的控制，可以有效地协调收敛速度与全局探索力度，使种群在快速搜索全局最优值的同时，能够扩大搜索范围，增强算法的全局探索能力。具体做法如公式（7.27）所示。

$$x_{id}=N+r_5(M-N),\ \text{rand}<p_1 \tag{7.27}$$

算法步骤如下。

（1）随机初始化粒子群中各粒子的速度和位置。

$$v_{id}=N+\text{rand}\times(M-N)$$
$$x_{id}=N+\text{rand}\times(M-N)$$

（2）更新粒子群中所有粒子的速度和位置。

$$v_{id}^{k+1} = wv_{id}^k + c_1 r_1 \left(p_{id} - x_{id}^k \right) + c_2 r_2 \left(p_{gd} - x_{id}^k \right)$$

$$x_{id}^{k+1} = x_{id}^k + v_{id}^{k+1}$$

（3）将粒子按当前适应度值的大小排序。

（4）若相邻两粒子处于紧凑状态，则对前一粒子进行如下调度处理。
若产生的随机数 rand $< p_1$，则 $x_{id} = N + r_5 (M - N)$；

否则，$p_{id} = c_3 p_{gd} + r_3 \left(p_{gd} - x_{kd} \right), x_{id} = p_{gd} + r_4 \left(p_{gd} - p_{hd} \right)$。

（5）若粒子的当前适应度值优于目前的全局最优值，则更新粒子群 P_g。

（6）判断是否满足结束条件，若不满足，跳转至（2）；否则，算法结束。

7.5.3　代码实现

基于紧凑度和调度处理的粒子群优化算法的 MATLAB 代码。

```
%%-------------基于紧凑度和调度处理的粒子群优化算法-------------%%
%% 输入:
%   pop: 种群数量
%   dim: 单个粒子的维度
%   ub: 粒子上边界信息，维度为[1,dim]
%   lb: 粒子下边界信息，维度为[1,dim]
%   fobj: 适应度函数接口
%   vmax: 速度的上边界信息，维度为[1,dim]
%   vmin: 速度的下边界信息，维度为[1,dim]
%   maxIter: 算法的最大迭代次数，用于控制算法的停止
%% 输出:
%   Best_Pos: 粒子群找到的最优位置
%   Best_fitness: 最优位置对应的适应度值
%   IterCure: 用于记录每次迭代的最佳适应度，即后续用来绘制迭代曲线
%   HistoryPosition: 用于记录每代粒子群的位置
%   HistoryBest: 用于记录每代粒子群的最佳位置
function [Best_Pos,Best_fitness,IterCurve,HistoryPosition,HistoryBest] =
PCSPSO(pop,dim,ub,lb,fobj,vmax,vmin,maxIter)
    %%设置c1、c2参数
    w = 0.9;
    c1 = 2.0;
    c2 = 2.0;
    %% 初始化种群速度
    V = initialization(pop,vmax,vmin,dim);
    %% 初始化种群位置
    X = initialization(pop,ub,lb,dim);

    %% 计算适应度值
    fitness = zeros(1,pop);
    for i = 1:pop
        fitness(i) = fobj(X(i,:));
    end
    %% 将初始种群作为历史最优
    pBest = X;
    pBestFitness = fitness;
    %% 记录初始全局最优解，默认优化最小值
    %寻找适应度最小的位置
    [~,index] = min(fitness);
```

```matlab
%记录适应度值和位置
gBestFitness = fitness(index);
gBest = X(index,:);

Xnew = X; %新位置
fitnessNew = fitness;%新位置适应度值

IterCurve = zeros(1,maxIter);
%% 开始迭代
for t = 1:maxIter
    %对每个粒子进行更新
    for i = 1:pop
        %速度更新
        r1 = rand(1,dim);
        r2 = rand(1,dim);
        V(i,:)=w.*V(i,:)+c1.*r1.*(pBest(i,:)-X(i,:))+c2.*r2.*(gBest-X(i,:));
        %速度边界检查及约束
        V(i,:) = BoundaryCheck(V(i,:),vmax,vmin,dim);
        %位置更新
        Xnew(i,:) = X(i,:) + V(i,:);
        %位置边界检查及约束
        Xnew(i,:) = BoundaryCheck(Xnew(i,:),ub,lb,dim);
        %计算新位置适应度值
        fitnessNew(i) = fobj(Xnew(i,:));
        %更新历史最优值
        if fitnessNew(i) < pBestFitness(i)
            pBest(i,:) = Xnew(i,:);
            pBestFitness(i) = fitnessNew(i);
        end
        %更新全局最优值
        if fitnessNew(i)<gBestFitness
            gBestFitness = fitnessNew(i);
            gBest = Xnew(i,:);
        end
    end
    X = Xnew;
    fitness = fitnessNew;
    %% 对粒子进行排序
    [SortFit,SortIndex]=sort(fitness);
    threshHold = 100;%设置紧凑度阈值
    p1 = 0.05;
    for i = 2:2:pop
        if(abs(SortFit(i) - SortFit(i-1))<threshHold)%判断紧凑度
            if rand<p1
                Temp = (ub-lb).*rand(1,dim)+lb;
                fTemp = fun(Temp);
                if fTemp<fitness(SortIndex(i-1))
                    fitness(SortIndex(i-1)) = fTemp;
                    X(SortIndex(i-1),:) = Temp;
                end
            else
                c3 = 0.5;
                IndexR = randi(pop,[1,2]);
                k = IndexR(1);
                h = IndexR(2);
                Temp = c3.*gBest+rand.*(gBest-X(k,:));
```

```
                      Temp(Temp>ub) = ub(Temp>ub);
                      Temp(Temp<lb) = lb(Temp<lb);
                      fTemp = fun(Temp);
                      if fTemp<pBestFitness(SortIndex(i-1))
                          pBestFitness(SortIndex(i-1)) = fTemp;
                          pBest(SortIndex(i-1),:) = Temp;
                      end
                      Temp = gBest + rand.*(gBest - pBest(h,:));
                      Temp(Temp>ub) = ub(Temp>ub);
                      Temp(Temp<lb) = lb(Temp<lb);
                      fTemp = fun(Temp);
                       if fTemp<fitness(SortIndex(i-1))
                          fitness(SortIndex(i-1)) = fTemp;
                          X(SortIndex(i-1),:) = Temp;
                      end
                  end
              if  fitness(SortIndex(i-1))<pBestFitness(SortIndex(i-1))
                      pBestFitness(SortIndex(i-1)) = fitness(SortIndex(i-1));
                      pBest(SortIndex(i-1),:) = X(SortIndex(i-1),:);
                  end
              end
          end
        [minF,minIndex] = min(fitness);
        if minF<gBestFitness
            gBestFitness = minF;
            gBest = X(minIndex,:);
        end

        %% 记录当前迭代最优值和最优适应度值
        %记录最优解
        Best_Pos = gBest;
        %记录最优解的适应度值
        Best_fitness = gBestFitness;
        %记录当前迭代的最优解适应度值
        IterCurve(t) = gBestFitness;
        HistoryBest{t} = Best_Pos;
        %记录当前代粒子群的位置
        HistoryPosition{t} = X;

    end
end
```

基于紧凑度和调度处理的粒子群优化算法的 Python 代码：

```python
import numpy as np
import copy

'''粒子群初始化函数'''
# pop: 种群数量
# dim: 单个粒子的维度
# ub: 粒子上边界，维度为[1,dim]
# lb: 粒子下边界，维度为[1,dim]
# X: 输出种群，维度为[pop,dim]
def initialization(pop,ub,lb,dim):
    X = np.zeros([pop,dim])
    for i in range(pop):
        for j in range(dim):
            X[i,j] = (ub[j]-lb[j])*np.random.random()+lb[j]
```

```
        return X

''' 边界检查函数 '''
# dim: 数据维度
# x: 输入数据, 维度为dim
# ub: 数据上边界, 维度为dim
# lb: 数据下边界, 维度为dim
def BoundaryCheck(x,ub,lb,dim):
    for i in range(dim):
        if x[i]>ub[i]:
            x[i]=ub[i]
        if x[i]<lb[i]:
            x[i]=lb[i]
    return x


'''适应度排序'''


def SortFitness(Fit):
    fitness = np.sort(Fit, axis=0)
    index = np.argsort(Fit, axis=0)
    return fitness, index


'''根据适应度对位置进行排序'''


def SortPosition(X, index):
    Xnew = np.zeros(X.shape)
    for i in range(X.shape[0]):
        Xnew[i, :] = X[index[i], :]
    return Xnew

''' 基于紧凑度和调度处理的粒子群优化算法'''
## 输入:
#   pop: 种群数量
#   dim: 单个粒子的维度
#   ub: 粒子上边界信息, 维度为[1,dim]
#   lb: 粒子下边界信息, 维度为[1,dim]
#   fobj: 适应度函数接口
#   vmax: 速度的上边界信息, 维度为[1,dim]
#   vmin: 速度的下边界信息, 维度为[1,dim]
#   maxIter: 算法的最大迭代次数, 用于控制算法的停止
## 输出:
#   Best_Pos: 粒子群找到的最优位置
#   Best_fitness: 最优位置对应的适应度值
#   IterCure: 用于记录每次迭代的最佳适应度, 即后续用来绘制迭代曲线
def PCSPSO(pop,dim,ub,lb,fobj,vmax,vmin,maxIter):
    # 设置c1、c2参数
    w=0.9
    c1 = 2.0
    c2 = 2.0
    # 初始化种群速度
    V = initialization(pop,vmax,vmin,dim)
    # 初始化种群位置
    X = initialization(pop,ub,lb,dim)
```

```python
    # 计算适应度值
    fitness = np.zeros(pop)
    for i in range(pop):
        fitness[i] = fobj(X[i,:])
    # 将初始种群作为历史最优
    pBest = copy.deepcopy(X)
    pBestFitness = copy.deepcopy(fitness)
    # 记录初始全局最优解，默认优化最小值
    # 寻找适应度最小的位置
    index = np.argmin(fitness)
    # 记录适应度值和位置
    gBestFitness = fitness[index]
    gBest = copy.deepcopy(X[index,:])
    IterCurve = np.zeros(maxIter)
    ## 开始迭代 ##
    for t in range(maxIter):
        # 对每个粒子进行更新
        for i in range(pop):
            # 速度更新
            r1 = np.random.random(dim)
            r2 = np.random.random(dim)
            V[i,:] = w*V[i,:] + c1*r1*(pBest[i,:]-X[i,:]) + c2*r2*(gBest-
X[i,:])
            # 边界检查
            V[i,:] = BoundaryCheck(V[i,:],vmax,vmin,dim)
            # 位置更新
            X[i,:] = X[i,:] + V[i,:]
            # 边界检查
            X[i,:] = BoundaryCheck(X[i,:],ub,lb,dim)
            # 计算新位置适应度值
            fitness[i] = fobj(X[i,:])
            # 更新历史最优值
            if fitness[i]<pBestFitness[i]:
                pBest[i,:] = copy.copy(X[i,:])
                pBestFitness[i] = fitness[i]
            # 更新全局最优值
            if fitness[i]<gBestFitness:
                gBestFitness = fitness[i]
                gBest = copy.copy(X[i,:])
        # 对粒子进行排序
        fitness, SortIndex = SortFitness(fitness)
        X = SortPosition(X, SortIndex)
        threshHold = 100  # 设置紧凑度阈值
        pl = 0.05
        for i in range(1, pop, 2):
            if np.abs(fitness[i]-fitness[i-1]) < threshHold:
                if np.random.random() < pl:
                    Temp = np.zeros([1, dim])
                    for j in range(dim):
                        Temp[0, j] = (ub[j]-lb[j])*np.random.random()+lb[j]
                    fTemp = fobj(Temp[0, :])
                    if fTemp < fitness[i-1]:
                        fitness[i-1] = fTemp
                        X[i-1, :] = copy.copy(Temp[0, :])
                else:
                    c3 = 0.5
                    k = np.random.randint(pop)
                    h = np.random.randint(pop)
                    Temp = np.zeros([1, dim])
                    Temp[0,:]=c3*gBest+np.random.random()*(gBest-X[k,:])
```

```
        for j in range(dim):
            if Temp[0, j] > ub[j]:
                Temp[0, j] = ub[j]
            if Temp[0, j] < lb[j]:
                Temp[0, j] = lb[j]
        fTemp = fobj(Temp[0, :])
        if fTemp < pBestFitness[i]:
            pBestFitness[i] = fTemp
            pBest[i, :] = copy.copy(Temp[0, :])
        if fTemp < fitness[i-1]:
            fitness[i-1] = fTemp
            X[i-1, :] = copy.copy(Temp[0, :])
        Temp[0,:]=gBest+np.random.random()*(gBest-pBest[h,:])
        for j in range(dim):
            if Temp[0, j] > ub[j]:
                Temp[0, j] = ub[j]
            if Temp[0, j] < lb[j]:
                Temp[0, j] = lb[j]
        fTemp = fobj(Temp[0, :])
        if fTemp < fitness[i]:
            fitness[i] = fTemp
            X[i, :] = copy.copy(Temp[0, :])
        if fTemp < pBestFitness[i]:
            pBestFitness[i] = fTemp
            pBest[i, :] = copy.copy(Temp[0, :])
    minIndex = np.argmin(fitness)  # 寻找最小适应度值
    if fitness[minIndex] < gBestFitness:
        # 记录最优位置
        gBestFitness = copy.copy(fitness[minIndex])
        gBest = copy.copy(X[minIndex, :])
    ## 记录当前迭代最优值和最优适应度值
    # 记录最优解
    Best_Pos = gBest
    # 记录最优解适应度值
    Best_fitness = gBestFitness
    # 记录当前迭代的最优解适应度值
    IterCurve[t] = gBestFitness
return Best_Pos,Best_fitness,IterCurve
```

7.5.4　寻优求解对比

本节以第 2 章的基准测试函数 F1 为例，同时运行改进方法与基础粒子群算法，并输出结果进行对比。

F1 函数的函数表达式如表 7.5 所示。

表 7.5　F1 函数的信息

名称	函数表达式（function）	维度（dim）	变量范围值（range）	全局最优值（fmin）
F1	$f_1(x) = \sum_{i=1}^{n} x_i^2$	30	$[-100,100]$	0

设定粒子群函数种群数量为 30，迭代次数为 1500，变量维度为 30，变量范围为 $[-100,100]$，速度范围为 $[-2,2]$。

基于紧凑度和调度处理的粒子群优化算法寻优求解 MATLAB 代码：

```
%% 粒子群算法求解 F1 的最小值
clc;clear all;close all;
%粒子群参数设定
pop = 30;                           %种群数量
dim = 30;                           %变量维度
ub = ones(1,30).*100;               %粒子上边界信息
lb =  ones(1,30).*-100;             %粒子下边界信息
vmax =  ones(1,30).*2;              %粒子的速度上边界
vmin = ones(1,30).*-2;              %粒子的速度下边界
maxIter = 1500;                     %最大迭代次数
fobj = @(x) fun(x);                 %设置适应度函数为 fun(x)
%粒子群求解问题
[Best_Pos,Best_fitness,IterCurve,HistoryPosition,HistoryBest] = pso(pop,
dim,ub,lb,fobj,vmax,vmin,maxIter);
[Best_Pos1,Best_fitness1,IterCurve1,HistoryPosition1,HistoryBest1]=PCSPSO
(pop,dim,ub,lb,fobj,vmax,vmin,maxIter);
%绘制迭代曲线
figure
semilogy(IterCurve,'b-','linewidth',1.5);
hold on
semilogy(IterCurve1,'r-','linewidth',1.5);
grid on;%网格开
title('粒子群迭代曲线')
xlabel('迭代次数')
ylabel('适应度值')
disp(['基础粒子群算法结果: '])
disp(['求解得到的 x 为']);
disp(Best_Pos)
disp(['最优解对应的函数值为: ',num2str(Best_fitness)]);
disp(['基于紧凑度和调度处理的粒子群优化算法: '])
disp(['求解得到的 x 为']);
disp(Best_Pos1)
disp(['最优解对应的函数值为: ',num2str(Best_fitness1)]);
legend('PSO','PCSPSO')
```

运行结果如图 7.13 所示。

```
基础粒子群算法结果:
求解得到的 x 为
     0.2403    -1.1864    -0.2661    -0.4326    -0.9210    -0.0665     1.0320
 0.5786    -0.4843     0.6824    -0.1196    -0.6996     0.8169     0.5073
-0.6574     0.2977     1.1094    -0.9907     0.4330     0.3031     1.2565
-0.1843    -0.8800    -0.6468    -0.9454    -0.7027    -0.4608     0.2068
-0.2347     0.4895

最优解对应的函数值为: 13.8595
基于紧凑度和调度处理的粒子群优化算法:
求解得到的 x 为     -0.1633    -0.0823     0.2559    -0.3013    -0.1490     0.0192
 0.0913     0.0881    -0.1744    -0.1318    -0.0050     0.0456     0.0941
 0.2293    -0.1056    -0.1662     0.1039    -0.0621     0.0170    -0.2035
 0.0616     0.0458     0.2222    -0.1200    -0.0130     0.1662    -0.0500
 0.0589    -0.0493     0.0156

最优解对应的函数值为: 0.54096
```

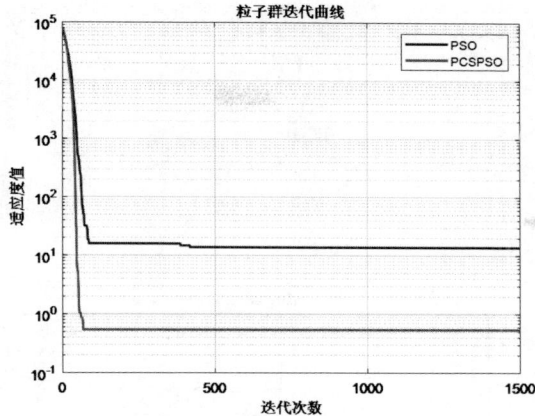

图 7.13 迭代曲线对比图（MATLAB）

基于紧凑度和调度处理的粒子群优化算法寻优求解 Python 代码：

```python
import numpy as np
import pso as pso
import PCSPSO as PCSPSO
from matplotlib import pyplot as plt

'''适应度函数'''
def fun(x):
    fitness = np.sum(x**2)
    return fitness

''' 粒子群算法求解 F1 的最小值'''
# 粒子群参数设定
pop = 30                          #种群数量
dim = 30                          #变量维度
ub = np.ones(dim)*100             #粒子上边界信息
lb = np.ones(dim)*-100            #粒子下边界信息
fobj = fun                        #适应度函数
vmax = np.ones(dim)*2             #粒子的速度上边界
vmin = np.ones(dim)*-2            #粒子的速度下边界
maxIter = 500                     #最大迭代次数
# 求解
Best_Pos,Best_fitness,IterCurve = pso.pso(pop,dim,ub,lb,fobj,vmax,vmin,
maxIter)
Best_Pos1,Best_fitness1,IterCurve1=PCSPSO.PCSPSO(pop,dim,ub,lb,fobj,vmax,
vmin,maxIter)

'''打印结果'''
print('基础粒子群算法结果:')
print('最优解的适应度值:', Best_fitness)
print('最优值:', Best_Pos)

print('基于紧凑度和调度处理的粒子群优化算法:')
print('最优解的适应度值:', Best_fitness1)
print('最优值:', Best_Pos1)

# 绘制适应度曲线
plt.figure(1)
```

```
plt.semilogy(IterCurve, linewidth=2, linestyle='-')
plt.semilogy(IterCurve1, linewidth=2, linestyle='-')
plt.xlabel('Iteration', fontsize='medium')
plt.ylabel("Fitness", fontsize='medium')
plt.grid()
plt.title('Iterative curve', fontsize='large')
plt.legend(['PSO', PCSPSO], loc='upper right')
plt.show()
```

运行结果如图7.14所示。

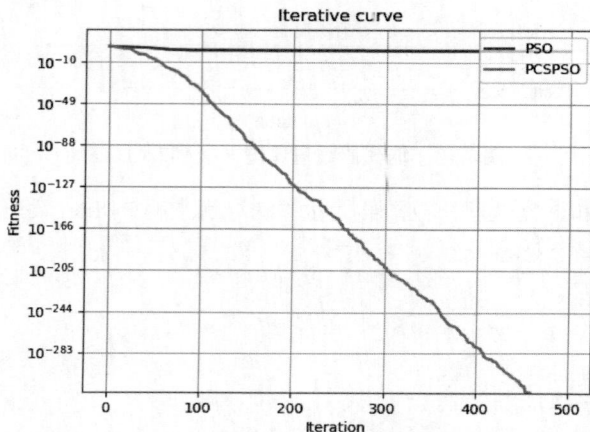

图 7.14　迭代曲线对比图（Python）

基础粒子群算法结果：
最优解的适应度值：13.220015737085983
最优值：[-0.47629522　0.21329724　0.41639251　0.223469　-1.1270191
-1.15192937
　0.45475537　0.06975614　-1.56602843　0.95656018　0.19830347　0.20843233
　1.22858816　-0.28168026　-0.14492323　0.49992696　-0.88202391　0.54659313
　0.36619519　-0.53292676　0.96846361　-0.4463C341　-0.05961963　-0.67415574
　0.9249863　0.34322417　-0.14565246　0.50334555　0.05597009　0.51433595]
基于紧凑度和调度处理的粒子群优化算法：
最优解的适应度值：0.0
最优值：[3.96268825e-165　-8.44701169e-164　-2.08943444e-164　1.33641123e-
163
　-1.83942945e-167　3.80329441e-164　2.33950664e-163　-5.26335820e-165
　-2.04607269e-163　1.97995580e-164　-1.26011511e-163　-6.69245979e-164
　4.86376236e-163　9.69350666e-164　-3.51915809e-163　-6.80094878e-164
　3.92092941e-164　-3.78609528e-163　-7.63795762e-163　-2.88348368e-163
　4.68823457e-166　-5.76079241e-165　-2.09354954e-164　-3.37156578e-165
　1.38402746e-163　-1.46467709e-163　-3.48172526e-165　-3.09237821e-163
　-5.92949733e-164　7.68073128e-164]
```
```

参 考 文 献

[1]吴凡，洪思，杨冰，等. 曲线递增策略的自适应粒子群算法研究[J]. 计算机应用研究，2021，38（6）：1653-1656+1661. DOI：10.19734/j.issn.1001-3695.2020.09.0235.

[2]徐灯，傅晶，王文丰，等. 加权变异的粒子群算法[J]. 南昌工程学院学报，2021，40（1）：51-56+82.

[3]张津源，张军，季伟东，等. 具备自纠正和逐维学习能力的粒子群算法[J]. 小型微型计算机系统，2021，42（5）：919-926.

[4]张钰，王蕾，周红标，等. 基于竞争学习的粒子群优化算法设计及应用[J]. 计算机测量与控制，2021，29（8）：182-189. DOI：10.16526/j.cnki.11-4762/tp.2021.08.036.

[5]周丹，葛洪伟，苏树智，等. 基于紧凑度和调度处理的粒子群优化算法[J]. 计算机科学与探索，2016，10（5）：742-750.

[6]赵乃刚，邓景顺. 粒子群优化算法综述[J]. 科技创新导报，2015，12（26）：216-217. DOI：10.16660/j.cnki.1674-098x.2015.26.114.

[7]陈克伟，范旭. 智能优化算法及其 Matlab 实现［M］. 北京：电子工业出版社，2021：1-208.

[8] LIANG J，SUGANTHAN P，DEB K. Novel composition test functions for numerical global optimization［C］//Swarm Intelligence Symposium，2005. SIS 2005. Proceedings 2005 IEEE，2005：68-75.

[9]范旭，陈克伟，魏曙光. Python 智能优化算法：从原理到代码实现与应用［M］. 北京：电子工业出版社，2022：1-269.

[10]雷利华，马冠一，蔡晓静，等.基于 Chebyshev 映射的混沌序列研究[J]. 计算机工程，2009，35（24）：4-6.

[11]贺兴时，杨旭日. 混沌映射的粒子群算法分析比较[J]. 纺织高校基础科学学报，2023，36（1）：86-93. DOI：10.13338/j.issn.1006-8341.2023.01.012.

[12]赵霞，张君毅，龙倩倩. 基于 Circle 混沌映射的 ISSA-ELM 神经网络室内可见光定位方法[J]. 光学学报，2023，43（2）：33-42.

[13]张娴子，刘衍民，刘君，等. 嵌入 Circle 映射的混合策略多目标粒子群算法[J]. 遵义师范学院学报，2023，25（4）：89-95.

[14]赵宇，彭珍瑞. 混沌鲸鱼优化算法及其在有限元模型修正中的应用[J]. 兰州交通大学学报，2021，40（1）：39-45.

[15]李国成，李娟，周本达. 几种混沌布谷鸟搜索算法的优化性能比较与仿真

[J]. 贵州师范大学学报（自然科学版），2015，33（2）：66-71. DOI：10.16614/j.cnki.issn1004-5570.2015.02.014.

[16]吕志皓，宋大全，薛博文，等. Logistic 混沌映射最低数字位 5 的特性研究[J]. 牡丹江师范学院学报（自然科学版），2024，（1）：9-13. DOI：10.13815/j.cnki.jmtc（ns）.2024.01.009.

[17]范九伦，张雪锋. 分段 Logistic 混沌映射及其性能分析[J]. 电子学报，2009，37（4）：720-725.

[18]万洪莉，张敏情，柯彦，等. 基于 Piecewise 映射的安全密文域可逆信息隐藏算法[J]. 现代电子技术，2024，47（14）：1-8. DOI：10.16652/j.issn.1004-373x.2024.14.001.

[19]朱和贵，蒲宝明，朱志良，等. 二维 Sine-Tent 超混沌映射及其在图像加密中的应用[J]. 小型微型计算机系统，2019，40（7）：1510-1518.

[20]刘磊，姜博文，周恒扬，等. 融合改进 Sine 混沌映射的新型粒子群优化算法[J]. 西安交通大学学报，2023，57（8）：182-193.

[21]楚哲宇，唐秀英，谭庆，等. 基于逐维高斯变异的混沌麻雀优化算法[J]. 自动化应用，2021，（8）：60-63. DOI：10.19769/j.zdhy.2021.08.019.

[22]叶馨，叶尹. 基于 sinusoidal 混沌与能量谷优化算法的工程结构设计[J]. 智能物联技术，2024，56（3）：117-123.

[23]单梁，强浩，李军，等. 基于 Tent 映射的混沌优化算法[J]. 控制与决策，2005，（2）：179-182. DOI：10.13195/j.cd.2005.02.60.shanl.013.

[24]孙文捷，张惠珍，张健，等. 基于 Fuch 映射的混沌蝙蝠算法[J]. 上海理工大学学报，2014，36（1）：26-30. DOI：10.13255/j.cnki.jusst.2014.01.006.

[25]王永强，刘秉奇，朱博林. 一种基于改进秃鹰搜索算法的复合类像素天线设计方法[J/OL]. 电测与仪表，2024：1-13[2024-11-29]. http://kns.cnki.net/kcms/detail/23.1202.TH.20230421.1339.006.html.

[26]高志翔，庞菲菲，温宗周，等. 基于改进麻雀算法的无线传感器网络覆盖优化研究[J]. 微电子学与计算机，2024，41（8）：91-100. DOI：10.19304/J.ISSN1000-7180.2023.0651.

[27]秦秋霞，梁仲月，徐毅. 基于 Logistic-Tent 混沌映射和位平面的图像加密算法[J]. 大连民族大学学报，2022，24（3）：245-252. DOI：10.13744/j.cnki.cn21-1431/g4.2022.03.016.

[28]柴志君，欧阳中辉，李钊. 基于 Henon 混沌映射的多目标粒子群算法改进分析[J]. 兵工自动化，2020，39（11）：48-52.

[29]张燕. 基于 Cubic 混沌模型的自适应布谷鸟优化算法[J]. 数学的实践与认识，2018，48（17）：246-254.

[30]张福兴，高腾，吴泓达. 多策略融合的改进黑猩猩搜索算法及其应用[J/OL].

北京航空航天大学学报，2024：1-15[2024-11-29]. https://doi.org/10.13700/j.bh.1001-5965.2022.0891.

[31]徐辰华，李成县，喻昕，等. 基于 Cat 混沌与高斯变异的改进灰狼优化算法[J]. 计算机工程与应用，2017，53（4）：1-9+50.

[32]毛清华，张强. 融合柯西变异和反向学习的改进麻雀算法[J]. 计算机科学与探索，2021，15（6）：1155-1164.

[33]郑婷婷，刘升，叶旭. 自适应 t 分布与动态边界策略改进的算术优化算法[J]. 计算机应用研究，2022，39（5）：1410-1414. DOI：10.19734/j.issn.1001-3695.2021.09.0428.

[34]夏学文，刘经南，高柯夫，等. 具备反向学习和局部学习能力的粒子群算法[J]. 计算机学报，2015，38（7）：1397-1407.

[35]贾鹤鸣，陈丽珍，力尚龙，等. 透镜成像反向学习的精英池侏儒猫鼬优化算法[J]. 计算机工程与应用，2023，59（24）：131-139.

[36]赵挺，孟子航，沈海斌. 基于反向学习与 Levy 飞行的改进蜂群算法[J]. 传感器与微系统，2017，36（1）：111-114. DOI：10.13873/J.1000-9787（2017）01-0111-04.